Russian – English English – Russian Dictionary on Probability, Statistics, and Combinatorics

Russian – English English – Russian Dictionary on Probability, Statistics, and Combinatorics

K. A. Borovkov
Steklov Mathematical Institute

Society for Industrial and Applied Mathematics and TVP Science Publishers

Philadelphia and Moscow   *1994*

Library of Congress Cataloging-in-Publication Data

Borovkov, K. A.
    Dictionary on probability, statistics, and combinatorics. Russian
–English, English–Russian / K. A. Borovkov.
       p.   cm.
    ISBN 0-89871-316-1
    1. Mathematical statistics--Dictionaries--Russian.
2. Probabilities--Dictionaries--Russian.   3. Combinatorial analysis-
-Dictionaries--Russian.   4. Russian language--Dictionaries.
5. Mathematical statistics--Dictionaries.   6. Probabilities-
-Dictionaries.   7. Combinatorial analysis--Dictionaries.   8. English
language--Dictionaries--Russian.   I. Title.
QA276.4.B67   1995
519.5'03—dc20   93-47250

siam is a registered trademark.

ПРЕДИСЛОВИЕ

Около 30 лет назад вышли в свет две книги — "Russian–English Dictionary of the Mathematical Sciences" (A. J. Lohwater, AMS, Providence, Rhode Island, 1961) и "Англо-русский словарь математических терминов" (под редакцией П. С. Александрова и др., ИЛ, Москва, 1962). Это был совместный проект Американского Математического Общества и Академии наук СССР. Почти одновременно появился "Russian–English Mathematical Dictionary" (L. M. Milne-Thomson, University of Wisconsin Press, Madison, 1961). С тех пор словарей такого сорта почти не выходило. (Здесь следует, правда, упомянуть еще двухтомный четырехязыковый Wörterbuch Mathematik, G. Eisenreich, R. Sube, Verlag Harri Deutsch, Thun–Frankfurt a. M., 1982.) Однако математическая терминология все время развивалась, и теперь эти замечательные универсальные математические словари уже не могут удовлетворить потребностей специалистов в различных областях математики. Особенно это относится к новым и быстро развивающимся разделам математики. Теория вероятностей вместе с математической статистикой, комбинаторикой и их многочисленными приложениями образуют, несомненно, один из наиболее важных таких разделов. В этой области существуют только два специализированных словаря, созданные во второй половине 60-х годов: Russian–English Dictionary and Reader in the Cybernetical Sciences (S. Kotz, Academic Press, New York–London, 1966); Russian–English and English–Russian Glossary of Statistical Terms (S. Kotz, Edinburgh, Oliver and Boyd, 1971).

Создание настоящего словаря началось в 1986 г., когда обсуждался словник будущей энциклопедии "Вероятность и Математическая Статистика". Идея приводить вслед за русскими терминами — заголовками статей их английские эквиваленты была одобрена, и В. И. Битюцков, заведующий Математической редакцией издательства "Советская энциклопедия", предложил автору заняться этой частью проекта. Позже было решено, что стоит добавить в конце энциклопедии соответствующий англо-русский словарь.

На этой стадии работы стало ясно, что было бы весьма полезно выпустить такой словарь отдельным изданием. Кроме того, он должен был быть существенно дополнен, поскольку охватываемый энциклопедией материал был в силу ряда причин ограничен. Большая часть добавленных терминов относится к комбинаторике и статистике.

За последние десятилетия теория вероятностей, математическая статистика и комбинаторика превратились в действительно обширнейшую область современной математики, и теперь, пожалуй, никто уже не может охватить всю ее терминологию. Поэтому советы и замечания моих коллег (большинство из них работает в Математическом институте им. В. А. Стеклова и в Московском университете) были для меня очень ценными. Я хотел бы выразить теперь многим лицам свою признательность за их помощь, оказанную мне при составлении словаря. Всех их назвать здесь невозможно. Однако я хотел бы упомянуть В. И. Хохлова из "Теории вероятностей и ее применений", который поддержал меня на заключительной стадии работы.

Мы надеемся, что Словарь будет полезен всем тем, кто имеет дело с литературой как на русском, так и на английском языках в области теории вероятностей, математической статистики и комбинаторики.

Несмотря на все наши предосторожности и проверки, все-таки есть ненулевая вероятность присутствия ошибок и опечаток. Автор будет признателен пользователям словаря за все их замечания и предложения, направленные в издательство ТВП по адресу: Россия, 117966 Москва ГСП-1, ул. Вавилова, 42.

Замечание. Род русских существительных указан, как правило, только при отсутствии прилагательных, чьи окончания ясно указывали бы на род этих существительных. Для этого используются обычные сокращения:

(m) — masculine, мужской род,

(f) — feminine, женский род,

(n) — neuter, средний род.

Всюду в Словаре принят американский стандарт английского правописания.

К. Боровков

PREFACE

About 30 years ago, two companion volumes appeared, namely "Russian–English Dictionary of the Mathematical Sciences" (A. J. Lohwater, AMS, Providence, Rhode Island, 1961), and "English–Russian Dictionary of Mathematical Terms" (P. S. Alexandrov et. al., eds., IL, Moscow, 1962). It was a joint project of the American Mathematical Society and the Soviet Academy of Sciences. Simultaneously, "Russian-English Mathematical Dictionary" by L. M. Milne-Thomson was published (University of Wisconsin Press, Madison, 1961). Since then no new dictionaries of this kind have appeared. (We should still mention here two volumes of the four-language Wörterbuch Mathematik by G. Eisenreich and R. Sube, Verlag Harri Deutsch, Thun–Frankfurt a. M., 1982. Unfortunately the use of this very good dictionary is somewhat complicated because of its structure.) However, the terminology of mathematics has been growing all the time, and now these remarkable all-purpose mathematical dictionaries cannot meet all the needs of specialists in different fields of mathematics. This especially applies to new and rapidly developing areas of mathematics. Probability theory together with mathematical statistics, combinatorics, and their numerous applications undoubtedly form one of the most significant such areas. In this area, only two specialized dictionaries compiled in the second half of the 1960's existed until now: Russian–English Dictionary and Reader in the Cybernetical Sciences (S. Kotz, Academic Press, New York–London, 1966); Russian–English and English–Russian Glossary of Statistical Terms (S. Kotz, Edinburgh, Oliver and Boyd, 1971).

The Dictionary originated in 1986, when the word-list of the future "Encyclopedia in Probability and Mathematical Statistics" was discussed. The idea of having English translations accompany the Russian entries of the Encyclopedia was approved, and V. I. Bityuzkov, the Head of the Mathematical Department of the Soviet Encyclopedia Publishing House, suggested that the author work on this part of the project. Later it was decided that adding the corresponding English–Russian dictionary at the end of the Encyclopedia was a worthy undertaking.

At that stage, it became clear that it would be very useful to publish the Dictionary as a separate edition. Moreover, it would have to be significantly enlarged, since the scope of the Encyclopedia was somewhat restricted. Most of the added terms are from combinatorics and statistics.

The fields of probability theory, mathematical statistics, and combinatorics have become a vast area of modern mathematics during the last decades, and now it seems that no single person could encompass all the terminology. So, the advice and comments of my colleagues, most of whom are from the Steklov Mathematical

Institute and the Moscow University, were invaluable for me. I would like to thank many people for the help gave me during the compilation of the Dictionary. All cannot be named here. I would, however, like to mention here V. I. Khokhlov of the "Theory of Probability and its Applications," who encouraged me to complete the Dictionary.

We hope that the Dictionary will be useful to all who work with both the English- and Russian-language literature in the fields of probability theory, mathematical statistics, and combinatorics.

In spite of all our precautions and checking, there is still a nonzero probability of the presence of some mistakes and misprints. The author will be grateful for any comments and suggestions from the users of the Dictionary, addressed to TVP Science Publishers, Vavilov st. 42, 117966 Moscow GSP-1, Russia.

Note. As a rule, the gender of the Russian nouns is indicated only in the absence of adjectives, whose endings would clearly indicate the gender of the nouns. The usual abbreviations

$$(m) \quad - \quad \text{masculine,}$$
$$(f) \quad - \quad \text{feminine,}$$
$$(n) \quad - \quad \text{neuter}$$

are used for this purpose.

Throughout the Dictionary, American English spelling is given.

K. Borovkov

Russian – English

А

абелева группа Abelian group

абелева теорема Abelian theorem

абсолютная непрерывность мер absolute continuity of measures

абсолютная частота absolute frequency

абсолютная шкала absolute scale

абсолютно непрерывное распределение absolutely continuous distribution

абсолютное отклонение absolute deviation

абсолютное распределение цепи Маркова absolute distribution of a Markov chain

абсолютный момент absolute moment

абсолютный псевдомомент absolute pseudomoment

абстрактная эргодическая теорема abstract ergodic theorem

автоковариационная функция autocovariance function

автоковариация (*f*) autocovariance: *функция* (*f*) *частной автоковариации* partial autocovariance function

автокоррелограмма (*f*) autocorrelogram

автокорреляционная функция autocorrelation function

автокорреляция (*f*) autocorrelation: *функция* (*f*) *частной автокорреляции* partial autocorrelation function

автомат (*m*) automaton: *автономный вероятностный* ~ autonomous probabilistic automaton; *вероятностный* ~ probabilistic automaton; *конечный вероятностный* ~ finite probabilistic automaton; *случайный* ~ stochastic automaton; *состояние* (*n*) *автомата* automaton state; *счетный вероятностный* ~ countable probabilistic automaton

автомодельное распределение self-similar distribution

автомодельность (*f*) self-similarity

автомодельный предел распределения scaling limit of a distribution

автомодельный предел случайного поля scaling limit of a random field

автомодельный процесс self-similar process

автоморфизм (*m*) automorphism: ~ *Бернулли* Bernoulli automorphism; ~ *Маркова* Markov automorphism; ~ *по модулю нуль* automorphism mod 0; ~ *пространства с мерой* automorphism of a measure space

автономное разбиение autonomous partition

автономный вероятностный автомат autonomous probabilistic automaton

авторегрессионная спектральная оценка autoregressive spectral estimator

авторегрессия (*f*) autoregression: *пороговый процесс авторегрессии* threshold autoregressive process; *процесс* (*m*) *авторегрессии* autoregressive process; *процесс* (*m*) *авторегрессии — проинтегрированного скользящего среднего* autoregressive — integrated moving average process; *процесс* (*m*) *нелинейной авторегрессии* nonlinear autoregressive process

адаптивная оценка adaptive estimator

адаптивная процедура adaptive procedure

адаптивное оценивание adaptive estimation

адаптивный метод adaptive method

адаптивный управляемый случайный процесс с дискретным временем adaptive controlled discrete-time random process

адаптированный случайный процесс adapted random process

аддитивная модель additive model

аддитивная функция additive function: ~ *множеств* additive set function

аддитивность (*f*) additivity

аддитивные задачи теории чисел additive problems of number theory

аддитивный additive

аддитивный функционал additive functional: ~ *интегрального типа* additive functional of integral type; ~ *от винеровского процесса* additive functional of Wiener process; ~ *от марковского процесса* additive functional of a Markov process

аксиоматическая квантовая теория поля axiomatic quantum field theory

активная переменная active variable

активный эксперимент active experiment

алгебра (*f*) algebra: ~ *квазилокальных наблюдаемых* algebra of quasi-local observables; ~ *множеств* algebra of sets; ~ *наблюдаемых* algebra of observables; ~ *событий* algebra of events; ~ *Урбаника* Urbanik algebra; ~ *цилиндрических множеств* algebra of cylinders; *борелевская* ~ Borel algebra; *нормированная булева* ~ standardized Boolean algebra;

сепарабельная σ-~ separable σ-algebra; *стохастическая линейная* ~ stochastic linear algebra; *цилиндрическая* σ-~ cylindrical σ-algebra; σ-~ σ-algebra

алгебраический algebraic

алгебраическое декодирование algebraic decoding

алгебраическое случайное уравнение algebraic random equation

алгоритм (*m*) algorithm: ~ *адаптации* adaptation algorithm; ~ *ветвей и границ* branch-and-bound algorithm; ~ *Гарсиа–Уокса* Garcia–Wachs algorithm; ~ *"дальнего соседа"* farthest neighbor algorithm; ~ *Левинсона* Levinson algorithm; ~ *маршрутизации* routing algorithm; ~ *"разделяй и властвуй"* divide-and-conquer algorithm; ~ *Фано* Fano algorithm; ~ *Форсайта* Forsythe algorithm; *быстрый* ~ fast algorithm; *перечислительный* ~ enumeration algorithm; *полиномиальный* ~ polynomial algorithm; *стек-*~ stack-algorithm; *точный* ~ exact algorithm; *устойчивый* ~ stable algorithm; *эвристический* ~ heuristic algorithm

алгоритмическая энтропия algorithmic entropy

аллометрия (*f*) allometry

алмазный орграф adamant digraph

альтернатива (*f*) alternative: *контигуальные альтернативы* contiguous alternatives

альтернативная гипотеза alternative

альтернирующая матрица alternating matrix

альфа-потенциал (*m*) alpha-potential

альфа-факторный анализ alpha-factor analysis

альфа-эксцессивная функция alpha-excessive function

альфа-ядро (*n*) **потенциалов** potential alpha-kernel

амплитудная модуляция amplitude modulation

амплитудно-частотная характеристика amplitude frequency response

амплитудно-модулированное гармоническое колебание amplitude-modulated harmonic oscillation

амплитудно-модулированный импульсный процесс amplitude-modulated pulse process

амплитудно-модулированный случайный процесс amplitude-modulated random process

анализ (*m*) analysis: *альфа-факторный* ~ alpha-factor analysis; ~ *близостей* proximity analysis; ~ *выживаемости* survival analysis; ~ *главных компонент* principal component analysis; ~ *изобра-жения* image analysis; ~ *канонических корреляций* canonical correlation analysis; ~ *остатков* residual analysis; ~ *предпочтений* preference analysis; ~ *смертности* mortality analysis; *дискриминантный* ~ discriminant analysis; *дисперсионный* ~ analysis of variance; *кластерный* ~ cluster analysis; *ковариационный* ~ analysis of covariance; *комбинаторный* ~ combinatorial analysis; *компонентный* ~ component analysis; *конфигурационный частотный* ~ configuration frequency analysis, CFA; *конфлюэнтный* ~ confluent analysis; *корреляционный* ~ correlation analysis; *косинор-* ~ cosinor analysis; *логит* ~ logit analysis; *многомерный* ~ multivariate analysis; *многомерный дисперсионный* ~ multivariate analysis of variance, MANOVA; *многомерный статистический* ~ multivariate statistical analysis; *непараметрический дискриминантный* ~ nonparametric discriminant analysis; *непараметрический регрессионный* ~ nonparametric regression analysis; *общий статистический* ~ *G*-analysis; *подтверждающий* ~ *данных* confirmatory data analysis; *последовательный* ~ sequential analysis; *разведочный статистический* ~ *данных* exploratory data analysis; *регрессионный* ~ regression analysis; *спектральный* ~ spectral analysis; *статистический* ~ statistical analysis; *факторный* ~ factor analysis; *численный* ~ numerical analysis

аналитическая характеристическая функция analytic characteristic function

аннилинг (*m*) annealing

ансамбль (*m*) ensemble: ~ *Вигнера* Wigner ensemble; *большой канонический* ~ grand canonical ensemble; *малый канонический* ~ small canonical ensemble

антиклика (*f*) anticlique

антикоммутативное соотношение anticommutative relation

антиматроид (*m*) antimatroid

антиподальное покрытие antipodal covering

антиподальный граф antipodal graph

антисимметрическое пространство Фока antisymmetric Fock space

антитетичная переменная antithetic variate

антиферромагнитная модель antiferromagnetic model

антицепь (*f*) antichain

апостериорная вероятность posterior probability, a posteriori probability

апостериорная плотность posterior

density

апостериорное распределение posterior distribution

апостериорное среднее posterior mean

апостериорный риск posterior risk

аппроксимация (*f*) approximation: *бета* $\sim$ beta approximation; *гамма* $\sim$ gamma approximation; *конечноразностная* $\sim$ finite difference approximation; *конечноразностная* $\sim$ *стохастического дифференциального уравнения* finite difference approximation to a stochastic differential equation; *линейная* $\sim$ linear approximation; *нормальная* $\sim$ normal approximation; *процедура* (*f*) *стохастической аппроксимации Роббинса–Монро* Robbins–Monro stochastic approximation procedure; *процедура стохастической аппроксимации Кифера–Вольфовица* Kiefer–Wolfowitz procedure of stochastic approximation; *равномерная* $\sim$ uniform approximation; *стохастическая* $\sim$ stochastic approximation; *фишеровская* $\sim$ Fisher approximation

априорная вероятность prior probability, a priori probability

априорная информация prior information, a priori information

априорная плотность prior density

априорное распределение prior distribution

априорное распределение Джеффриса Jeffreys prior distribution

априорный риск prior risk

арифметика (*f*) **вероятностных распределений** arithmetics of probability distributions

арифметическая прогрессия arithmetic progression

арифметическая функция arithmetic function

арифметическое моделирование случайных процессов arithmetic simulation of random processes

арифметическое среднее arithmetic mean

арксинус (*m*) arcsine: *закон арксинуса* arcsine law; *распределение арксинуса* arcsine distribution

АРПСС-процесс (*m*) (**процесс авторегрессии — проинтегрированного скользящего среднего**) ARIMA process (autoregressive — integrated moving average process)

АРСС-процесс (*m*) (**процесс смешанной авторегрессии — скользящего среднего**) ARMA process (autoregressive moving average process)

асимметричное плоское разбиение skew plane partition

асимметричный канал asymmetric channel

асимметрия (*f*) asymmetry: $\sim$ *распределения* skewness of a distribution

асимптотическая допустимость критерия asymptotic admissibility of a test

асимптотическая нормальность asymptotic normality

асимптотическая относительная эффективность asymptotic relative efficiency, ARE

асимптотическая плотность множества asymptotic density of a set

асимптотическая пренебрегаемость asymptotic negligibility

асимптотическая устойчивость asymptotic stability

асимптотическая формула asymptotic formula

асимптотическая эффективность asymptotic efficiency

асимптотически бейесовская оценка asymptotically Bayes estimator

асимптотически бейесовский критерий asymptotically Bayes test

асимптотически минимаксная оценка asymptotically minimax estimator

асимптотически минимаксный критерий asymptotically minimax test

асимптотически наиболее мощный критерий asymptotically most powerful test

асимптотически наиболее мощный несмещенный критерий asymptotically most powerful unbiased test

асимптотически несмещенная оценка asymptotically unbiased estimator

асимптотически несмещенный критерий asymptotically unbiased test

асимптотически нормальная оценка asymptotically normal estimator

асимптотически нормальное преобразование asymptotic normal transform

асимптотически оптимальный критерий asymptotically optimal test

асимптотически пирсоновское преобразование asymptotic Pearson transform

асимптотически равномерно наиболее мощный критерий asymptotically uniformly most powerful test

асимптотически равномерное распределение asymptotically uniform distribution

асимптотически эффективная оценка asymptotically efficient estimator

асимптотический дефект критерия asymptotic deficiency of a test

асимптотический метод asymptotic method

асимптотический план asymptotic

design

асимптотическое разложение asymptotic expansion

асинхронный канал asynchronous channel

ассоциированный спектр associated spectrum

атмосферная турбулентность atmospheric turbulence

атом (*m*) atom

атомическая мера atomic measure

атомическое распределение atomic distribution

аттрактор (*m*) attractor: *стохастический* ~ stochastic attractor; *странный* ~ strange attractor

аффинный affine: ~ *шейп* affine shape

ахроматическое число achromatic number

ациклический орграф acyclic digraph

Б

базис (*m*) basis (*pl. bases*): *полный стохастический* ~ complete stochastic basis; *стохастический* ~ stochastic basis

байт (*m*) byte

банахово пространство Banach space: ~ *котипа p* Banach space of cotype *p*; ~ *со свойством PIP* Banach space with PIP (Pettis Integral Property); ~ *со свойством Сазонова* Banach space with Sazonov property; ~ *типа p* Banach space of type *p*; ~ *устойчивого типа p* Banach space of stable type *p*

барицентр (*m*) barycenter: ~ *меры* barycenter of a measure

бароклинная структура baroclinic structure

бароклинность baroclinity

баротропная структура barotropic structure

безграничная делимость infinite divisibility

безгранично делимое распределение infinitely divisible distribution

безгранично делимое случайное множество infinitely divisible random set

безгранично делимый случайный процесс infinitely divisible random process

безгранично делимый точечный процесс infinitely divisible point process

безразличная доля indifference part

безразличная зона indifference zone

безусловная вероятность unconditional/absolute probability

безусловное распределение unconditional/absolute distribution

бейесовская оценка Bayes estimator

бейесовская регрессия Bayes regression

бейесовская решающая функция Bayes decision function

бейесовская стратегия Bayes policy/strategy

бейесовский критерий Bayes test

бейесовский подход Bayes approach

бейесовский принцип Bayes principle

бейесовский риск Bayesian risk

бейесовское решающее правило Bayes decision rule

белый шум white noise: ~ *в конечной полосе частот* white noise in a finite bandwidth; *гауссовский* ~ Gaussian white noise; *дискретный* ~ discrete white noise; *дробный* ~ fractional white noise

бернуллиевская случайная величина Bernoulli random variable

бесконечный латинский квадрат infinite Latin square

бескрюковая раскраска hook-free coloring

беспучковая мера bundleless measure

бета-аппроксимация (*f*) beta approximation

бета-распределение (*n*) beta distribution

бета-функция (*f*) beta function

биективный bijective

бикомпакт (*m*) bicompact

билинейная модель временного ряда bilinear time series model

билинейная форма bilinear form

бильярд (*m*) billiards: ~ *Синая* Sinai billiards

бимодальное распределение bimodal distribution

бинарная последовательность/строка bit string

бинарное дерево поиска binary search tree

бинарное отношение binary relation

бинарный ветвящийся процесс binary branching process

бинарный поиск binary search

биномиальная выборка binomial sample

биномиальная случайная величина binomial random variable

биномиальное перечисление binomial enumeration

биномиальное распределение binomial distribution

биномиальные испытания binomial trials

биномиальный коэффициент binomial coefficient

биометрика (*f*) biometrics

бипланарный граф biplanar graph

биплоскость (f) biplane

биполяризуемый граф bipolarizable graph

бипрефиксное множество biprefix set

биспектр (m) bispectrum

биспектральная плотность bispectral density

биспектральная функция bispectral function

бит (m) bit (binary digit)

бициклический граф bicyclic graph

бициклический матроид bicircular matroid

благоприятное событие favorable event

благосостояние (n) welfare

ближайший общий предок nearest mutual ancestor

ближайший сосед nearest neighbor

близкие гипотезы close hypotheses

близорукая стратегия myopic strategy

блок (m) block: *геодезический* ~ geodetic block; *ортогональные блоки* orthogonal blocks; ~*-схема* block design

блокирующее множество blocking set

блоковая частота block frequency

блоковое декодирование block decoding

блоковый код block code

блочная структура block structure

блочный план block design

блуждание (n) walk: ~ *Бернулли* Bernoulli random walk; *ветвящееся случайное* ~ branching random walk; *возвратное случайное* ~ recurrent/persistent random walk; *граничная задача для случайного блуждания* boundary problem for a random walk; *граничный функционал от случайного блуждания* boundary functional of a random walk; *дефект* (m) *случайного блуждания* defect of a random walk; *марковское случайное* ~ Markov random walk; *многомерное случайное* ~ multidimensional random walk; *недоскок* (m) *случайного блуждания* defect of a random walk; *неограниченное случайное* ~ unbounded random walk; *непрерывное сверху (снизу) случайное* ~ continuous from above (below) random walk; *перескок* (m) *случайного блуждания* excess/overshoot of a random walk; *случайное* ~ random walk; *случайное* ~ *без самопересечений* self-avoiding random walk; *случайное* ~ *в случайной среде* random walk in random environment, RWRE, RWIRE; *случайное* ~ *на группе* random walk on a group; *эксцесс* (m) *случайного* ~ excess/overshoot of a random walk

бозонная система boson system

бозонное пространство boson space

боковая частота side frequency

большая нагрузка heavy traffic

большие уклонения large deviations

большой канонический ансамбль grand canonical ensemble

борелевская алгебра Borel algebra

борелевская мера Borel measure

борелевская модель Borel model

борелевская функция Borel function

борелевский критерий/закон нуля-единицы Borel zero-one law

борелевское множество Borel set

борелевское поле Borel field

бросание монеты coin tossing

броуновская экскурсия Brownian excursion

броуновский лист/простыня Brownian sheet

броуновский мост Brownian bridge

броуновское движение Brownian motion: *дробное* ~ fractional Brownian motion; *квантовое* ~ quantum Brownian motion; *многомерное* ~ multidimensional Brownian motion

булева модель Boolean model

бутстреп (m) bootstrap

бутылка (f) **Клейна** Klein bottle

быстрое преобразование Фурье fast Fourier transform

быстрый алгоритм fast algorithm

В

валентность (f) valence

вариационное неравенство variational inequality

вариационный принцип variational principle

вариационный ряд set of order statistics

вариация (f) variation: ~ *меры* variation of a measure; *квадратическая* ~ *мартингала* quadratic variation of a martingale; *конечная* ~ finite variation; *ограниченная* ~ bounded variation; *полная* ~ total variation; *сходимость по вариации* convergence in variation

ведущая функция leading function: ~ *точечного процесса* leading function of a point process

вектор (m) vector: ~ *Бернулли* Bernoulli vector; ~ *диффузии* diffusion vector; ~ *ошибок* vector of errors; ~ *рангов* vector of ranks; ~ *сноса* drift vector; ~ *средних* vector of means; *доминирующий* ~ dominating vector; *конфигурация векторов* vector configuration; *собственный* ~ eigenvector

векторная мера vector measure

векторный критерий vector test

векторный параметр vector parameter

величина (f) variable (*переменная*), value (*значение*): *биномиальная случайная* ∼ binomial random variable; *гауссовская случайная* ∼ Gaussian random variable; *дискретная случайная* ∼ discrete random variable; *каноническая* ∼ canonical variable; *комплексная нормальная случайная* ∼ complex normal random variable; *коррелированные величины* correlated variables; *независимые случайные величины* independent random variables; *нормальная случайная* ∼ normal random variable; *нормированная случайная* ∼ normed random variable; *перестановочные случайные величины* exchangeable random variables; *производящая функция случайной величины* generating function of a random variable; *случайная* ∼ random variable; *сходимость случайных величин* convergence of random variables; *усеченная случайная* ∼ truncated random variable

вероятное отклонение probable error, semi-interquartile range

вероятности больших уклонений large deviations probabilities

вероятностная мера probability measure

вероятностная метрика probabilistic metric

вероятностная нормальная бумага probability normal paper

вероятностная производящая функция probability generating function

вероятностная теория чисел probabilistic number theory

вероятностная характеризация probabilistic characterization

вероятностное кодирование probabilistic/stochastic coding/encoding

вероятностное пространство probability space

вероятностное распределение probability distribution

вероятностный автомат probabilistic automaton

вероятность (f) probability: *апостериорная* ∼ posterior probability; *априорная* ∼ prior probability; *безусловная* ∼ unconditional/absolute probability; *вероятности больших уклонений* large deviations probabilities; ∼ *безотказной работы* probability of breakdown-free/failure-free operation; ∼ *вырождения* extinction probability; ∼ *ложной тревоги* probability of false alarm; ∼ *ошибочного декодирования* probability of error decoding; ∼ *ошибочной классификации* probability of misclassification; ∼ *поглощения* absorption probability; ∼ *связности* probability of connectedness; *доверительная* ∼ confidence probability; *интеграл* (m) *вероятности* probability integral; *классическое определение вероятности* classical definition of probability; *критическая* ∼ critical probability; *некоммутативная теория вероятностей* noncommutative probability theory; *ограниченность по вероятности* boundedness in probability; *одношаговая* ∼ *перехода* one-step transition probability; *переходная* ∼ transition probability; *плотность* (f) *вероятности выхода* exit density; *плотность* (f) *вероятности* probability density; *плотность* (f) *распределения вероятностей* probability density; *распределение* (n) *вероятностей* probability distribution; *регулярная условная* ∼ regular conditional probability; *субъективная* ∼ subjective probability; *сходимость* (f) *по вероятности* convergence in probability; *условная* ∼ conditional probability; *устойчивость* (f) *по вероятности* stability in probability; *финальная* ∼ final probability; *формула* (f) *полной вероятности* total probability formula; *цилиндрическая* ∼ weak distribution; *частотная интерпретация вероятности* frequency interpretation of probability; *элементарная* ∼ elementary probability

верхний граничный функционал upper boundary functional

верхняя грань upper bound

верхняя доверительная граница upper confidence limit/bound

верхняя последовательность upper sequence

верхняя функция upper function

верхняя цена игры upper value of a game

вершина (f) vertex (*pl. vertices*): *концевая* ∼ end vertex; *степень* (f) *вершины* vertex degree

вершинно-транзитивный граф vertex-transitive graph

вес (m) weight

весовая матрица weight matrix

весовая функция weight function

ветвление (n) branching

ветвящееся случайное блуждание branching random walk

ветвящееся случайное поле branching random field

ветвящийся диффузионный процесс diffusion branching process

ветвящийся процесс branching process: ∼ *в случайной среде* branching process in random enviroment; ∼ *с взаимодействием частиц* branching process with interaction of particles; ~ *с зависимостью от возраста* age-dependent branching process; ~ *с иммиграцией* branching process with immigration; ~ *с конечным числом типов частиц* branching process with finite number of particle types; ~ *с миграцией* branching process with migration

взаимная квадратическая характеристика mutual quadratic characteristic, mutual variation

взаимная ковариационная функция cross-covariance function

взаимная корреляционная функция cross-correlation function

взаимная независимость mutual independence

взаимная спектральная плотность cross-spectral density

взаимно несовместные события mutually exclusive events

взаимно пересекающиеся семейства cross intersecting families

взаимно уравновешенные схемы mutually balanced designs

взаимный ковариационный оператор cross covariance operator

взаимный спектр cross spectrum

взаимный фазовый спектр cross phase spectrum

взаимодействие (*n*) interaction: ~ *факторов* interaction of factors

взвешивание (*n*) weighing/weighting: *план* (*m*) *взвешивания* weighing strategy/design

винеровская мера Wiener measure

винеровская сосиска Wiener sausage

винеровский интеграл Wiener integral

винеровский процесс Wiener process

винеровский функционал Wiener functional

винеровское поле Wiener field

вириальное разложение virial expansion

виртуальное время ожидания virtual waiting time

вихрь (*m*) vorticity: *потенциальный* ~ potential vorticity

вложение (*n*) embedding

вложенная цепь Маркова embedded Markov chain

вложенный ветвящийся процесс embedded branching process

вложенный план nested design

вложенный процесс embedded process

внешнее магнитное поле external magnetic field

внешнепланарный граф outerplanar graph

внешняя мера outer measure

внутриблочная информация intra-block information

вогнутая функция concave function

возвратная по Харрису цепь Маркова Harris recurrent Markov chain

возвратная цепь Маркова recurrent/persistent Markov chain

возвратное случайное блуждание recurrent/persistent random walk

возвратное состояние recurrent/persistent state

возвратный марковский процесс recurrent/persistent Markov process

возмущение (*n*) perturbation: *случайное* ~ random perturbation

возрастающий случайный процесс increasing random process

волновая механика wave mechanics

волновое уравнение wave equation

воспроизводящее ядро reproducing kernel: *гильбертово пространство воспроизводящего ядра* reproducing kernel Hilbert space

восстанавливаемая система repairable system

восстановление (*n*) renewal: *интегральная теорема восстановления* integral renewal theorem; *интервал восстановления* renewal interval; *локальная теорема восстановления* local renewal theorem; *марковский процесс восстановления* Markov renewal process; *мера* (*f*) *восстановления* renewal measure; *нелинейная теория восстановления* nonlinear renewal theory; *основная теорема восстановления* key renewal theorem; *процесс* (*m*) *восстановления* renewal process; *теорема* (*f*) *восстановления* renewal theorem; *теория* (*f*) *восстановления* renewal theory; *уравнение* (*n*) *восстановления* renewal equation; *функция* (*f*) *восстановления* renewal function

вписываемый многогранник inscribable polytope

вполне аддитивная мера completely additive measure

вполне аддитивная функция множеств completely additive set function

вполне измеримая проекция процесса well measurable projection of a process, optional projection of a process

вполне измеримый процесс well measurable process, optional process

вполне обусловленная матрица well conditioned matrix

вполне положительное отображение completely positive mapping

вполне разрывный функционал totally discontinuous functional

вращение (*n*) **факторных осей** rotation of factorial axes: *косоугольное* ~ oblique rotation of factorial axes; *ортого-*

нальное ~ orthogonal rotation of factorial axes

временна́я дискретизация time discretization

временна́я характеристика фильтра time response of a filter

временно́е окно time window

временно́е среднее значение time-average value

временно́й ряд time series

время (n) time: *виртуальное* ~ *ожидания* virtual waiting time; ~ *ожидания* waiting time; ~ *достижения/прохождения* passage time; ~ *обслуживания* service time; ~ *первого достижения/прохождения* first passage time; ~ *пребывания* sojourn/occupation time; ~-*селективное затухание* time-selective fading; *квантование* (n) *во времени* time-quantization; *локальное* ~ local time; *момент* (m) *времени* time; *обращение* (n) *времени* time reversal; *случайная замена времени* random time change; *среднее* ~ *безотказной работы* mean time to failure; *среднее* ~ *возвращения* mean/expected recurrence time; *среднее* ~ *до поглощения* expected absorption time; *среднее остаточное* ~ *жизни* mean residual life time

всех регрессий метод all possible regressions method

вспомогательная статистика auxiliary statistic

вход (m) input

входной поток input, input/arrival flow/stream: ~ *Пальма* Palm input; ~ *с ограниченным последействием* recurrent input; *нестационарный* ~ nonstationary input

входной сигнал input signal

входящий поток input, input/arrival flow/stream

выборка (f) sample: *биномиальная* ~ binomial sample; *загрязненная* ~ contaminated sample; *квазиразмах выборки* sample quasirange; *обучающая* ~ training sample; *объем* (m) *выборки* sample size; *повторное использование выборки* sample reuse; *представительная* ~ representative sample; *размах* (m) *выборки* sample range; *рассеивание* (n) *выборки* dispersion of a sample, sample variation, sample dispersion; *расслоенная* ~ stratified sample; *случайная бесповторная* ~ random sample without replacement; *среднее относительное отклонение выборки* sample coefficient of variation; *усеченная* ~ trimmed/truncated sample; *цензурированная* ~ censored/trimmed sample

выборочная процедура (выборка (f))

sampling: ~ *без возвращения* sampling without replacement; *двухступенчатая* ~ two-stage sampling; *обратная* ~ inverse sampling

выборочная дисперсия sample variance

выборочная единица sample unit

выборочная квантиль sample quantile

выборочная квартиль sample quartile

выборочная ковариационная функция sample covariance function

выборочная ковариация sample covariance

выборочная коррелограмма sample correlogram

выборочная корреляционная функция sample correlation function

выборочная медиана sample median

выборочная непрерывность sample continuity

выборочная проверка sampling inspection

выборочная процедура (выборка (f)) sampling

выборочная точка sample point

выборочная функция sample function

выборочная характеристика sample characteristic

выборочная частота sample frequency

выборочное обследование survey sampling, sample survey

выборочное пространство sample space

выборочное распределение sample distribution

выборочное среднее sample mean

выборочные главные компоненты sample principal components

выборочный коэффициент асимметрии sample coefficient of skewness

выборочный коэффициент корреляции sample correlation coefficient

выборочный коэффициент регрессии sample regression coefficient

выборочный коэффициент эксцесса sample coefficient of excess

выборочный метод sampling method

выборочный момент sample moment

выборочный план sampling plan

выброс (m) outlier (*выделяющееся наблюдение*), excursion (*случайного процесса*)

выпуклая оболочка convex hull

выпуклая функция convex function

выпуклый граф convex graph

вырождение (n) extinction, degeneration: *вероятность вырождения* extinction probability; ~ *ветвящегося процесса* extinction of a branching process

вырожденная мера degenerate measure

вырожденное распределение degenerate distribution

высокотемпературное разложение high temperature expansion

высота (f) height: *лестничная* $\sim$ ladder height

выходной сигнал output, output signal

вычет (m) residue: *квадратичный* $\sim$ quadratic residue

вязкость (f) viscosity

Г

газ (m) gas: *идеальный* $\sim$ ideal gas; *свободный* $\sim$ free gas

галлиновый граф hallian graph

гамильтонов путь Hamiltonian path

гамильтонов цикл Hamiltonian cycle

гамильтонова стратегия Hamiltonian strategy

гамма-аппроксимация (f) gamma approximation

гамма-процентная наработка gamma-percentile operating time to failure

гамма-распределение (n) gamma distribution

гамма-функция (f) gamma function

гармонизуемая корреляционная функция harmonizable correlation function

гармонизуемое случайное поле harmonizable random field

гармонизуемый случайный процесс harmonizable random process

гармоническая интерполяция harmonic interpolation

гармоническая функция harmonic function

гармоническое усреднение harmonic averaging

гауссовская динамическая система Gaussian dynamical system

гауссовская ковариация Gaussian covariance

гауссовская мера Gaussian measure

гауссовская случайная величина Gaussian random variable

гауссовская случайная матрица Gaussian random matrix

гауссовская случайная функция Gaussian random function

гауссовская цилиндрическая мера Gaussian cylindrical measure

гауссовский белый шум Gaussian white noise

гауссовский закон Gaussian law

гауссовский канал Gaussian channel

гауссовский марковский процесс Gaussian Markov process

гауссовский процесс Gaussian process

гауссовский семимартингал Gaus-

sian semimartingale

гауссовский случайный элемент Gaussian random element

гауссовский стационарный процесс Gaussian stationary process

гауссовское распределение Gaussian distribution

гауссовское случайное множество Gaussian random set

гауссовское состояние Gaussian state

генеральная совокупность general population

генератор (m) generator: *конгруэнтный* $\sim$ *(случайных чисел)* congruential generator; $\sim$/*датчик случайных чисел* generator of random numbers

генерация (f) **звука турбулентностью** turbulent sound generation

генетика (f) genetics: *популяционная* $\sim$ population genetics

геодезический блок geodetic block

геометрический граф geometric graph

геометрический процесс geometric process

геометрическое распределение geometric distribution

геострофическая турбулентность geostrophic turbulence

геофизическая турбулентность geophysical turbulence

гетероскедастическая регрессия heteroscedastic regression

гиббсовское случайное поле Gibbs random field

гидродинамический предельный переход propagation of chaos

гидромагнитная турбулентность hydromagnetic turbulence

гидромеханика (f) hydromechanics: *статистическая* $\sim$ statistical hydromechanics

гильбертова случайная функция Hilbert random function

гипер (m) hyper

гиперболическая функция hyperbolic function

гипергеометрическое распределение hypergeometric distribution

гиперграф (m) hypergraph: *приписанный* $\sim$ attributed hypergraph

гипергреко-латинский квадрат hyper-Greek-Latin square

гипергреко-латинский куб hyper-Greek-Latin cube

гипергруппа (f) hypergroup

гиперкоготь (m) hyperclaw

гиперкуб (m) hypercube

гиперовал (m) hyperoval

гиперплоскость (f) hyperplane

гипоморфизм (m) hypomorphism

гипотеза (f) hypothesis (*pl. hypotheses*):

альтернативная ~ alternative; *близкие гипотезы* close hypotheses; ~ *подобия Колмогорова* Kolmogorov's similarity hypothesis; *двусторонняя* ~ two-sided hypothesis; *квантовая теория проверки гипотез* quantum hypotheses testing theory; *линейная* ~ linear hypothesis; *непараметрическая проверка гипотез* nonparametric hypotheses testing; *нулевая* ~ null hypothesis; *основная* ~ null hypothesis; *последовательная проверка гипотез* sequential hypotheses testing; *проверка (f) гипотезы* hypothesis testing; *проверка (f) гипотезы против альтернативы* testing of a hypothesis against an alternative; *проверка (f) статистической гипотезы* hypothesis testing, testing of statistical hypothesis; *простая* ~ simple hypothesis; *сближающиеся гипотезы* close hypotheses; *сложная* ~ composite hypothesis; *статистическая* ~ statistical hypothesis

гистограмма (f) histogram

главная компонента principal component

главный двойник principal alias

главный эффект фактора main effect of a factor

главный корень principal root

гладкая мера smooth measure

гладкость (f) smoothness

гнездо (n) nest

гнездовая система nested system

голосование (n) voting: *парадокс голосования* voting paradox

гомоскедастическая регрессия homoscedastic regression

гомоскедастичность (f) homoscedasticity

горизонт (m) **модели** horizon of a model

грамматика (f) **предшествования** precedence grammar

граница (f) boundary, bound, limit: *верхняя доверительная* ~ upper confidence limit/bound; ~*-вход* entrance boundary; ~*-выход* exit boundary; ~ *Мартина* Martin boundary; ~ *Чернова* Chernoff boundary; ~ *плотной/сферической упаковки* sphere packing bound; ~ *регулирования* regulation boundary/limit; *доверительная* ~ confidence bound/limit; *достижимая* ~ attainable boundary; *естественная* ~ natural boundary; *задерживающая* ~ sticky boundary; *недостижимая* ~ unattainable boundary; *нижняя доверительная* ~ lower confidence limit/bound; *отражающая* ~ reflecting boundary; *поглощающая* ~ absorbing boundary; *подвижная* ~ moving boundary; *последовательные доверительные границы* sequential

confidence limits/bounds; *притягивающая* ~ attracting boundary; *проницаемая* ~ permeable boundary; *толерантная* ~ tolerance limit/bound; *упругая* ~ sticky boundary

граничная задача boundary problem: ~ *для случайного блуждания* boundary problem for a random walk

граничный процесс boundary process

граничный функционал boundary functional: ~ *от случайного блуждания* boundary functional of a random walk

гранулометрия (f) granulometry

грань (f) face

граф (m) graph: *антиподальный* ~ antipodal graph; *бипланарный* ~ biplanar graph; *биполяризуемый* ~ bipolarizable graph; *бициклический* ~ bicyclic graph; *вершинно-транзитивный* ~ vertex-transitive graph; *внешнепланарный* ~ outerplanar graph; *выпуклый* ~ convex graph; *геометрический* ~ geometric graph; ~ *видимости* visibility graph; ~ *вложения интервалов* interval containment graph; ~ *замен* interchange graph; ~ *конечного рода* graph of finite genus; ~ *Кэли* Cayley graph; ~*-ниша* niche graph; ~ *перестановки* permutation graph; ~ *простых расстояний* prime distance graph; ~ *со взвешенными узлами* node-weighted graph; ~ *Фейнмана* Feynman graph; ~ *хорд* chord graph; *двудольный* ~ bipartite graph; *двунаправленный* ~ bidirected graph; *двусвязный* ~ biconnected graph; *дистанционно-регулярный* ~ distance-regular graph; *дистанционно-транзитивный* ~ distance-transitive graph; *интервальный* ~ interval graph; *квазичетный* ~ quasi-parity graph; *корневой* ~ rooted graph; *косильно совершенный* ~ co-strongly perfect graph; *кохроматический* ~ cochromatic graph; *критически стягиваемый* ~ contraction-critical graph; *критический по цвету* ~ color-critical graph; *кубический* ~ cubic graph; *минимальный разрез графа* minimal cut of a graph; *многодольный* ~ multipartite graph; *мостовой* ~ bridged graph; *наследственно модулярный* ~ hereditary modular graph; *негамильтонов* ~ non-Hamiltonian graph; *неориентированный* ~ undirected graph; *окружность* (f) *графа* circumference of a graph; *оппозиционный* ~ opposition graph; *ориентированный* ~ directed graph; *панциклический* ~ pancyclic graph; *перцептуальный* ~ perceptual graph; *планарный* ~ planar graph; *плотный* ~ dense graph; *политопный* ~ polytopic graph; *полный* ~ complete graph;

разметка (*f*) графа labeling of a graph; *раскраска* (*f*) *графа* graph coloring; *расширение* (*n*) *графа* extension of a graph; *решетчатый* ~ grid graph; *род* (*m*) *графа* genus of a graph; *самодополнительный* ~ self-complementary graph; *связный* ~ connected graph; *сжатый* ~ contracted graph; *сигнальный* ~ signal flow graph; *сильно связный* ~ strongly connected graph; *система переписи графов* graph rewrite system; *слабо биполяризуемый* ~ weak bipolarizable graph; *случайный* ~ random graph; *собственное значение графа* eigenvalue of a graph; *совершенный* ~ perfect graph; *соединение* (*n*) *графов* joint of graphs; *строгий квазичетный* ~ strict quasi-parity graph; *стройный* ~ slim graph; *точно упакованный* ~ close-packed graph; *турановский* ~ Turan graph; *тэта-граф* theta graph; *унициклический* ~ unicyclic graph; *хордовый* ~ chordal graph; *цепной* ~ path-like graph; *цикловый* ~ circulant graph; *число* (*n*) *сращивания графа* binding number of a graph; *n-дольный* ~ *n*-partite graph

графическое представление данных graphical representation of data

гребневая оценка ridge estimator

гребневая регрессия ridge regression

гребневая функция ridge function

греко-латинский квадрат Greek-Latin square

греко-латинский куб Greek-Latin cube

гридоид (*m*) greedoid

группа (*f*) group: ~ *Ли* Lie group; ~ *Мура* Moore group; ~ *Корвина* Korvin group; *дискретная ренормгруппа* discrete renormalization group; *измеримая* ~ measurable group; *корне-компактная* ~ root-compact group; *ренормализационная* ~ renormalization group; *статистическая теория групп* statistical group theory; *стохастическая* ~ stochastic group; *фактор-* ~ quotient group

группировка (*f*) grouping

групповая задержка group/envelope delay

Д

дальние связи (*pl*) teleconnections

данные (*pl*) data (*sing datum*): *графическое представление данных* graphical representation of data; *дважды цензурированные* ~ doubly censored data; *неполные* ~ incomplete data; *подтверждающий анализ данных* confirmatory data analysis; *пропавшие* ~ missing data; *разведочный статистический анализ данных* exploratory data analysis; *сбор* (*m*) *данных* data collection; *сгруппированные* ~ grouped data; *цензурированные* ~ censored data

датчик (*m*) **случайных чисел** random number generator

дважды стохастическая матрица doubly stochastic matrix

дважды цензурированные данные doubly censored data

двоичный симметричный канал binary symmetric channel

двойник (*m*) alias: *главный* ~ principal alias

двойственность (*f*) **безгранично делимых распределений** duality of infinitely divisible distributions

двойственный марковский процесс dual Markov process

двудольный граф bipartite graph

двумерная турбулентность two-dimensional turbulence

двумерное нормальное распределение bivariate normal distribution

двумерное распределение bivariate distribution

двунаправленный граф bidirected graph

двурукий бандит two-armed bandit

двусвязный граф biconnected graph

двуслойная схема twofold design

двустороннее показательное распределение double exponential distribution

двусторонний доверительный интервал two-sided confidence interval

двусторонний критерий Стьюдента two-sided Student test

двусторонняя гипотеза two-sided hypothesis

двухвершинное распределение bimodal distribution

двухвыборочная T^2-статистика two-sample T^2-statistic

двухвыборочный критерий two-sample test

двухвыборочный критерий Вальда–Вольфовица (критерий серий) two-sample Wald–Wolfowitz test, runs test

двухвыборочный критерий Стьюдента two-sample Student test

двухступенчатый выбор two-stage sampling

двухфакторная модель two-way model/layout

дебют (*m*) **множества** debut of a set

действие (*n*) action: ~ *Вильсона* Wilson action; *функционал действия* action functional

декартово произведение Cartesian

product

декодирование (*n*) decoding: *алгебраическое* ~ algebraic decoding; *блоковое* ~ block decoding; *вероятность* (*f*) *ошибочного декодирования* probability of error decoding; ~ *по максимуму правдоподобия* maximum likelihood decoding; *квантовое* ~ quantum decoding; *последовательное* ~ sequential decoding; *списочное* ~ list decoding

дельта-функция (*f*) **Дирака** Dirac delta function

демографическая статистика demographic statistics

демография (*f*) demography

демодуляция (*f*) demodulation: *комплексная* ~ complex demodulation

дендрограмма (*f*) dendrogram

дерево (*n*) tree: *бинарное* ~ *поиска* binary search tree; ~ *клик* clique tree; ~ *отказов* fault tree; ~ *свертки* convolution tree; ~ *Фибоначчи* Fibonacci tree; *деревья без общих дуг* arc-disjoint trees; *корень* (*m*) *случайного дерева* root of a random tree; *минимальное остовное* ~ minimum spanning tree; *ограничение типа дерева* tree-type constraint; *окаймленное* ~ skirted tree; *остовное* ~ spanning tree; *прямоугольное* ~ rectilinear tree; *разъединение дерева* disconnection of a tree; *случайное* ~ random tree; *спиральное* ~ spiral tree; *филогенетическое* ~ phylogenetic tree; *штейнерово* ~ Steiner tree

десятиугольник (*m*) dodecagon

детерминированный канал deterministic channel

детерминированный тактовый интервал deterministic tact interval

дефект (*m*) **критерия** deficiency of a test: *асимптотический* ~ asymptotic deficiency of a test

дефект (*m*) **случайного блуждания** defect of a random walk

дециль (*f*) decile

децимация (*f*) decimation: *каскадная* ~ cascade decimation

дзета-структура (*f*) **(вероятностной метрики)** zeta-structure

диагноз (*m*) diagnosis

диагностика (*f*) diagnostics

диаграмма (*f*) diagram: ~ *Венна* Venn diagram; ~ *влияния* influence diagram; ~ *Папи* Papygramme; *фазовая* ~ phase diagram

диаграммная техника diagram expansion techniques

диадический процесс dyadic process

дигамма-функция (*f*) digamma function

дизъюнктные спектральные типы disjoint spectral types

дизъюнктный спектральный тип мер disjoint spectral type of measures

динамическая система dynamical system: ~ *с чисто точечным спектром* dynamical system with pure point spectrum; *топологическая энтропия динамической системы* topological entropy of a dynamical system; *факторсистема* (*f*) *динамической системы* quotient of a dynamical system; *энтропия* (*f*) *динамической системы* entropy of a dynamical system

динамическое программирование dynamic programming: *стохастическое* ~ stochastic dynamic programming; *чувствительные критерии в динамическом программировании* sensitive criteria in dynamic programming

диофантово приближение Diophantine approximation

дисконтирование (*n*) discounting

дискретизируемое случайное поле discretizable random field

дискретная мера discrete measure

дискретная ренормгруппа discrete renormalization group

дискретная случайная величина discrete random variable

дискретная функция распределения discrete distribution function

дискретное преобразование Фурье discrete Fourier transform

дискретное распределение discrete distribution

дискретный белый шум discrete white noise

дискриминантная модель discriminant model

дискриминантная функция discriminant function

дискриминантный анализ discriminant analysis

дисперсионный анализ analysis of variance

дисперсионный метод Линника Linnik dispersion method

дисперсионный метод в теории чисел dispersion method in number theory

дисперсия (*f*) variance: *выборочная* ~ sample variance; *компоненты дисперсии* variance components; *обобщенная* ~ generalized variance; *остаточная* ~ residual variance; *условная* ~ conditional variance

диссипация (*f*) dissipation, dissipation rate: ~ *энергии турбулентности* turbulent energy dissipation

дистанционно-регулярный граф distance-regular graph

дистанционно-транзитивный граф distance-transitive graph

дисциплина (f) "первым пришел — первым обслуживается" first-in-first-out discipline (FIFO)

дисциплина (f) "последним пришел — первым обслуживается" last-in-first-out discipline (LIFO)

дисциплина (f) **обслуживания** queueing discipline

дифференциальное включение differential inclusion

дифференциал (m) differential: *стохастический* $\sim$ stochastic differential

дифференциальная энтропия differential entropy

дифференциальный оператор differential operator: $\sim$ *со случайными коэффициентами* differential operator with random coefficients

дифференцирование (n) differentiation

диффузионный ветвящийся процесс diffusion branching process

диффузионный процесс diffusion process, diffusion: $\sim$ *с отражением* diffusion process with reflection

диффузия (f) diffusion: *турбулентная* $\sim$ turbulent diffusion

диффузная мера diffusion measure

дихотомия (f) dichotomy

длина (f) **кода** code length

длительность (f) **ожидания** waiting time

доверительная вероятность confidence probability

доверительная граница confidence limit/bound: *верхняя* $\sim$ upper confidence limit/bound; *последовательные доверительные границы* sequential confidence limits/bounds

доверительная область confidence region

доверительная полоса confidence band: $\sim$ *уровня* α confidence band of level α

доверительное множество confidence set: *наиболее селективное/точное* $\sim$ most selective confidence set; *несмещенное* $\sim$ unbiased confidence set

доверительное оценивание interval estimation

доверительный интервал confidence interval

доверительный предел confidence limit/bound

доверительный уровень confidence level

доверительный эллипсоид confidence ellipsoid

докритический ветвящийся процесс subcritical branching process

долговечность (f) durability

доматическое число domatic number

доминирование (n) domination

доминированное семейство распределений dominated family of distributions

доминирующее множество dominating set

доминирующий вектор dominating vector

дополнительная наблюдаемая complementary observable

дополнительное событие complementary event

допустимая оценка admissible estimator

допустимая решающая функция admissible decision function

допустимая топология admissible topology

допустимость (f) admissibility: *сильная* $\sim$ strong admissibility; *слабая* $\sim$ weak admissibility

допустимый критерий admissible test

допустимый сдвиг меры admissible shift of a measure

достаточная оценка sufficient estimator

достаточная статистика sufficient statistic

достаточная топология sufficient topology

достаточность (f) sufficiency: *принцип* (m) *достаточности* sufficiency principle

достижимая граница attainable boundary

достижимое состояние accessible/reachable state

достоверное событие certain event

достоверность (f) certainty

доступность (f) availability

древесность (f) arboricity

древовидный код tree code

дробное броуновское движение fractional Brownian motion

дробный белый шум fractional white noise

дробный факторный план fractional factorial design

дробный факторный эксперимент fractional factorial experiment

дробь (f) fraction: $\sim$ *Ляпунова* Lyapunov fraction; *непрерывная* $\sim$ continued fraction

дуга (f) arc: $\sim$ *обратной связи* feedback arc

Е

евгеника (f) eugenics

евклидов подход Euclidean approach

евклидов шейп Euclidean shape

евклидова квантовая теория поля Euclidean quantum field theory

евклидово поле Euclidean field

евклидово расстояние Euclidean distance

единица (*f*) unit: *выборочная* ~ sample unit

единичное интервальное число unit interval number

единственность (*f*) uniqueness

емкость (*f*) capacity: ~ *Шоке* Choquet capacity

естественная граница natural boundary

Ж

жадное множество greedy set

жесткая схема rigid design

жесткий ретракт rigid retract

жесткость (*f*) toughness

животное (*n*) animal: *направленное* ~ directed animal; *решетчатое* ~ lattice animal

жорданов объем Jordan volume

З

зависимость (*f*) dependence: *корреляционная* ~ correlation dependence

зависимые испытания dependent trials

зависимые события dependent events

загрязнение (*n*) contamination

загрязненная выборка contaminated sample

задача (*f*) problem: *граничная* ~ boundary problem; *граничная* ~ *для случайного блуждания* boundary problem for a random walk; ~ *Бертрана* Bertrand problem; ~ *Бюффона–Сильвестра* Buffon–Sylvester problem; ~ *Бюффона об игле* Buffon's needle-tossing problem; ~ *Кифера–Вайса* Kiefer–Weiss problem; ~ *линейного ранжирования* linear arrangement problem; ~ *назначений* assignment problem; ~ *о баллотировке* ballot problem; ~ *о ближайшей точке решетки* nearest lattice point problem; ~ *о выборе наилучшего объекта* best choice problem; ~ *о выборе секретаря* secretary problem; ~ *о двойном выборе* double selection problem; ~ *о двуруком бандите* two-armed bandit problem; ~ *о клике* clique problem; ~ *о коммивояжере* traveling salesman prob-

lem; ~ *о кратчайшем пути* shortest-path problem; ~ *о многоруком бандите* multi-armed bandit problem; ~ *о наилучшем выборе* best choice problem; ~ *о разорении* ruin problem; ~ *о разорении игрока* gambler's ruin problem; ~ *о рюкзаке* knapsack problem; ~ *об одноруком бандите* one-armed bandit problem; ~ *об упаковке контейнеров* bin packing problem; ~ *обнаружения разладки* change point problem; ~ *Колмогорова–Петровского* Kolmogorov–Petrovsky problem; ~ *переноса* transfer problem; ~ *размещения* arrangement problem; ~ *ранжирования* arrangement problem; ~ *расширения* augmentation problem; ~ *с одной выборкой* one-sample problem; ~ *слежения за целью* target tracking problem; ~ *троичного поиска* ternary search problem; *многовыборочная* ~ multisample problem; *перечислительная* ~ enumerative problem; *сопряженная* ~ *переноса* transfer dual problem; *стохастическая* ~ *Гурса* stochastic Goursat problem; *стохастическая* ~ *Дирихле* stochastic Dirichlet problem; *экстремальная* ~ extremal problem; *экстремальная статистическая* ~ extremal statistical problem

задерживающая граница sticky boundary

задержка (*f*) delay, lag: *групповая* ~ envelope delay; *коэффициент задержки* delay coefficient

закон (*m*) law: *борелевский* ~ *нуля-единицы* Borel zero-one law; *гауссовский* ~ Gaussian law; *компактный* ~ *повторного логарифма* compact law of the iterated logarithm; *круговой* ~ circular law; *область* (*f*) *частичного притяжения безгранично делимого закона* domain of partial attraction of an infinitely divisible law; *ограниченный* ~ *повторного логарифма* bounded law of the iterated logarithm; *полукруговой* ~ semicircular law; *полукруговой* ~ *Вигнера* Wigner semicircular law; *пристенный* ~ wall law; *пристенный* ~ *Прандтля* Prandtl wall law; *универсальный* ~ *Деблина* Doeblin universal law; *усиленный* ~ *больших чисел* strong law of large numbers; *усиленный* ~ *больших чисел Бореля* Borel strong law of large numbers; *эллиптический* ~ elliptic law; ~ *арксинуса* arcsine law; ~ *арктангенса для случайных матриц* arctangent law for random matrices; ~ *больших чисел* law of large numbers; ~ *больших чисел Эрдеша–Реньи* Erdös–Rényi law of large numbers; ~ *входа* entrance law; ~ *двух третей* two-thirds law; ~ *двух третей Колмогорова* Kolmogorov's two-thirds law; ~ *нуля и* единицы zero-one law; $\sim$ *повторного логарифма* law of the iterated logarithm; $\sim$ *повторного логарифма в форме Чжуна* Chung's law of the iterated logarithm; $\sim$ *повторного логарифма в форме Штрассена* Strassen's law of the iterated logarithm; $\sim$ *пяти третей* five-thirds law; $\sim$ *пяти третей Колмогорова–Обухова* Kolmogorov–Obukhov five-thirds law; $\sim$ *распределения* distribution law; $\sim$ *четырех третей* four-thirds law; $\sim$ *четырех третей Ричардсона* four-thirds Richardson law

замирание (*n*) fading: *медленное* $\sim$ slow fading; *рэлеевское* $\sim$ Rayleigh fading

замирания в канале channel fading

замкнутая система обслуживания closed queueing system

замкнутый план closed plan

замыкание (*n*) closure: *проблема* (*f*) *замыкания* closure problem

запаздывание (*n*) lag, delay: *окно* (*n*) *запаздывания* lag window

запаздывающая переменная lagged variable

заполнение (*n*) filling

запрещенный минор forbidden minor

запрещенный подграф forbidden subgraph

заряд (*m*) charge, signed measure: *случайный* $\sim$ random charge

затухание (*n*) fading: *время-селективное* $\sim$ time-selective fading

зашумленный сигнал noise-contaminated signal

звезда (*f*) star

знаковая корреляционная функция sign correlation function

знаковый метод корреляционного анализа sign method of the correlation analysis

знаковый орграф signed digraph

знаковый остаток signed residual

знакопеременная мера signed measure, charge

значение (*n*) value: *временное среднее* $\sim$ time-average value; *крайние значения* extremes; *критическое* $\sim$ critical value; *собственное* $\sim$ eigenvalue; *среднее* $\sim$ mean value, average

зона (*f*) **безразличия** indifference zone

зона (*f*) **нормальной сходимости** zone of normal convergence

зона (*f*) **умеренных уклонений** zone of moderate deviations

И

игла (*f*) needle

игра (*f*) game: *верхняя цена игры* upper value of a game; $\sim$ *двух лиц* two-person game; *кооперативная* $\sim$ cooperative game; *некооперативная* $\sim$ noncooperative game; *нижняя цена игры* lower value of a game; *рандомизированная* $\sim$ randomized game; *смешанная* $\sim$ mixed game; *статистическая* $\sim$ statistical game; *фишечная* $\sim$ pebble game; *цена* (*f*) *игры* value of a game

игральная кость die (*pl. dice*)

идеальная метрика ideal metric

идеальный газ ideal gas

идемпотентная вероятностная мера idempotent probability measure

идемпотентная мера idempotent measure

идентифицируемость (*f*) (**параметров**) identifiability

идентифицируемый параметр identifiable parameter

иерархическая модель hierarchical model

иерархическая процедура классификации hierarchical classification procedure

иерархия (*f*) hierarchy

избыточность (*f*) redundancy

измерение (*n*) measurement: *каноническое* $\sim$ canonical measurement; *квантовое* $\sim$ quantum measurement; *несмещенное* $\sim$ unbiased measurement; *ошибка* (*f*) *измерения* measurement error; *теория* (*f*) *измерений* measurement theory; *шкала* (*f*) *измерений* measurement scale

измеримая группа measurable group

измеримая функция measurable function

измеримое множество measurable set

измеримое отображение measurable mapping

измеримое пространство measurable space

измеримое разбиение measurable partition

измеримый поток measurable flow

изоморфизм (*m*) isomorphism: *метрический* $\sim$ metric isomorphism

изоспектральное мультидерево isospectral multitree

изотропная турбулентность isotropic turbulence

изотропное конечное пространство isotropic finite space

изотропное распределение isotropic distribution

изотропное случайное множество isotropic random set

изотропное случайное поле isotropic random field

изотропность (*f*) isotropy

изотропный случайный процесс isotropic random process

изоэдральное покрытие isohedral tiling

имитация (*f*) simulation: ∼ *случайного явления* simulation of a random phenomenon

иммиграция (*f*) immigration

импульсная помеха impulse noise

импульсная функция отклика impulse response function

импульсный пуассоновский процесс impulse Poisson process

импульсный случайный процесс pulse/impulse random process

импульсный шум impulse noise

инвариант (*m*) invariant: *максимальный* ∼ maximal invariant; *метрический* ∼ metric invariant; *монотонный* ∼ monotone invariant

инвариантная мера invariant measure

инвариантная оценка invariant estimator

инвариантная решающая функция invariant decision function

инвариантная статистика invariant statistic

инвариантная статистическая структура invariant statistical structure

инвариантное распределение invariant distribution

инвариантность (*f*) invariance: *принцип инвариантности* invariance principle; *принцип инвариантности Штрассена* Strassen's invariance principle; *сильный принцип инвариантности* strong invariance principle

инвариантный критерий invariant test

инверсия (*f*) inversion

инволюция (*f*) involution

индекс (*m*) index (*pl. indices*): ∼ *распределения* index of a distribution; ∼ *ускорения* forwarding index; *лестничный* ∼ ladder index; *циклематический* ∼ cyclomatic index

индивидуальная эргодическая теорема individual ergodic theorem

индикатор (*m*) indicator: ∼ *предпочтения* preference indicator; ∼ *события* indicator of an event

индикаторная метрика indicator metric

индукция (*f*) induction: *обратная* ∼ backward induction

инерционный интервал масштабов inertia range of scales

инерция (*f*) inertia: ∼ *метеорологических приборов* inertia of meteorological instruments

интеграл (*m*) integral: *винеровский* ∼ Wiener integral; ∼ *Бохнера* Bochner integral; ∼ *Гельфанда* Gelfand integral; ∼ *Лойцянского* Loytsansky integral; ∼ *Петтиса* Pettis integral; ∼ *Стилтьеса–Минковского* Stieltjes–Minkowski integral; ∼ *Фиска* Fisk integral; ∼ *Хеллингера* Hellinger integral; ∼ *вероятности* probability integral; ∼ *по траекториям* path integral; *континуальный* ∼ path integral; *кратный винеровский* ∼ multiple Wiener integral; *кратный стохастический* ∼ multiple stochastic integral; *криволинейный* ∼ line integral; *криволинейный стохастический* ∼ stochastic line integral; *псевдоинтеграл* (*m*) pseudo-integral; *расширенный стохастический* ∼ extended stochastic integral; *симметрический стохастический* ∼ symmetric stochastic integral; *стохастический* ∼ stochastic integral; *стохастический* ∼ *Ито* Itô stochastic integral; *стохастический* ∼ *Стратоновича* Stratonovich stochastic integral; *стохастический* ∼ *по мартингалу* stochastic integral with respect to martingale; *стохастический* ∼ *по мартингальной мере* stochastic integral with respect to martingale measure; *стохастический* ∼ *по семимартингалу* stochastic integral with respect to semimartingale; *стохастический* ∼ *по случайной мере* stochastic integral with respect to random measure; *стохастический кратный* ∼ stochastic multiple integral; *стохастический криволинейный* ∼ stochastic line integral; *функциональный* ∼ path integral

интегральная геометрия integral geometry

интегральная предельная теорема integral limit theorem

интегральная структура integral structure

интегральная теорема восстановления integral renewal theorem

интегральное представление integral representation

интегральное преобразование integral transform

интегральный масштаб корреляции integral scale of correlation

интегрирование (*n*) integration: *численное* ∼ numerical integration

интегрируемость (*f*) integrability: ∼ *по Бохнеру* Bochner integrability; ∼ *по Петтису* Pettis integrability; *равномерная* ∼ uniform integrability

интенсивность (*f*) intensity, rate: ~ *выхода* exit rate; ~ *перехода* transition rate; ~ *точечного процесса* intensity of a point process

интервал (*m*) interval: *двусторонний доверительный* ~ two-sided confidence interval; *детерминированный тактовый* ~ deterministic tact interval; *доверительный* ~ confidence interval; ~ *восстановления* renewal interval; *толерантный* ~ tolerance interval; *фидуциальный* ~ fiducial interval; *шкала* (*f*) *интервалов* interval scale

интервальная оценка interval estimator

интервальное оценивание interval estimation

интервальный граф interval graph

интердецильная широта interdecile range

интерполяция (*f*) interpolation: *гармоническая* ~ harmonic interpolation; *линейная* ~ linear interpolation; *оптимальная* ~ optimal interpolation; *параболическая* ~ polynomial interpolation; *полиномиальная* ~ polynomial interpolation

интерференционный канал interference channel

инфинитезимальная матрица infinitesimal matrix

инфинитезимальная система мер infinitesimal system of measures

инфинитезимальный оператор infinitesimal operator

информативность (*f*) informativeness

информационная мера information measure

информационная плотность information density

информационная последовательность information sequence

информационная устойчивость information stability

информационное количество Кульбака–Лейблера Kullback–Leibler information

информационное расстояние information distance

информационное расстояние Кульбака–Лейблера Kullback–Leibler information distance

информационный коэффициент корреляции informational correlation coefficient

информационный критерий Акаике Akaike informative criterion, AIC

информация (*f*) information: *априорная* ~ prior information; *внутриблочная* ~ intrablock information; ~ *Фишера* Fisher information; ~ *Шеннона* Shannon information; *количество* (*n*) *информации* amount of information; *неполная* ~ incomplete information; *передача* (*f*) *информации* information transmission; *потеря* (*f*) *информации* loss of information; *скорость* (*f*) *передачи информации* rate of information transmission; *теория* (*f*) *информации* information theory; *теория* (*f*) *передачи информации* communication theory; *условное количество информации* conditional information

инцидентность (*f*) incidence

иррегулярная точка irregular point

искажение (*n*) distortion: *мера* (*f*) *искажения* distortion measure

исключение (*n*) elimination: *полусовершенное* ~ semiperfect elimination; *совершенное* ~ perfect elimination

искривленное экспоненциальное семейство curved exponential family

исправление (*n*) correction

исправляющий ошибки код error-correcting code

испытание (*n*) trial: *зависимые испытания* dependent trials; *испытания Бернулли* Bernoulli trials; *испытания на продолжительность жизни* life-testing; *независимые испытания* independent trials

исследование операций operations research

истинный эффект уровня true effect of a level

источник (*m*) source: *кодирование источника сообщений* source encoding; ~ *сообщений* message source; ~ *сообщений без памяти* memoryless message source; *марковский источник (сообщений)* Markov source; *многокомпонентный источник (сообщений)* multicomponent source

исчисление (*n*) calculus: ~ *Маллявена* Malliavin calculus; *квантовое стохастическое* ~ quantum stochastic calculus; *теневое* ~ umbral calculus

итеративный iterative

К

кадлаг функция (*f*) (непрерывная справа и имеющая конечные пределы слева) cadlag function

кактус (*m*) cactus (*pl. cacti*)

калибровочная модель gauge model

канал (*m*) channel: *асимметричный* ~ asymmetric channel; *асинхронный* ~ asynchronous channel; *гауссовский* ~ Gaussian channel; *двоичный симметричный* ~ binary symmetric channel; *детерминированный* ~ deterministic channel; *замирания в канале* channel fading; *интерференционный* ~ interference channel; ~ *без памяти* memoryless channel; ~ *без предвосхищения* nonanticipating channel; ~ *множественного доступа* multiple access channel; ~ *с конечной памятью* finite-memory channel; ~ *с конечным числом состояний* channel with finite number of states; ~ *с нулевой ошибкой* zero-error channel; ~ *с обратной связью* channel with feedback; ~ *с ошибками синхронизации* channel with synchronization errors; ~ *связи* communication channel; *квантовый* ~ *связи* quantum communication channel; *многокомпонентный* ~ multiterminal channel; *многосторонний* ~ multiway channel; *однородный* ~ homogeneous channel; *полудетерминированный* ~ semideterministic channel; *пропускная способность канала* channel capacity; *сеть* (*f*) *каналов* network of channels; *симметричный* ~ symmetric channel; *синхронный* ~ synchronous channel; *стационарный* ~ stationary channel; *ухудшенный* ~ degraded channel; *широковещательный* ~ broadcast channel

каноническая величина canonical variable

каноническая корреляция canonical correlation

каноническая параметризация canonical parametrization

канонический коэффициент корреляции canonical correlation coefficient

канонический параметр canonical parameter

каноническое измерение canonical measurement

каноническое представление canonical representation

каноническое представление Леви Levy canonical representation

каноническое представление Леви–Хинчина Levy–Khinchin canonical representation

каноническое распределение canonical distribution

каноническое спектральное уравнение canonical spectral equation

карта (*f*) map: ~ *без петель* loopless map; *контрольная* ~ control chart; *планарная* ~ planar map

каскадная децимация cascade decimation

каскадный код cascade code

качественная робастность qualitative robustness

качественная устойчивость стохастических моделей qualitative stability of stochastic models

качественный признак attribute

квадрат (*m*) square: ~ *Киркмана* Kirkman square; *латинский* ~ Latin square; *магический* ~ magic square

квадратизация (*f*) quadrangulation

квадратическая вариация мартингала quadratic variation of a martingale

квадратическая функция потерь quadratic loss function

квадратическая характеристика мартингала quadratic characteristic of a martingale

квадратичная ошибка quadratic error

квадратичная форма quadratic form

квадратично интегрируемый мартингал square-integrable martingale

квадратично сбалансированная модель square-balanced model

квадратичное расширение quadratic extension

квадратичный вычет quadratic residue

квадратичный риск quadratic risk

квадратурная спектральная плотность quadrature spectral density

квадратурная спектральная функция quadrature spectral function

квадратурная формула quadrature formula: ~ *со случайными узлами* quadrature formula with random nodes

квадратурный спектр quadrature spectrum

квадрика (*f*) quadric

квадродерево (*n*) quadtree

квазивариационное неравенство quasi-variational inequality

квазигладкий марковский процесс quasi-smooth Markov process

квазидиффузионный процесс quasidiffusion process

квазидостаточная статистика quasi-sufficient statistic

квазиинвариантная мера quasi-invariant measure

квазиинфинитезимальный оператор quasi-infinitesimal operator

квазимарковское приближение quasi-Markovian approximation

квазимера (*f*) quasimeasure

квазиметрика (*f*) quasimetric

квазиортогональные числа quasi-orthogonal numbers

квазиполитоп (*m*) quasipolytope

квазиразмах (*m*) **выборки** sample quasirange

квазирегулярная система quasi-regular system

квазирешетка (*f*) quasilattice

квазисимметричное распределение quasi-symmetric distribution

квазичетный граф quasi-parity graph

квантиль (*f*) quantile: *выборочная* ~ sample quantile

квантильное преобразование quantile transformation

квантильный процесс quantile process

квантование (*n*) quantization: ~ *во времени* time-quantization; ~ *сообщений* message quantization

квантовая динамическая полугруппа quantum dynamical semigroup

квантовая механика quantum mechanics

квантовая теория вероятностей quantum probability theory

квантовая теория проверки гипотез quantum hypotheses testing theory

квантовое броуновское движение quantum Brownian motion

квантовое декодирование quantum decoding

квантовое евклидово поле quantum Euclidean field

квантовое измерение quantum measurement

квантовое кодирование quantum coding

квантовое состояние quantum state

квантовое стохастическое дифференциальное уравнение quantum stochastic differential equation

квантовое стохастическое исчисление quantum stochastic calculus

квантовый канал связи quantum communication channel

квантовый случайный процесс quantum stochastic process

квартиль (*f*) quartile: *выборочная* ~ sample quartile

кепстр (*m*) KEPSTR (Kolmogorov Equation Power Series Time Response)

кибернетика (*f*) cybernetics

кинетическое уравнение переноса kinetic transfer equation

класс (*m*) class: ~ *Бэра* Baire class; ~ *ван Данцига* van Dantzig class; ~ *Вапника–Червоненкиса* Vapnik–Chervonenkis class; ~ *Линника* Linnik class; ~ *Штейнера* Steiner class; *минимальный полный* ~ *критериев* minimal complete class of tests; *минор-замкнутый* ~ minor-closed class; *монотонный* ~ *множеств* monotone class of sets; *полный* ~ *критериев* complete class of tests; *полный* ~ *стратегий* complete class of strategies; *существенно полный* ~ *критериев* essentially complete class of tests; *эргодический* ~ ergodic set

классификатор (*m*) classifier

классификация (*f*) classification

классификация Бэра Baire classification

классическое определение вероятности classical definition of probability

кластер (*m*) cluster: ~ *Идена* Eden cluster; ~*-анализ* cluster analysis; ~*-процедура* cluster procedure; *метод кластерных разложений* method of cluster expansion

кластерная модель cluster model

кластерный анализ cluster analysis

клейкий матроид sticky matroid

клетка (*f*) cell

клика (*f*) clique: *дерево* (*n*) *клик* clique tree; *задача* (*f*) *о клике* clique problem; *разложение* (*n*) *на клики* clique-decomposition

климат (*m*) climate

климатическая норма climatic norm

климатический временной ряд climatic time series

клинические испытания clinical trials

ковариационная матрица covariance matrix: *эмпирическая* ~ empirical covariance matrix

ковариационная функция covariance function

ковариационный анализ analysis of covariance

ковариационный оператор covariance operator

ковариация (*f*) covariance: *выборочная* ~ sample covariance; *гауссовская* ~ Gaussian covariance; *функция частной ковариации* partial covariance function

когерентная конфигурация coherent configuration

когерентность (*f*) coherence: *коэффициент* (*m*) *когерентности* coherence coefficient; *множественная* ~ multiple coherence; *спектр* (*m*) *когерентности* coherence spectrum; *частная* ~ partial coherence

код (*m*) code: *блоковый* ~ block code; *групповой* ~ group code; *длина* (*f*) *кода* code length; *древовидный* ~ tree code; *исправляющий ошибки* ~ error-correcting code; *каскадный* ~ cascade code; ~ *"змея* (*f*) *в ящике"* snake-in-the-box code; *линейный древовидный* ~ linear tree code; *линейный* ~ linear code; *неравномерный* ~ variable-length code; *память* (*f*) *кода* code memory; *переменный во времени* ~ time-varying code; *постоянный во времени* ~ time-constant code; *рекуррентный* ~ recurrent code; *решетчатый* ~ trellis code; *решетчатый линейный* ~ trellis linear code; *сверточный* ~ convolutional code; *скорость* (*f*) *кода* code rate; *циклический* ~ cyclic code

кодер (*m*) coder

кодирование (*n*) coding, encoding: *вероятностное* ∼ probabilistic/stochastic coding; *квантовое* ∼ quantum coding; ∼ *источника с дополнительной информацией* source encoding with side information; ∼ *источника сообщений* source encoding; ∼ *с подглядыванием* cribbing encoding; *комбинаторное* ∼ combinatorial encoding; *случайное* ∼ random coding; *универсальное* ∼ universal encoding

кодовая последовательность code sequence

кодовое расстояние code distance

кодовое слово code word

коксовский точечный процесс Cox point process

колебание (*n*) oscillation: *амплитудно-модулированное гармоническое* ∼ amplitude-modulated harmonic oscillation; *фазово-модулированное* ∼ phase-modulated oscillation; *частотно-модулированное* ∼ frequency-modulated oscillation

колесо (*n*) wheel

количественная робастность quantitative robustness

количество (*n*) **информации** amount of information

количество (*n*) **работы** workload

коллинеарность (*f*) collinearity

коллинеация (*f*) collineation

колмогоровская аксиоматика теории вероятностей Kolmogorov's axiomatics of probability theory

кольцо (*n*) ring: *бюффоново* ∼ Buffon ring; ∼ *множеств* ring of sets

комбинаторика (*f*) combinatorics

комбинаторная интегральная геометрия combinatorial integral geometry

комбинаторная конфигурация combinatorial configuration

комбинаторное кодирование combinatorial encoding

комбинаторное тождество combinatorial identity

комбинаторные числа combinatorial numbers

комбинаторный анализ combinatorial analysis

комбинированный критерий combined test

коммуникационная сложность communication complexity

коммутативное соотношение commutative relation

компакт (*m*) compact, compactum: ∼ *Мартина* Martin compactum

компактификация (*f*) compactification: ∼ *Рэя–Найта* Ray–Knight compactification; ∼ *фазового пространства* state space compactification

компактная мера compact measure

компактность (*f*) compactness: ∼ *семейства мер* compactness of a family of measures; *слабая относительная* ∼ weak relative compactness

компактный закон повторного логарифма compact law of the iterated logarithm

компенсатор (*m*) compensator: ∼ *точечного процесса* compensator of a point process

комплексная демодуляция complex demodulation

комплексная нормальная случайная величина complex normal random variable

комплексный гауссовский процесс complex Gaussian process

композиция (*f*) **распределений** composition of distributions

компонента (*f*) component: *выборочные главные компоненты* sample principal components; *компоненты дисперсии* variance components; *главная* ∼ principal component; *обновляющая* ∼ innovation component

компонентный анализ component analysis

конгруэнтность (*f*) congruence

конгруэнтный генератор (случайных чисел) congruential generator

конечная вариация finite variation

конечная мера finite measure

конечная совокупность finite population

конечная цепь Маркова finite Markov chain

конечно-аддитивная функция множеств finitely additive set function

конечное преобразование Фурье finite Fourier transform

конечное разбиение finite partition

конечное случайное множество random finite set

конечное состояние Гиббса Gibbs finite state

конечномерное распределение finite-dimensional distribution

конечноразностная аппроксимация finite difference approximation: ∼ *стохастического дифференциального уравнения* finite difference approximation to a stochastic differential equation

конечный вероятностный автомат finite probabilistic automaton

коника (*f*) conic

конкурирующие риски competing risks

консервативная матрица conservative matrix

конструктивная квантовая теория

поля constructive quantum field theory

конструкция (*f*) **Огавы** Ogawa construction

конструкция (*f*) **Хитсуды–Скорохода** Hitsuda–Skorohod construction

контигуальность (*f*) contiguity

контигуальные альтернативы contiguous alternatives

континуальный интеграл path integral

контраст (*m*) contrast

контролируемая переменная active variable

контроль (*m*) inspection, control: ~ *качества* quality control; *статистический приемочный* ~ statistical acceptance inspection

контрольная карта control chart

контурное покрытие cyclic covering

конус (*m*) cone

конфигурационный частотный анализ configuration frequency analysis, CFA

конфигурация (*f*) configuration: *когерентная* ~ coherent configuration; *комбинаторная* ~ combinatorial configuration; ~ *векторов* vector configuration

конфликт (*m*) conflict

конфлюентность (*f*) confluence

конфлюентный анализ confluent analysis

концевая вершина end vertex

концентрация (*f*) concentration: *функция* (*f*) *концентрации* concentration function

кооперативная игра cooperative game

корень (*m*) root: *главный* ~ principal root; ~ *случайного дерева* root of a random tree

корне-компактная группа root-compact group

корневая вершина rooted vertex

корневое отображение rooted map

корневой граф rooted graph

коррелированные величины correlated variables

коррелограмма (*f*) correlogram: *выборочная* ~ sample correlogram

коррелограф (*m*) correlograph

коррелометр (*m*) correlator

корреляционная зависимость correlation dependence

корреляционная матрица correlation matrix

корреляционная мера correlation measure

корреляционная таблица correlation table

корреляционная теория correlation theory

корреляционная функция correlation function: *обобщенная* ~ generalized correlation function; *стационарная* ~ stationary correlation function

корреляционное неравенство correlation inequality

корреляционное окно lag window: ~ *Бартлетта* Bartlett lag window; ~ *Парзена* Parzen lag window; ~ *Тьюки* Tukey lag window

корреляционное отношение correlation ratio

корреляционное уравнение correlation equation

корреляционный анализ correlation analysis

корреляционный прием correlation reception

корреляционный функционал correlation functional

корреляция (*f*) correlation: *анализ* (*m*) *канонических корреляций* canonical correlation analysis; *интегральный масштаб корреляции* integral scale of correlation; *каноническая* ~ canonical correlation; *канонический коэффициент корреляции* canonical correlation coefficient; *коэффициент* (*m*) *внутригрупповой корреляции* intraclass correlation coefficient; *коэффициент* (*m*) *корреляции* correlation coefficient; *коэффициент* (*m*) *парной корреляции* paired correlation coefficient; *коэффициент* (*m*) *ранговой корреляции* rank correlation coefficient; *коэффициент* (*m*) *ранговой корреляции Пирсона* Pearson rank correlation coefficient; *коэффициент* (*m*) *ранговой корреляции Спирмена* Spearmen rank correlation coefficient; *коэффициент* (*m*) *ранговой корреляции Кендалла* Kendall rank correlation coefficient; *коэффициент* (*m*) *частной корреляции* partial correlation coefficient; *криволинейная* ~ curvilinear correlation; *линейная* ~ linear correlation; *ложная* ~ spurious correlation; *максимальный коэффициент корреляции* maximal correlation coefficient; *межклассовая* ~ interclass correlation; *множественный коэффициент корреляции* multiple correlation coefficient; *обобщенная корреляционная функция* generalized correlation function; *однородная изотропная корреляционная функция* homogeneous isotropic correlation function; *однородная корреляционная функция* homogeneous correlation function; *отрицательная* ~ negative correlation; *положительная* ~ positive correlation; *продольная корреляционная функция* longitudinal correlation function; *ранговая* ~ rank correlation; *релейная корреляционная функция* relay correlation function; *сериаль-*

ный коэффициент корреляции serial correlation coefficient; *частная корреляционная функция* partial correlation function

косильно совершенный граф co-strongly perfect graph

косинор-анализ (*m*) cosinor analysis

косое разбиение skew partition

косой винеровский процесс skew Wiener process

косой циркулянт skew circulant

кососимметрическая матрица skew-symmetric matrix

косоугольное вращение факторных осей oblique rotation of factorial axes

коспектр (*m*) cospectrum

коспектральная плотность cospectral density

коспектральная функция cospectral function

кохроматический граф cochromatic graph

коэффициент (*m*) coefficient: *биномиальный* ~ binomial coefficient; *выборочный* ~ *асимметрии* sample coefficient of skewness; *выборочный* ~ *корреляции* sample correlation coefficient; *выборочный* ~ *регрессии* sample regression coefficient; *выборочный* ~ *эксцесса* sample coefficient of excess; *информационный* ~ *корреляции* informational correlation coefficient; ~ *асимметрии* coefficient of skewness; ~ *вариации* variation coefficient; ~ *внутригрупповой корреляции* intraclass correlation coefficient; ~ *диффузии* diffusion coefficient; ~ *задержки* delay coefficient; ~ *когерентности* coherence coefficient; ~ *конкордации* concordance coefficient; ~ *корреляции* correlation coefficient; ~ *Паде* Pade coefficient; ~ *парной корреляции* paired correlation coefficient; ~ *передачи* transfer coefficient; ~ *ранговой корреляции* rank correlation coefficient; ~ *ранговой корреляции Пирсона* Pearson rank correlation coefficient; ~ *ранговой корреляции Спирмена* Spearmen rank correlation coefficient; ~ *ранговой корреляции Кендалла* Kendall rank correlation coefficient; ~ *регрессии* regression coefficient; ~ *сноса* drift coefficient; ~ *согласованности* concordance coefficient; ~ *сохранения эффективности* efficiency preservation index; ~ *усиления* gain; ~ *усиления фильтра* gain of a filter; ~ *частной корреляции* partial correlation coefficient; ~ *эксцесса* coefficient of excess; *максимальный* ~ *корреляции* maximal correlation coefficient; *межгрупповой* ~ *корреляции* interclass correlation coefficient; *множественный* ~ *корреляции* multiple correlation coefficient; *полиномиальный* ~ multinomial coefficient; *сериальный* ~ *корреляции* serial correlation coefficient

крайние значения extremes

красный шум red noise

кратное перемешивание multiple mixing

кратный винеровский интеграл multiple Wiener integral

кратный стохастический интеграл multiple stochastic integral

кривая (*f*) curve: ~ *влияния* influence curve; ~ *Лоренца* Lorentz curve; ~ *регрессии* regression curve; *скедастическая* ~ scedastic curve

криволинейная корреляция curvilinear correlation

криволинейная регрессия curvilinear regression

криволинейный интеграл line integral

криволинейный стохастический интеграл stochastic line integral

кривые Пирсона Pearson curves

криптосистема (*f*) cryptosystem

критерий (*m*) test, criterion: $C(\alpha)$-*критерий Неймана* Neyman $C(\alpha)$-test; *асимптотическая допустимость критерия* asymptotic admissibility of a test; *асимптотически бейесовский* ~ asymptotically Bayes test; *асимптотически минимаксный* ~ asymptotically minimax test; *асимптотически наиболее мощный* ~ asymptotically most powerful test; *асимптотически наиболее мощный несмещенный* ~ asymptotically most powerful unbiased test; *асимптотически несмещенный* ~ asymptotically unbiased test; *асимптотически оптимальный* ~ asymptotically optimal test; *асимптотически равномерно наиболее мощный* ~ asymptotically uniformly most powerful test; *асимптотический дефект критерия* asymptotic deficiency of a test; *бейесовский* ~ Bayes test; *векторный* ~ vector test; *двусторонний* ~ *Стьюдента* two-sided Student test; *двухвыборочный* ~ two-sample test; *двухвыборочный* ~ *Вальда–Вольфовица* two-sample Wald–Wolfowitz, runs test; *двухвыборочный* ~ *Стьюдента* two-sample Student test; *дефект критерия* deficiency of a test; *допустимый* ~ admissible test; *инвариантный* ~ invariant test; *информационный* ~ *Акаике* Akaike informative criterion, AIC; *комбинированный* ~ combined test; ~ *аменабильности Кестена* Kesten criterion of amenability; ~ *Андерсона–Дарлинга* Anderson–Darling test; ~ *Ансари–Брэдли* Ansari–Bradley test; ~ *Бартлетта* Bartlett test; ~ *Барт-*

летта–Шеффе Bartlett–Scheffe test; ~ *Батлера–Смирнова* Butler–Smirnov test; ~ *Бикеля* Bickel test; ~ *Вальда* Wald test; ~ *ван дер Вардена* van der Waerden test; ~ *Вилкоксона (Уилкоксона)* Wilcoxon test; ~ *для проверки многомерной нормальности* test for multivariate normality; ~ *Дурбина–Ватсона* Durbin–Watson test; ~ *знаков* sign test; ~ *значимости* significance test; ~ *Карлемана* Carleman criterion; ~ *Кенуя* Quenouille test; ~ *Колмогорова* Kolmogorov test; ~ *Колмогорова–Смирнова* Kolmogorov–Smirnov test; ~ *Крамера–фон Мизеса* Cramer–von Mises test; ~ *Манна–Уитни* Mann–Whitney test; ~ *Массе* Masset criterion; ~ *минимаксности* minimax criterion; ~ *Муда* Mood test; ~ *Мэлоуса* Mallows criterion; ~ *независимости* test of independence; ~ *однородности* test of homogeneity; ~ *ожидаемого дохода* expected reward criterion; ~ *отношения дисперсий* variance ratio test; ~ *отношения правдоподобия* likelihood ratio test, LR test; ~ *Парзена* Parzen criterion; ~ *перестановок* permutation test; ~ *Питмена* Pitman test; ~ *Прохорова* Prokhorov criterion; ~ *пустых блоков* empty blocks test; ~ *пустых ящиков* empty cells test; ~ *равномерности* test for uniformity; ~ *рандомизации* randomization test; ~ *Рао* Rao test; ~ *Рейнольдса* Reynolds criterion; ~ *Реньи* Rényi test; ~ *серий* runs test; ~ *Зигеля–Тьюки* Siegel–Tukey test; ~ *симметрии Купмана* Koopman test of symmetry; ~ *Смирнова* Smirnov test; ~ *согласия* goodness-of-fit test; ~ *среднего дохода* average reward criterion; ~ *Стьюдента* Student test; ~ *суммы рангов* rank sum test; ~ *сферичности* test of sphericity; ~ *Уилкоксона* Wilcoxon test; ~ *Фишера–Ирвина* Fisher–Irwin test; ~ *Фишера–Иэйтиса* Fisher–Yates test; ~ *Фостера* Foster criterion; ~ *Хенана–Куинна* Hannan–Quinn criterion; ~ *Хефдинга* Hoeffding test; ~ *Хотеллинга* Hotelling test; ~ *Шварца–Риссанена* Schwarz–Rissanen criterion; ~ *Шибаты* Shibata criterion; ~ *Шовене* Chauvenet test; *линейный* ~ linear test; *локально наиболее мощный* ~ locally most powerful test; *максиминный* ~ maximin test; *минимаксный* ~ minimax test; *минимальный полный класс критериев* minimal complete class of tests; *мощность* (*f*) *статистического критерия* power of a statistical test; *наиболее мощный* ~ most powerful test; *наиболее строгий* ~ most stringent test; *непараметрический* ~ nonparametric test; *нерандомизированный* ~ nonrandomized test; *несмещенный* ~ unbiased test; *односторонний* ~ *Стьюдента* one-sided Student test; *односторонний* ~ one-sided test; *оперативная характеристика критерия* operating characteristic of a test; *оптимальный* ~ optimal test; *относительная эффективность критерия* relative efficiency of a test; *последовательный* ~ *отношения вероятностей/правдоподобия* sequential probability ratio test (SPRT); *подобный* ~ similar test; *полный класс критериев* complete class of tests; *последовательный* ~ *отношения правдоподобия* sequential probability ratio test; *почти инвариантный* ~ almost invariant test; *равномерно наиболее мощный* ~ uniformly most powerful test; *размер критерия* size of a test; *ранговый* ~ rank test; *рандомизированный* ~ randomized test; *сериальный* ~ serial test; *состоятельный* ~ consistent test; *статистика* (*f*) *критерия* test statistic; *статистический* ~ statistical test; *существенно полный класс критериев* essentially complete class of tests; *точный* ~ exact test; *точный* ~ *Фишера* Fisher exact test; *уровень* (*m*) *критерия* level of a test; *функция* (*f*) *мощности критерия* power function of a test; *хи-квадрат* (*m*) ~ chi square test; *энтропийный* ~ entropy criterion

критическая вероятность critical probability

критическая область critical region

критическая точка critical point

критическая функция critical function

критически стягиваемый граф contraction-critical graph

критический ветвящийся процесс critical branching process

критический по цвету граф color-critical graph

критический показатель critical exponent

критический уровень critical level

критическое значение critical value

кросс-проверка (*f*) cross-validation

кросс-спектральная плотность cross-spectral density

кросс-спиральность (*f*) cross-helicity

круговой закон circular law

кубический граф cubic graph

кубоид (*m*) cuboid

кумулянт (*m*) cumulant: *факториальный* ~ factorial cumulant

кумулянта (*f*) cumulant

кумулянтная спектральная плотность cumulant spectral density

кумулятивная спектральная плотность cumulative spectral density

кумулятивная спектральная функция cumulative spectral function

кумулятивный спектр cumulative spectrum

Л

лаг (m) lag

лагранжево описание турбулентности Lagrangian description of turbulence

латентная переменная latent variable

латинский квадрат Latin square: $\sim$ *с ограниченным носителем* Latin square with restricted support; *неполный* $\sim$ incomplete Latin square; *ортогональные латинские квадраты* orthogonal Latin squares; *полный* $\sim$ complete Latin square; *редуцированный* $\sim$ reduced Latin square; *частичный* $\sim$ partial Latin square

латинский куб Latin cube

латинский подквадрат Latin subsquare

латинский прямоугольник Latin rectangle

левое распределение Пальма left Palm distribution

левый марковский процесс left Markov process

лексикографическое отношение lexicographical relation

лексикографический lexicographic

лемма (f) lemma: $\sim$ *Бореля–Кантелли* Borel–Cantelli lemma; $\sim$ *Неймана–Пирсона* Neyman–Pearson lemma; $\sim$ *Кронекера* Kronecker lemma

лес (m) forest: *случайный* $\sim$ random forest

лестничная высота ladder height

лестничная точка ladder point

лестничный индекс ladder index

лестничный момент ladder epoch

лингвистика (f) linguistics

линеаризация (f) linearization

линейная аппроксимация linear approximation

линейная гипотеза linear hypothesis

линейная интерполяция linear interpolation

линейная корреляция linear correlation

линейная оценка linear estimator: $\sim$ *с наименьшей дисперсией* linear minimum variance estimator

линейная ранговая статистика linear rank statistic

линейная регрессия linear regression

линейная система linear system

линейная форма linear form

линейная функция, допускающая несмещенную оценку estimable linear function, U-estimable linear function

линейное программирование linear programming

линейное стохастическое дифференциальное уравнение linear stochastic differential equation

линейное стохастическое параболическое уравнение linear stochastic parabolic equation

линейный древовидный код linear tree code

линейный код linear code

линейный критерий linear test

линейный регрессионный эксперимент linear regression experiment

линейный фильтр linear filter

линейчатый марковский процесс Markov linear-wise process

линия (f) line, curve: *эмпирическая* $\sim$ *регрессии* empirical regression line; $\sim$ *остановки* stopping line; $\sim$ *регрессии* regression line/curve

логарифмическая функция правдоподобия logarithmic likelihood function, log-likelihood (function)

логарифмически вогнутая функция log-concave function

логарифмически выпуклая функция log-convex function

логарифмически нормальное (логнормальное) распределение log-normal distribution

логистическое распределение logistic distribution

логистическое уравнение logistic equation

логит (m) logit: $\sim$-*анализ* (m) logit analysis

логнормальная модель lognormal model

ложная корреляция spurious correlation

ложная периодичность spurious periodicity

ложная тревога false alarm

локальная предельная теорема local limit theorem

локальная теорема восстановления local renewal theorem

локальная эргодическая теорема local ergodic theorem

локально изотропная турбулентность locally isotropic turbulence

локально изотропное случайное поле locally isotropic random field

локально интегрируемый процесс locally integrable process

локально конечная мера locally finite measure

локально наиболее мощный критерий locally most powerful test

локально однородное случайное поле locally homogeneous random field

локально-совершенная раскраска locally-perfect coloring

локальное время local time

локальный мартингал local martingale

локон (m) **Аньези** witch of Agnesi

M

магический квадрат magic square: $\sim$ *над полем* magic square over a field

магнитогидродинамическая турбулентность magnetohydrodynamical turbulence

мажоранта (f) majorant: *наименьшая эксцессивная* $\sim$ minimal excessive majorant

максимальный инвариант maximal invariant

максимальный коэффициент корреляции maximal correlation coefficient

максимальный перманент maximum permanent

максимальный шаг распределения span of a distribution

максиминный критерий maximin test

максимум (m) maximum (*pl. maxima*)

малая нагрузка low traffic

малые стохастические возмущения динамической системы small stochastic perturbations of a dynamical system

малые уклонения small deviations

малый канонический ансамбль small canonical ensemble

мальтузианский параметр Malthusian parameter

маргинальная функция правдоподобия marginal likelihood function

маргинальное распределение marginal distribution

маркированный точечный процесс marked point process

марковская динамическая полугруппа Markov dynamical semigroup

марковская мера Markov measure

марковская полугруппа Markov semigroup

марковская стратегия Markov policy/ strategy

марковский источник Markov source

марковский момент Markov/stopping time: *предсказуемый* $\sim$ predictable Markov/stopping time

марковский процесс Markov process: $\sim$ *в широком смысле* wide-sense Markov process; $\sim$ *восстановления* Markov renewal process; $\sim$ *принятия решений* Markov decision process; $\sim$ *с конечным множеством состояний* Markov process with a finite state space; $\sim$ *со счетным числом состояний* Markov process with a countable/denumerable state space

марковское размещение частиц Markov allocation of particles

марковское свойство Markov property

марковское случайное блуждание Markov random walk

марковское случайное поле Markov random field

мартингал (m) martingale: *квадратическая вариация мартингала* quadratic variation of a martingale; *квадратическая характеристика мартингала* quadratic characteristic of a martingale; *квадратично интегрируемый* $\sim$ square integrable martingale; *локальный* $\sim$ local martingale; *остановленный* $\sim$ stopped martingale; *предсказуемая квадратическая характеристика мартингала* predictable quadratic characteristic of a martingale; *предсказуемая характеристика мартингала* predictable characteristic of a martingale; *проблема мартингалов* martingale problem; *стохастический интеграл по мартингалу* stochastic integral with respect to a martingale; *чисто разрывный локальный* $\sim$ purely discontinuous local martingale; *чисто разрывный* $\sim$ purely discontinuous martingale

мартингал-разность (f) martingale-difference

мартингальное преобразование martingale transformation

мартингальный метод martingale method

маршрутная матрица/таблица routing matrix/table

массив (m) array

масштаб (m) scale

масштабное преобразование scale transformation

математическая статистика mathematical statistics

математическое ожидание expectation: *условное* $\sim$ conditional expectation

матрица (f) matrix: *альтернирующая* $\sim$ alternating matrix; *весовая* $\sim$ weight matrix; *вполне/хорошо обусловленная* $\sim$ well conditioned matrix; *гауссовская случайная* $\sim$ Gaussian random matrix; *дважды стохастическая* $\sim$ doubly stochastic matrix; *инфинитезимальная* $\sim$ infinitesimal matrix; *ковариационная* $\sim$ covariance matrix; *консервативная* $\sim$ conservative matrix; *корреляционная* $\sim$ correlation matrix; *косо-*

симметрическая ~ skew-symmetric matrix; *маршрутная* ~ /*таблица* routing matrix/table; ~ *Адамара* Hadamard matrix; ~ *плана* design matrix; ~ *регрессии* regression matrix; ~ *регрессионного эксперимента* matrix of a regression experiment; ~ *регрессионных коэффициентов* regression matrix; ~ *Сильвестра* Sylvester matrix; ~ *смежности* adjacency matrix; ~ *Уишарта* Wishart matrix; *нормализованная* ~ *Адамара* normalized Hadamard matrix; *ортогональная* ~ orthogonal matrix; *ортогональная случайная* ~ orthogonal random matrix; *переходная* ~ transition matrix; *полустохастическая* ~ substochastic matrix; *ранг* (m) *матрицы* rank of a matrix; *регрессионная* ~ regression matrix; *симметрическая случайная* ~ symmetric random matrix; *случайная* ~ random matrix; *спектральное разложение матрицы* spectral decomposition of a matrix; *стохастическая* ~ stochastic matrix; *структурная* ~ stucture matrix; *теплицева* ~ Toeplitz matrix; *трансфер-матрица* transfer-matrix; *унитарная* ~ unitary matrix; *унитарная случайная* ~ unitary random matrix; *фундаментальная* ~ fundamental matrix; *эмпирическая ковариационная* ~ empirical covariance matrix; *эрмитова* ~ Hermitian matrix; *эрмитова случайная* ~ Hermitian random matrix

матроид (m) matroid: *бициклический* ~ bicircular matroid; *клейкий* ~ sticky matroid; ~ *покрытия* paving matroid; ~ *факторов* factor matroid; *непрерывный* ~ continuous matroid; *ориентированный* ~ oriented matroid; *симплициальный* ~ simplicial matroid

матроидная система matroidal system

матроидное покрытие matroidal covering

медиана (f) median: *выборочная* ~ sample median; ~ *Кемени* Kemeny median; *пространственная* ~ spatial median; *сферическая* ~ spherical median

медианная регрессия median regression

медианно несмещенная оценка median-unbiased estimator

медленно меняющаяся функция slowly varying function

медленное замирание slow fading

межгрупповой коэффициент корреляции interclass correlation coefficient

межклассовая корреляция interclass correlation

мера (f) measure: *абсолютная непрерывность мер* absolute continuity of measures; *автоморфизм* (m) *пространства с*

мерой automorphism of a measure space; *атомическая* ~ atomic measure; *барицентр* (m) *меры* barycenter of a measure; *беспучковая* ~ bundleless measure; *борелевская* ~ Borel measure; *вариация* (f) *меры* variation of a measure; *векторная* ~ vector measure; *вероятностная* ~ probability measure; *винеровская* ~ Wiener measure; *внешняя* ~ outer measure; *вполне аддитивная* ~ completely additive measure; *вырожденная* ~ degenerate measure; *гауссовская* ~ Gaussian measure; *гауссовская цилиндрическая* ~ Gaussian cylindrical measure; *гладкая* ~ smooth measure; *дискретная* ~ discrete measure; *диффузная* ~ diffusion measure; *дизъюнктный спектральный тип мер* disjoint spectral type of measures; *допустимый сдвиг меры* admissible shift of a measure; *жорданова* ~ Jordan measure; *знакопеременная* ~ signed measure, charge; *идемпотентная вероятностная* ~ idempotent probability measure; *идемпотентная* ~ idempotent measure; *инвариантная* ~ invariant measure; *инфинитезимальная система мер* infinitesimal system of measures; *информационная* ~ information measure; *квазиинвариантная* ~ quasi-invariant measure; *компактная* ~ compact measure; *компактность* (f) *семейства мер* compactness of a family of measures; *конечная* ~ finite measure; *корреляционная* ~ correlation measure; *локально конечная* ~ locally finite measure; *марковская* ~ Markov measure; ~ *близости* proximity measure; ~ *Бэра* Baire measure; ~ *восстановления* renewal measure; ~ *Дирихле* Dirichlet measure; ~ *интенсивности* intensity measure; ~ *искажения* distortion measure; ~ *Кэмпбелла* Campbell measure; ~ *Лебега* Lebesgue measure; ~ *Леви* Lévy measure; ~ *Ревуза* Revuz measure; ~ *с ортогональными значениями* measure with orthogonal values; ~ *скачков* jump measure; ~ *Хаара* Haar measure; *моментная* ~ moment measure; *неатомическая* ~ nonatomic measure; *нормированая* ~ normed measure; *носитель* (m) *меры* support of a measure; *однородная* ~ homogeneous measure; *ожидаемая* ~ *Минковского* Minkowski expected measure; *операторнозначная* ~ operator valued measure; *относительная компактность семейства мер* relative compactness of a family of measures; *плоско концентрированное семейство вероятностных мер* flatly concentrated family of probability measures; *плотная* ~ tight measure; *плотное семейство мер* tight family of measures; *полная* ~ complete measure; *пополнение* (*n*) *меры* completion of a measure; *продолжение* (*n*) *меры* extension of a measure; *проективная система мер* projective system of measures; *произведение* (*n*) *мер* product measure; *пространство* (*n*) *с мерой* measure space; *пуассоновская* ~ Poisson measure; *радонова* ~ Radon measure; *внутренне компактно регулярная* ~ Radon measure; *разделенное семейство мер* disjoint family of measures; *рассеянная* ~ diffuse measure; *регулярная* ~ regular measure; *сеть* (*f*) *мер* net of measures; *сингулярная* ~ singular measure; *сингулярная компонента меры* singular component of a measure; *сингулярность* (*f*) *мер* singularity of measures; *скалярно вырожденная* ~ scalarly degenerate measure; *слабо компактная сеть мер* weakly compact net of measures; *случайная вероятностная* ~ random probability measure; *случайная* ~ random measure; *совершенная* ~ perfect measure; *спектральная* ~ spectral measure; *спектральная моментная* ~ spectral moment measure; *сращение* (*n*) *мер* splicing of measures; *стационарная* ~ stationary measure; *стохастическая* ~ stochastic measure; *стохастический интеграл по мартингальной мере* stochastic integral with respect to a martingale measure; *стохастический интеграл по случайной мере* stochastic integral with respect to a random measure; *сходимость* (*f*) *по мере* convergence in measure; *считающая* ~ counting measure; *цилиндрическая* ~ cylindrical measure; *эволюционирующая спектральная* ~ evolutionary spectral measure; *эквивалентные меры* equivalent measures; *эксцессивная* ~ excessive measure; *элементарная* ~ elementary measure; *эмпирическая* ~ empirical measure; *эндоморфизм* (*m*) *пространства с мерой* endomorphism of a measure space

местность (*f*) terrain

метка (*f*) label, score

метод (*m*) method: *адаптивный* ~ adaptive method; *асимптотический* ~ asymptotic method; *всех регрессий* ~ all possible regressions method; *выборочный* ~ sampling method; *дискретный эргодический* ~ discrete ergodic method; *дисперсионный* ~ *Линника* Linnik dispersion method; *знаковый* ~ *корреляционного анализа* sign method of the correlation analysis; *мартингальный* ~ martingale method; ~ *антитетичных переменных* antithetic variate method; ~ *Берга* Burg method; ~ *"ближайшего соседа"* nearest-neighbor method; ~ *Блэкмана–Тьюки* Blackman–Tukey method; ~ *Бокса–Дженкинса* Box–Jenkins method; ~ *Бокса–Уилсона* Box–Wilson method; ~ *Брауна* Brown's method; ~ *бутстрепа* bootstrap method; ~ *ветвей и вероятностных границ* branch and probability bound method; ~ *взвешенных наименьших квадратов* weighted least squares method; ~ *Винограда* Winograd method; ~ *включения и исключения* inclusion-exclusion method; ~ *возмущений* perturbations method; ~ *вычетов* method of residues; ~ *гармонического разложения* method of harmonic decomposition; ~ *Гаусса–Ньютона* Gauss–Newton method; ~ *диаграмм* diagram method; ~ *дополнительных переменных* supplementary variables method; ~ *исключения* exclusion method; ~ *Калмана–Бьюси* Kalman–Bucy method; ~ *кластерных разложений* method of cluster expansion; ~ *композиций* method of compositions; ~ *крутого восхождения* steepest ascent method; ~ *Лапласа* Laplace method; ~ *Левенберга–Марквардта* Levenberg–Marquardt method; ~ *максимального правдоподобия* maximum likelihood method; ~ *максимальной массы* maximum mass method; ~ *минимального расстояния* minimum distance method; ~ *моментов* moment method; ~ *Монте-Карло* Monte Carlo method; ~ *наименьших квадратов* least squares method; ~ *наименьших квадратов с ограничениями* constrained least squares method; ~ *накопления* scoring method; ~ *накопленных сумм* cusum method; ~ *Ньютона–Рафсона* Newton–Raphson method; ~ *обновлений* renovations method; ~ *обратных функций* inverse distribution function method; ~ *одного вероятностного пространства* common probability space method; ~ *отбрасывания* rejection method; ~ *переменных разностей* variate-difference method; ~ *поколений* method of generations; ~ *решета* method of sieves; ~ *семиинвариантов* semi-invariant method; ~ *сжатия* shrinkage method; ~ *симметризации* symmetrization method; ~ *складного ножа* jackknife method; ~ *склеивания* coupling method; ~ *скользящего среднего* moving average method; ~ *слоистой выборки* stratified sampling method; ~ *смешивания* confound method; ~ *статистических испытаний* statistical simulations method; ~ *столкновений* collisions method; ~ *Тагути* Taguchi method; ~ *усечения* truncation method; ~ *факторизации* factorization method; ~ *Форсайта*

Forsythe method; ∼ *k-средних* *k*-means method; *минимальных цепей и разрезов* ∼ minimal paths and cuts method; *последовательный симплексный* ∼ sequential simplex method; *рекуррентный* ∼ *наименьших квадратов* recursive least squares method; *релейный* ∼ *определения корреляционных функций* relay method of correlation analysis; *симплексный* ∼ simplex method

метрика (*f*) metric: *вероятностная* ∼ probabilistic metric; *идеальная* ∼ ideal metric; *индикаторная* ∼ indicator metric; ∼ *Дадли* Dudley metric; ∼ *Канторовича* Kantorovich metric; ∼ *Ки-Фана* Ky Fan metric; ∼ *Колмогорова* Kolmogorov metric; ∼ *Леви* Lévy metric; ∼ *Леви–Прохорова* Lévy–Prokhorov metric; ∼ *Орнстейна* Ornstein metric; ∼ *Прохорова* Prokhorov metric; ∼ *Форте–Мурье* Fortet–Mourier metric; ∼ *Хеллингера* Hellinger metric; *минимальная* ∼ minimal metric; *простая* ∼ simple metric; *протоминимальная* ∼ protominimal metric; *равномерная* ∼ uniform metric; *риманова информационная* ∼ Riemann information metric; *средняя* ∼ mean metric

метрическая транзитивность metric transitivity

метрическая энтропия metric entropy

метрический изоморфизм metric isomorphism

метрический инвариант metric invariant

метрический подход metric approach

механика (*f*) mechanics: *волновая* ∼ wave mechanics; *квантовая* ∼ quantum mechanics; *неравновесная статистическая* ∼ nonequilibrium statistical mechanics; *равновесная статистическая* ∼ equilibrium statistical mechanics; *статистическая* ∼ statistical mechanics

меченая частица tagged particle

мешающий параметр nuisance parameter

миграция (*f*) migration

микроканоническое распределение microcanonical distribution

минимакс (*m*) minimax

минимаксная оценка minimax estimator

минимаксная стратегия minimax strategy

минимаксное решение minimax decision

минимаксный критерий minimax test

минимаксный подход minimax approach

минимаксный риск minimax risk

минимальная достаточная стати-стика minimal sufficient statistic

минимальная метрика minimal metric

минимальная решающая функция minimal decision function

минимальная эксцессивная мажоранта minimal excessive majorant

минимальная эксцессивная функция minimal excessive function

минимальное остовное дерево minimum spanning tree

минимальный полный класс критериев minimal complete class of tests

минимальный разрез minimum cut

минимальных цепей и разрезов метод (*m*) minimum paths and cuts method

минор (*m*) minor: *запрещенный* ∼ forbidden minor; ∼-*замкнутый класс* minor-closed class

младенческая смертность infant mortality

многовершинное распределение multimodal distribution

многовходовая таблица сопряженности multiway contingency table

многовыборочная проблема multisample problem

многогранник (*m*) polyhedron (*pl. polyhedra*), polytope: *вписываемый* ∼ inscribable polytope

многодольный граф multipartite graph

многоканальная система обслуживания multichannel/multiserver queueing system

многокаскадная система обслуживания multicascade queueing system

многокомпонентный источник multicomponent source

многокомпонентный канал multiterminal channel

многолинейная система обслуживания multiserver/multichannel queueing system

многомерная плотность multivariate density

многомерная унимодальность multivariate unimodality

многомерное бета-распределение multivariate beta distribution

многомерное нормальное распределение multivariate normal distribution

многомерное распределение multivariate distribution

многомерное случайное блуждание multidimensional random walk

многомерное шкалирование multidimensional scaling, MDS

многомерный анализ multivariate analysis

многомерный винеровский процесс multidimensional Wiener process многомерный дисперсионный анализ multivariate analysis of variance, MANOVA

многомерный процесс броуновского движения multivariate Brownian motion process

многомерный статистический анализ multivariate statistical analysis

многообразие (*n*) manifold

многопараметрический процесс броуновского движения multiparameter Brownian motion process

многопродуктовый поток multicommodity flow

многосторонние сравнения multilateral comparisons

многосторонний канал multiway channel

многоугольник (*m*) polygon: *разбиение* (*n*) *многоугольника* dissection of a polygon

множественная когерентность multiple coherence

множественная регрессия multiple regression

множественное многомерное шкалирование multiple multidimensional scaling, MMDS

множественные сравнения multiple comparisons

множественный доступ multiple access: *канал* (*m*) *множественного доступа* multiple access channel; *случайный* ~ random multiple access

множественный коэффициент корреляции multiple correlation coefficient

множественный шарнир multiple joint

множество (*n*) set: *алгебра* (*f*) *множеств* algebra of sets; *алгебра* (*f*) *цилиндрических множеств* algebra of cylinders; *безгранично делимое случайное* ~ infinitely divisible random set; *бипрефиксное* ~ biprefix set; *блокирующее* ~ blocking set; *борелевское* ~ Borel set; *гауссовское случайное* ~ Gaussian random set; *дебют* (*m*) *множества* debut of a set; *доверительное* ~ confidence set; *доминирующее* ~ dominating set; *жадное* ~ greedy set; *измеримое* ~ measurable set; *изотропное случайное* ~ isotropic random set; *кольцо* (*n*) *множеств* ring of sets; *конечное случайное* ~ random finite set; ~ *планов Парето* Pareto set of designs; *монотонный класс множеств* monotone class of sets; *наиболее селективное/точное доверительное* ~ most selective confidence set; *направленное* ~ directed set; *неизмеримое* ~ nonmeasurable set; *несмещенное доверительное* ~ unbiased confidence set; *нечеткое* ~ fuzzy set; *опциональное* ~ optional set; *ортомодулярное частично упорядоченное* ~ orthomodular poset; *относительно компактное* ~ relatively compact set; *полярное* ~ polar set; *предсказуемое* ~ predictable set; *пренебрежимое* ~ negligible set; *префиксное* ~ prefix set; *разностное* ~ difference set; *разреженное* ~ thin set; *регулярное* ~ regular set; *связное* ~ connected set; *случайное выпуклое* ~ random convex set; *случайное замкнутое* ~ random closed set; *случайное компактное* ~ random compact set; *случайное открытое* ~ random open set; *справочное* ~ reference set; *стационарное случайное* ~ stationary random set; *тонкое* ~ thin set; *уравновешивающее* ~ balancing set; *устойчивое* ~ stable set; *устойчивое случайное* ~ stable random set; *частично упорядоченное* ~ poset (partially ordered set); *элементарное* ~ elementary set

множитель (*m*) factor: ~ *Лагранжа* Lagrange multiplier; *шаговый* ~ step factor

множительная оценка функции распределения product-limit estimator

мода (*f*) mode: ~ /*вершина распределения* mode of a distribution

модально несмещенная оценка mode-unbiased estimator

моделирование (*n*)/имитация (*f*) simulation

модель (*f*) model: *аддитивная* ~ additive model; *антиферромагнитная* ~ antiferromagnetic model; *билинейная временного ряда* bilinear time series model; *борелевская* ~ Borel model; *булева* ~ Boolean model; *горизонт* (*m*) *модели* horizon of a model; *двухфакторная* ~ two-way model; *дискриминантная* ~ discriminant model; *иерархическая* ~ hierarchical model; *калибровочная* ~ gauge model; *качественная устойчивость стохастических моделей* qualitative stability of stochastic models; *квадратично сбалансированная* ~ square-balanced model; *кластерная* ~ cluster model; *логнормальная* ~ lognormal model; ~ *Гейзенберга* Heisenberg model; ~ *запасов* inventory model; ~ *Изинга* Ising model; ~ *конкуренций* competition model; ~ *Парето* Pareto model; ~ *переключающейся регрессии* switching regression model; ~ *пузырьков* bubble model; ~ *распределенных лагов* distributed lags model; ~ *с фиксированными эффектами* fixed-effects model; ~ *связей* bond model; ~ *скользящего среднего* moving average model; ~ *со случайными эффектами* random-effects model; ~ *со смешанны-*

ми эффектами mixed effects model; ~ *узлов* site model; ~ *Хиггса* Higgs model; ~ *Хольта–Уинтерса* Holt–Winters model; ~ *Эйнштейна–Смолуховского* Einstein–Smoluchowski model; *нейронная* ~ neuronal model; *нелинейная* ~ nonlinear model; *общая линейная* ~ general linear model; *однофакторная* ~ one-way model; *ординарная* ~ ordinary model; *параметрическая* ~ parametric model; *пороговая* ~ threshold model; *пороговая* ~ *временного ряда* threshold time series model; *равновесная* ~ steady-state model; *регрессионная* ~ regression model; *решетчатая* ~ lattice model; *сезонная* ~ seasonal model; *сезонная* ~ *Харрисона* seasonal Harrison model; *семипараметрическая* ~ semiparametric model; *смешанная* ~ mixed model; *смешанная* ~ *авторегрессии — скользящего среднего* autoregressive — moving average model; *статистическая* ~ statistical model; *стохастическая* ~ stochastic model; *урновая* ~ urn model; *урновая* ~ *Пойа* Pólya's urn model; *факториальная* ~ factorial model; *ферромагнитная* ~ ferromagnetic model; *цена (f) модели* value of a model; *экспоненциальная авторегрессионная* ~ exponential autoregressive model

модифицированная функция Бесселя modified Bessel function

модулированный сигнал modulated signal

модуль (m) непрерывности modulus of continuity

модулярный разрез modular cut

модуляция (f) modulation: *амплитудная* ~ amplitude modulation; *угловая* ~ angular modulation; *фазовая* ~ phase modulation; *цифровая* ~ digital modulation; *частотная* ~ frequency modulation; *широтно-импульсная* ~ pulse width modulation

мозаика (f) tessellation: ~ *Вороного* Voronoi tessellation; *случайная* ~ random tessellation

молодеющее распределение beneficial aging distribution

момент (m) moment; time (*времени*): *абсолютный* ~ absolute moment; *выборочный* ~ sample moment; *лестничный* ~ ladder epoch; *марковский* ~ Markov/stopping time; *метод (m) моментов* moment method; ~ *достижения/прохождения* passage time; ~ *достижения/прохождения уровня* passage time of a level; ~ *обрыва* killing time; ~ *остановки* stopping time; ~ *первого возвращения* first return time; ~ *первого достижения/попадания* first

arrival time; ~ *первого достижения/попадания/пересечения* first passage time, hitting time; ~ *перескока/пересечения/достижения* crossing time; ~ *разладки* change point; ~ *регенерации* regeneration time; ~ *скачка* time of a jump; *оптимальный* ~ *остановки* optimal stopping time; *предсказуемый* ~ *остановки* predictable stopping time; *проблема (f) моментов* moment problem; *производящая функция моментов* moment generating function; *псевдомомент (m)* pseudo-moment; *расщепляющий* ~ splitting time; *смешанный* ~ mixed moment; *спектральный* ~ spectral moment; *степенная проблема моментов* power moment problem; *факториальный* ~ factorial moment; *центральный* ~ central moment; *центральный смешанный* ~ central mixed moment; *эмпирический* ~ empirical moment

моментная мера moment measure

моментная спектральная плотность moment spectrum density

моментное неравенство moment inequality

моментный спектр moment spectrum

монета (f) coin: *бросание монеты* coin tossing; *фальшивая* ~ counterfeit/false coin

моном (m) Вика Wick monomial

монотонное отношение правдоподобия monotone likelihood ratio

монотонное распределение monotone distribution

монотонный monotone

монотонный инвариант monotone invariant

монотонный класс множеств monotone class of sets

мостовой граф bridged graph

мощность (f) power: ~ *статистического критерия* power of a statistical test; *огибающая функции мощности* envelope of a power function; *осредненный спектр мощности* averaged power spectrum; *спектр (m) мощности* power spectrum; *функция (f) мощности критерия* power function of a test; *энтропийная* ~ entropy power

мультиграф (m) multigraph

мультидерево (n) multitree: *изоспектральное* ~ isospectral multitree

мультиколлинеарность (f) multicollinearity

мультимножество (n) multiset

мультимодальное распределение multimodal distribution

мультипликативная функция multiplicative function

мультипликативная эргодическая

теорема multiplicative ergodic theorem

мультипликативный функционал multiplicative functional

Н

наблюдаемая (*f*) observable: *алгебра* (*f*) *квазилокальных наблюдаемых* algebra of quasi-local observables; *алгебра* (*f*) *наблюдаемых* algebra of observables; *дополнительная* ~ complementary observable; *несовместимые наблюдаемые* incompatible observables; *совместимые наблюдаемые* compatible observables

наблюдаемый размер (критерия) attained size

наблюдение (*n*) observation: *выделяющееся* ~ *(выброс)* outlier; *оценивание* (*n*) *по наблюдениям* estimation from observations; *пропавшее* ~ missing observation

нагруженная система обслуживания queueing system in heavy traffic

надежность (*f*) reliability: *оптимизация* (*f*) *надежности* reliability optimization; *показатель* (*m*) *надежности* reliability index; *теория* (*f*) *надежности* theory of reliability; *функция* (*f*) *надежности* reliability function

надкритический ветвящийся процесс supercritical branching process

наиболее мощный критерий most powerful test

наиболее селективное/точное доверительное множество most selective confidence set

наиболее строгий критерий most stringent test

наибольшие общие подграфы greatest common subgraphs

наилучшая асимптотически нормальная оценка best asymptotically normal estimator, BAN estimator

наилучшая инвариантная оценка best invariant estimator

наилучшая линейная несмещенная оценка best linear unbiased estimator, BLUE

наименее благоприятное распределение least favorable distribution

наименьшая эксцессивная мажоранта minimal excessive majorant

наихудшее распределение worst distribution

наклон (*m*) **по Бахадуру** Bahadur slope

наложение (*n*) **частот** aliasing

направленное животное directed animal

направленное множество directed set

направляющая (*f*) directrix

направляющая стратегия steering policy

напряжение (*n*) **Рейнольдса** Reynolds stress

наследственная система hereditary system

наследственно модулярный граф hereditary modular graph

наследственность (*f*) heritability

насыщенный план saturated design

нат (*m*) nat

начальное распределение initial distribution

неатомическая мера nonatomic measure

неатомическое распределение nonatomic distribution

невозвратная цепь Маркова transient Markov chain

невозвратное состояние transient state

невозможное событие impossible event

невырожденное распределение nondegenerate distribution

негамильтонов граф non-Hamiltonian graph

недезаргова плоскость non-Desarguesian plane

недопустимая оценка inadmissible estimator

недоскок (*m*) defect

недостижимая граница unattainable boundary

независимое прореживание точечного процесса independent thinning of a point process

независимость (*f*) independence: *взаимная* ~ mutual independence; *критерий* (*m*) *независимости* test of independence; *попарная* ~ pairwise independence; *статистическая* ~ statistical independence; *стохастическая* ~ stochastic independence

независимые испытания independent trials

независимые случайные величины independent random variables

независимые события independent events

независимые спектральные типы independent spectral types

неизмеримое множество nonmeasurable set

нейронная модель neuronal model

нейронная сеть neurol network

некоммутативная теория вероятностей noncommutative probability theory

некооперативная игра noncooperative game

нелинейная модель nonlinear model

нелинейная оценка nonlinear estimator

нелинейная регрессия nonlinear regression

нелинейная теория восстановления nonlinear renewal theory

нелинейная фильтрация случайного процесса nonlinear filtering of a random process

нелинейная фильтрация случайных процессов nonlinear filtering of random processes

нелинейное прогнозирование случайного процесса nonlinear prediction of a random process

нелинейное программирование nonlinear programming

нелинейное уравнение nonlinear equation

нелинейный регрессионный эксперимент nonlinear regression experiment

немарковский процесс non-Markovian process

необходимая топология necessary topology

неограниченное случайное блуждание unbounded random walk

неоднородная цепь Маркова non-homogeneous Markov chain

неоднородность (f) heterogeneity

неориентированный граф undirected graph

неотрицательно определенная функция positive semidefinite function

непараметрическая оценка nonparametric estimator

непараметрическая оценка плотности nonparametric density estimator

непараметрическая оценка спектральной плотности nonparametric estimator of spectral density

непараметрическая проверка гипотез nonparametric hypotheses testing

непараметрические статистические выводы nonparametric inference

непараметрический дискриминантный анализ nonparametric discriminant analysis

непараметрический критерий nonparametric test

непараметрический регрессионный анализ nonparametric regression analysis

непараметрическое оценивание nonparametric estimation: ~ *плотности вероятностей* nonparametric estimation of probability density

непересекающиеся ребра disjoint edges

непериодическая цепь Маркова aperiodic Markov chain

непериодическое состояние цепи Маркова aperiodic state of a Markov chain

неподвижная точка fixed point

неполная гамма-функция incomplete gamma function

неполная информация incomplete information

неполнодоступная система обслуживания partially available queueing system

неполные данные incomplete data

неполный блочный план incomplete block design

неполный латинский квадрат incomplete Latin square

непрерывная дробь continued fraction

непрерывное распределение continuous distribution

непрерывное сверху (снизу) случайное блуждание continuous from above (below) random walk

непрерывность (f) continuity: *выборочная* ~ sample continuity; *модуль* (m) *непрерывности* modulus of continuity; *поправка* (f) *на* ~ correction for continuity; *теорема* (f) *непрерывности* continuity theorem

непрерывный continuous

непрерывный матроид continuous matroid

непрерывный поток continuous flow

неприводимая цепь Маркова irreducible Markov chain

неравенства Буркхольдера–Ганди–Дэвиса Burkhölder–Gundy–Davis inequalities

неравенство (n) inequality: *вариационное* ~ variational inequality; *квазивариационное* ~ quasi-variational inequality; *корреляционное* ~ correlation inequality; *моментное* ~ moment inequality; ~ *Андерсона* Anderson's inequality; ~ *Берлинга* Burling's inequality; ~ *Бернштейна* Bernstein's inequality; ~ *Бернштейна–Колмогорова* Bernstein-Kolmogorov inequality; ~ *Берри–Эссена* Berry-Esseen inequality; ~ *Бонферрони* Bonferroni's inequality; ~ *Буняковского* Bynyakovsky/Bunyakowskii's inequality; ~ *Бьенеме–Чебышева* Bienaime-Chebyshev inequality; ~ *Вальда–Хефдинга* Wald-Hoeffding inequality; ~ *Варшамова–Гильберта* Varshamov-Hilbert inequality; ~ *Гаусса* Gauss inequality; ~ *Гельдера* Hölder's inequality; ~ *Гриффитса* Griffiths inequality; ~ *Дуба* Doob's inequality; ~ *Дэвиса* Davis' inequality; ~ *Йенсена* Jensen's inequality; ~ *Колмогорова* Kolmogorov's inequality; ~ *Колмогорова–Дуба* Kolmogorov-

Doob inequality; ~ *Коши–Буняковского* Cauchy–Bunyakovsky inequality; ~ *Крамера* Cramér's inequality; ~ *Крамера–Рао* Cramér–Rao inequality; ~ *Крафта–Макмиллана* Kraft–McMillan inequality; ~ *Кунита–Ватанабэ* Kunita–Watanabe inequality; ~ *Лебовица* Lebowitz' inequality; ~ *Леви* Lévy's inequality; ~ *Ляпунова* Lyapunov's inequality; ~ *Маркова* Markov's inequality; ~ *Мизеса* Mises' inequality; ~ *Минковского* Minkowski's inequality; ~ *Рао–Блекуэлла* Rao–Blackwell inequality; ~ *Рао–Крамера–Вольфовитца* Rao–Cramér–Wolfowitz inequality; ~ *Розенталя* Rosenthal inequality; ~ *Санова* Sanov inequality; ~ *сглаживания* smoothing inequality; ~ *Слепяна* Slepian's inequality; ~ *Фано* Fano inequality; ~ *Феффермана* Fefferman's inequality; ~ *Фишера* Fisher inequality; ~ *Хинчина* Khinchin's inequality; ~ *Чебышева* Chebyshev's inequality; ~ *Шварца* Schwarz' inequality; *ФКЖ-*~ FKG-inequality; *экспоненциальное* ~ exponential inequality

неравновесная статистическая механика nonequilibrium statistical mechanics

неравномерный код variable-length code

неразложимая цепь Маркова indecomposable Markov chain

неразложимое распределение indecomposable distribution

неразложимый ветвящийся процесс indecomposable branching process

нерандомизированная стратегия nonrandomized strategy

нерандомизированный критерий nonrandomized test

несводимость (f) (**графа**) irredundance

несмещенная линейная оценка unbiased linear estimator

несмещенная оценка unbiased estimator: ~ *с минимальной дисперсией* minimum variance unbiased estimator, MVU estimator

несмещенная по риску оценка risk unbiased estimator

несмещенная решающая функция unbiased decision function

несмещенное доверительное множество unbiased confidence set

несмещенное измерение unbiased measurement

несмещенность (f) unbiasedness

несмещенный критерий unbiased test

несмещенный план unbiased plan

несобственное распределение improper distribution

несобственный improper

несовместимые наблюдаемые incompatible observables

несовместные события disjoint events

несостоятельная оценка inconsistent estimator

нестационарность (f) nonstationarity

нестационарный входной поток nonstationary input

несущественное состояние non-essential state

несущий сигнал carrier signal

неуклонно оптимальная стратегия persistently optimal strategy

неупреждающая стратегия non-anticipating strategy

неупреждающая функция nonanticipating function

неупреждающий случайный процесс nonanticipating random process

нецентральное F-распределение Фишера noncentral F-distribution

нецентральное хи-квадрат распределение noncentral chi square distribution

нечеткое множество fuzzy set

нечувствительность (f) insensitivity: ~ *к отказам* fault-tolerance

нижний граничный функционал lower boundary functional

нижняя грань lower bound

нижняя доверительная граница lower confidence bound

нижняя последовательность lower sequence

нижняя функция lower function

нижняя цена игры lower value of a game

номинальная шкала nominal scale

номограмма (f) nomogram

норма (f) norm: *энергетическая* ~ energy norm

нормализованная матрица Адамара normalized Hadamard matrix

нормализованный латинский прямоугольник normalized Latin rectangle

нормальная аппроксимация normal approximation

нормальная переходная функция normal transition function

нормальная случайная величина normal random variable

нормальное пространство normal space

нормальное распределение normal distribution

нормальный марковский процесс normal Markov process

нормирование (n) **последовательности случайных величин** norming of a sequence of random variables

нормированная булева алгебра standardized Boolean algebra

нормированная мера normed measure

нормированная случайная величина normed random variable

нормирующий множитель normalizing factor

носитель (m) **меры** support of a measure

нулевая гипотеза null hypothesis

О

обесценивание (n) discounting

область (f) region, domain: *доверительная* $\sim$ confidence region; *критическая* $\sim$ critical region; *подобная* $\sim$ similar region; $\sim$ *(нормального, частичного) притяжения устойчивого (безгранично делимого) закона* domain of (normal, partial) attraction of a stable (an infinitely divisible) law

обнаружение (n) **сигнала** signal detection

обновляющая компонента innovation component

обновляющее событие renovating event

обновляющий процесс innovation process

обобщенная бейесовская оценка generalized Bayes estimator

обобщенная дисперсия generalized variance

обобщенная корреляционная функция generalized correlation function

обобщенная/знакопеременная мера signed measure, charge

обобщенная спектральная плотность generalized spectral density

обобщенная стохастическая свертка generalized stochastic convolution

обобщенная функция generalized function, (Schwarz') distribution

обобщенное гипрегеометрическое распределение generalized hypergeometric distribution

обобщенное распределение Пуассона compound Poisson distribution

обобщенное распределение Уишарта generalized Wishart distribution

обобщенное распределение арксинуса generalized arcsine distribution

обобщенное распределение гипергеометрического ряда generalized hypergeometric series distribution

обобщенное случайное поле generalized random field

обобщенный блочный план general-ized block design

обобщенный пуассоновский процесс compound Poisson process

обобщенный регрессионный эксперимент generalized regression experiment

обобщенный случайный процесс generalized random process

обобщенный стационарный процесс generalized stationary process

оболочка (f) hull: *выпуклая* $\sim$ convex hull

обработка (f) **изображения** image processing

образующая (f) generator

образующая (f) **(линия)** generatrix

обратимый процесс reversible process

обратная индукция backward induction

обратная связь feedback: *дуга* (f) *обратной связи* feedback arc

обратное уравнение Колмогорова backward Kolmogorov equation

обратный inverse

обратный выбор inverse sampling

обращение (n) **времени** time reversal

обращение (n) **дуги** arc reversal

обращенная цепь Маркова reversed Markov chain

обращенный марковский процесс reversed Markov process

обращенный процесс reversed process

обрывающийся марковский процесс killed Markov process

обрывающийся процесс cut-off process

обследование (n) survey

обучающая выборка training sample

общая линейная модель general linear model

общий ветвящийся процесс general branching process

общий статистический анализ G-analysis

объединение (n) amalgamation

объединение (n) **событий** union of events

объем (m) volume, size: *жорданов* $\sim$ Jordan volume; $\sim$ *выборки* sample size

овоид (m) ovoid

огибающая (f) envelope: $\sim$ *сигнала* signal envelope; $\sim$ *случайного процесса* envelope of a random process; $\sim$ *функции мощности* envelope of a power function

ограничение (n) **типа дерева** tree-type constraint

ограничение (n)/**связь** (f) constraint

ограниченная вариация bounded variation

ограниченность (f) boundedness: $\sim$ *по вероятности* boundedness in probability;

стохастическая ~ stochastic boundedness

ограниченный закон повторного логарифма bounded law of the iterated logarithm

ограниченный оператор bounded operator

ограничитель (*m*) clipper

одновершинное распределение unimodal distribution

одноканальная система обслуживания single-server/single-channel queueing system

однолинейная система обслуживания single-server/single-channel queueing system

одномерный случайный процесс one-dimensional random process

одномерный спектр турбулентности one-dimensional turbulence spectrum

однородная изотропная корреляционная функция homogeneous isotropic correlation function

однородная корреляционная функция homogeneous correlation function

однородная мера homogeneous measure

однородная переходная функция homogeneous transition function

однородная цепь Маркова homogeneous Markov chain

однородное случайное поле homogeneous random field

однородность (*f*) homogeneity

однородный геометрический процесс homogeneous geometric process

однородный канал homogeneous channel

однородный марковский процесс homogeneous Markov process

однородный хаос homogeneous chaos

одностороннее безгранично делимое распределение one-sided infinetely divisible distribution

односторонний критерий Стьюдента one-sided Student test

односторонний критерий one-sided test

односторонний сдвиг Бернулли one-sided Bernoulli shift

однофакторная модель one-way model

одношаговая вероятность перехода one-step transition probability

ожидаемая мера Минковского Minkowski expected measure

ожидаемая полезность expected utility

окаймленное дерево skirted tree

океанская турбулентность oceanic turbulence

окно (*n*) window: *временное* ~ time window; *корреляционное* ~ *Бартлетта* Bartlett lag window; *корреляционное* ~ *Парзена* Parzen lag window; *корреляционное* ~ *Тьюки* Tukey lag window; *корреляционное* ~ lag window; ~ *данных* taper, data window; ~ *запаздывания* lag window; *спектральное* ~ spectral window

округление (*n*) rounding: *ошибка* (*f*) *округления* rounding/round-off error

окружающий цикл enclosing cycle

окружность (*f*) **графа** circumference of a graph

октиль (*f*) octile

омега-квадрат распределение (*n*) omega square distribution

оперативная характеристика критерия operating characteristic of a test

оперативная характеристика плана выборочного контроля operating characteristic of a sample inspection plan

оператор (*m*) operator: *взаимный ковариационный* ~ cross covariance operator; *дифференциальный* ~ differential operator; *дифференциальный* ~ *со случайными коэффициентами* differential operator with random coefficients; *инфинитезимальный* ~ generator, infinitesimal operator; *квазиинфинитезимальный* ~ quasi-infinitesimal operator; *ковариационный* ~ covariance operator; *ограниченный* ~ bounded operator; ~ *Бесселя* Bessel operator; ~ *взаимной ковариации* cross covariance operator; ~ *плотности* density operator; *производящий* ~ generator; *радонифицирующий* ~ Radonifying operator; *сильный инфинитезимальный* ~ strong infinitesimal operator; *сильный случайный линейный* ~ strong random linear operator; *унитарный* ~ unitary operator; *характеристический* ~ characteristic operator; *p-суммирующий* ~ p-summing operator

операторно устойчивое распределение operator stable distribution

операторное стохастическое дифференциальное уравнение operator stochastic differential equation

операторнозначная мера operator valued measure

операции Минковского Minkowski operations

опорная точка плана supporting point of a design

оппозиционный граф opposition graph

определитель (*m*) determinant: *случайный детерминант/определитель Вандермонда* Vandermonde random determinant

опрос (*m*) poll: ~ *общественного мнения* public opinion poll

оптимальная интерполяция optimal interpolation

оптимальная остановка случайного процесса optimal stopping of a random process

оптимальная решающая функция optimal decision function

оптимальная стратегия optimal strategy/policy

оптимальное правило остановки optimal stopping rule

оптимальное размещение optimum allocation

оптимальное резервирование optimal redundancy

оптимальное стохастическое управление optimal stochastic control

оптимальное управление optimal control

оптимальность (*f*) optimality: ~ *стохастической процедуры* optimality of a stochastic procedure; *принцип* (*m*) *оптимальности* optimality principle

оптимальный optimal: ~ *критерий* optimal test; ~ *момент остановки* optimal stopping time; ~ *план* optimum design

оптимизация (*f*) optimization: ~ *надежности* reliability optimization

опциональная проекция процесса optional projection of a process, well measurable projection of a process

опциональное множество optional set, well measurable set

опциональный процесс optional process, well measurable process

орбита (*f*) orbit

орграф (*m*) digraph: *алмазный* ~ adamant digraph; *ациклический* ~ acyclic digraph; *знаковый* ~ signed digraph

ординарная модель ordinary model

ординарный маркированный точечный процесс ordinary marked point process

ординарный точечный процесс ordinary point process

ориентированный граф directed graph

ориентированный матроид oriented matroid

ортант (*m*) orthant

ортогонализация (*f*) orthogonalization: ~ *Грама–Шмидта* Gram–Schmidt orthogonalization

ортогональная матрица orthogonal matrix

ортогональная проекция orthogonal projection

ортогональная регрессия orthogonal regression

ортогональная система orthogonal system

ортогональная случайная матрица orthogonal random matrix

ортогональная таблица orthogonal table

ортогональное вращение факторных осей orthogonal rotation of factorial axes

ортогональное преобразование orthogonal transformation

ортогональное разложение orthogonal decomposition: ~ *случайного процесса* orthogonal expansion of a random process

ортогональность (*f*) orthogonality

ортогональные блоки orthogonal blocks

ортогональные квадраты orthogonal squares

ортогональные кубы orthogonal cubes

ортогональные латинские квадраты orthogonal Latin squares

ортогональные полиномы orthogonal polynomials

ортогональные функции orthogonal functions

ортогональный orthogonal

ортогональный план orthogonal design

ортомодулярное частично упорядоченное множество orthomodular poset

основная гипотеза null hypothesis

основная теорема восстановления key renewal theorem

основное состояние ground state

осредненная спектральная плотность averaged spectral density

осредненная спектральная функция averaged spectral function

осредненный спектр мощности averaged power spectrum

осредненный энергетический спектр averaged energy spectrum

остановленный мартингал stopped martingale

остаток (*m*) residual, remainder: *знаковый* ~ signed residual; *рекурсивный* ~ recursive residual; *стьюдентизированный* ~ studentized residual

остаточная дисперсия residual variance

остаточная продолжительность жизни residual lifetime

остаточная сумма квадратов residual sum of squares

остаточное событие remote event

остаточный residual

остов (*m*) skeleton

остовное дерево spanning tree

осциллирующий случайный процесс oscillatory random process

ось (*f*) axis (*pl.* axes): *вращение факторных осей* rotation of factorial axes

отказ (*m*) failure

отклик (*m*) response: *функция* (*f*) *отклика* response function; *функция* (*f*) *отклика фильтра* response of a filter

отклонение (*n*) deviation: *абсолютное ~* absolute deviation; *вероятное ~* probable error, semi-interquartile range; *срединное ~* probable error, semi-interquartile range; *среднее абсолютное ~* mean absolute deviation; *среднее относительное ~ выборки* sample coefficient of variation; *среднеквадратичное ~* mean root square deviation, standard deviation; *стандартное ~* standard error; *стьюдентизированное ~* studentized deviation

относительная компактность семейства мер relative compactness of a family of measures

относительная турбулентная диффузия relative turbulent diffusion

относительная частота relative frequency

относительная энтропия relative entropy

относительная эффективность критерия relative efficiency of a test

относительно компактное множество relatively compact set

отношение (*n*) relation, ratio: *бинарное ~* binary relation; *корреляционное ~* correlation ratio; *лексикографическое ~* lexicographical relation; *~ правдоподобия* likelihood ratio; *~ упорядочения* ordering relation; *сепарабельное ~* separable relation; *скейлинговое ~* scaling relation

отображение (*n*) mapping: *вполне положительное ~* completely positive mapping; *измеримое ~* measurable mapping; *корневое ~* rooted mapping; *сильно измеримое ~* strongly measurable mapping; *слабо измеримое ~* weakly measurable mapping; *случайное ~* random mapping

отпечаток (*m*) пальца fingerprint

отражающая граница reflecting boundary

отражение (*n*) reflection: *принцип* (*m*) *отражения* reflection principle

отрицание (*n*) negation

отрицательная корреляция negative correlation

отрицательно определенная функция negative definite function

отрицательно определенное ядро negative definite kernel

отрицательное биномиальное распределение negative binomial distribution

отрицательное гипергеометрическое распределение negative hypergeometric distribution

отрицательное полиномиальное распределение negative multinomial distribution

отсеивание (*n*) screening

оценивание (*n*) estimation: *адаптивное ~* adaptive estimation; *интервальное ~* interval estimation; *непараметрическое ~* nonparametric estimation; *непараметрическое ~ плотности вероятностей* nonparametric estimation of probability density; *~ параметра* parameter estimation; *~ по наблюдениям* estimation from observations; *~ при наличии ограничений* constrained estimation; *последовательное ~* sequential estimation; *равномерно состоятельное ~* uniformly consistent estimation; *рекуррентное ~* recursive estimation; *робастное ~* robust estimation; *статистическое ~* statistical estimation

оценка (*f*) estimator, estimate: *авторегрессионная спектральная ~* autoregressive spectral estimator; *адаптивная ~* adaptive estimator; *асимптотически бейесовская ~* asymptotically Bayes estimator; *асимптотически минимаксная ~* asymptotically minimax estimator; *асимптотически несмещенная ~* asymptotically unbiased estimator; *асимптотически нормальная ~* asymptotically normal estimator; *асимптотически эффективная ~* asymptotically efficient estimator; *бейесовская ~* Bayes estimator; *гребневая ~* ridge estimator; *допустимая ~* admissible estimator; *достаточная ~* sufficient estimator; *инвариантная ~* invariant estimator; *интервальная ~* interval estimator; *линейная ~* linear estimator; *линейная ~ с наименьшей дисперсией* linear minimum variance estimator; *медианно несмещенная ~* median-unbiased estimator; *минимаксная ~* minimax estimator; *множительная ~ функции распределения* product-limit estimator; *модально несмещенная ~* mode-unbiased estimator; *наилучшая асимптотически нормальная ~* best asymptotically normal estimator, BAN estimator; *наилучшая инвариантная ~* best invariant estimator; *наилучшая линейная несмещенная ~* best linear unbiased estimator, BLUE; *недопустимая ~* inadmissible estimator; *нелинейная ~* nonlinear estimator; *непараметрическая ~* nonparametric estimator; *непараметрическая ~ плотности* nonparametric density estimator; *непараметрическая ~ спектральной плотности* nonparametric estimator of spectral density; *несмещенная линейная* ~ unbiased linear estimator; *несмещенная* ~ unbiased estimator; *несмещенная* ~ *с минимальной дисперсией* minimum variance unbiased estimator, MVU estimator; *несмещенная по риску* ~ risk unbiased estimator; *несостоятельная* ~ inconsistent estimator; *обобщенная бейесовская* ~ generalized Bayes estimator; ~ *Бартлетта* Bartlett estimator; ~ *Джеймса–Стейна* James–Stein estimator; ~ *Парзена* Parzen estimator; ~ *Питмена* Pitman estimator; ~ *Розенблатта–Парзена* Rosenblatt–Parzen estimator; ~ *Тьюки–Хеннинга* Tukey–Henning estimator; ~ *Ходжеса* Hodges estimator; ~ *Хьюбера* Huber estimator; ~ *Шорака* Shorack estimator; ~ *Юла–Уокера* Yule–Walker estimator; ~ *Надарая–Ватсона* Nadaraya–Watson estimator; ~ *Каплана–Мейера* Kaplan–Meier estimator; ~ *максимального правдоподобия* maximum likelihood estimator; ~ *минимального расстояния* minimum distance estimator; ~ *параметра масштаба* estimator of a scale parameter; ~ *плотности распределения* Ченцова Chentcov distribution density estimator; ~ *по методу моментов* moment method estimator; ~ *по методу наименьших квадратов* least squares estimator; ~ *регрессии* regression estimator; ~ *с минимальной дисперсией* minimum variance estimator; *параметрическая спектральная* ~ parametric spectral estimator; *последовательная* ~ sequential estimator; *последующая* ~ sequent estimator; *правильная* ~ proper estimator; *проективная* ~ orthogonal series estimator; *рандомизированная* ~ randomized estimator; *рекуррентная* ~ recursive estimator; *робастная* ~ robust estimator; *сверхэффективная* ~ super-efficient estimator; *сжимающая* ~ shrinkage estimator; *смещение* (*n*) *оценки* bias of an estimator; *смещенная* ~ biased estimator; *состоятельная* ~ consistent estimator; *спектральная* ~ *Писаренко* Pisarenko spectral estimator; *спектральная* ~ *максимального правдоподобия* maximum likelihood spectral estimator; *спектральная* ~ *максимальной энтропии* maximum entropy spectral estimator; *сплайн-оценка* spline estimator; *суперэффективная* ~ super-efficient estimator; *точечная* ~ point estimator; *устойчивая* ~ stable estimator; *эквивариантная* ~ equivariant estimator; *эмпирическая бейесовская* ~ empirical Bayes estimator; *эффективная второго порядка* ~ second order efficient estimator; *эффективная* ~ efficient estimator; *ядер-ная* ~ kernel estimator; *ядерная* ~ *плотности* kernel density estimator; *L-*~ *L*-estimator; *M-*~ *M*-estimator; *R-*~ *R*-estimator

очередь (*f*) queue

ошибка (*f*) error: *вектор* (*m*) *ошибок* vector of errors; *квадратичная* ~ quadratic error; ~ *второго рода* second kind error, type II error; ~ *измерения* measurement error; ~ *наблюдения* observation error; ~ *округления* rounding/round-off error; ~ *первого рода* first kind error, type I error; ~ *предсказания/прогноза* prediction error; ~ *эксперимента* experiment error; *систематическая* ~ systematic error; *случайная* ~ random error; *среднеквадратичная* ~ mean squared error, mean square root error; *стандартная* ~ standard error; *сумма* (*f*) *относительных ошибок* sum of relative errors, SRE; *теория* (*f*) *ошибок* theory of errors

П

память (*f*) **кода** code memory

пандиагональный магический квадрат pandiagonal magic square

панциклический граф pancyclic graph

пара (*f*) **Витоффа** Wythoff pair

параболическая интерполяция polynomial interpolation

параболическая регрессия polynomial regression

парадокс (*m*) paradox: ~ *Аллэ* Allais paradox; ~ *Бертрана* Bertrand paradox; ~ *голосования* voting paradox

параллелепипед (*m*) parallelepiped

параметр (*m*) parameter: *векторный* ~ vector parameter; *идентифицируемый* ~ identifiable parameter; *канонический* ~ canonical parameter; *мальтусовский* ~ Malthusian parameter; *мешающий* ~ nuisance parameter; *оценивание* (*n*) *параметра* parameter estimation; ~ *масштаба* scale parameter; ~ *нецентральности* noncentrality parameter; ~ *сдвига* location parameter; *разложение* (*n*) *по малому параметру* expansion with respect to a small parameter; *скалярный* ~ scalar parameter

параметризация (*f*) parametrization: *естественная/натуральная* ~ natural parametrization; *каноническая* ~ canonical parametrization

параметрическая модель parametric model

параметрическая спектральная оценка parametric spectral estimator

паркет (*m*) tiling

паросочетание (*n*) matching: *совершенное* ~ perfect matching

передаточная функция transfer function

передача (*f*) информации information transmission

переключающаяся система switching system

перекрестная проверка cross-validation

перекрестный план cross-over design

переменная (*f*) variable, variate: *активная* ~ active variable; *антитетичная* ~ antithetic variate; *запаздывающая* ~ lagged variable; *контролируемая* ~ active variable; *латентная* ~ latent variable; *регрессионная* ~ regressor variable; *скрытая* ~ latent variable

переменный во времени код (*m*) time-varying code

перемешивание (*n*) mixing: *кратное* ~ multiple mixing; *сильное* ~ strong mixing; *условие* (*n*) *перемешивания* mixing condition

перемещаемое число transposable number

переориентация (*f*) reorientation

пересечение (*n*) intersection, crossing: ~ *событий* intersection of events

перескок (*m*) excess, overshoot: ~ *случайного блуждания* excess/overshoot of a random walk

перестановка (*f*) permutation: *граф* (*m*) *перестановки* permutation graph; ~ *без дополнительной памяти* in situ permutation; *сигнатура* (*f*) *перестановки* signature of a permutation; *случайная* ~ random permutation; *циклическая* ~ cyclic permutation

перестановочность (*f*) exchangeability

перестановочные случайные величины exchangeable random variables

переход (*m*) transition: *плотность* (*f*) *вероятности перехода* transition density

переходная вероятность transition probability

переходная матрица transition matrix

переходная плотность transition density

переходная функция transition function: *стохастически непрерывная* ~ stochastically continuous transition function

переходные явления transient phenomena

перечисление (*n*) enumeration: *биномиальное* ~ binomial enumeration; *теория* (*f*) *перечислений* enumeration theory

перечислительная задача enumerative problem

перечислительный алгоритм enumeration algorithm

период (*m*) period: ~ *занятости* busy period; ~ *состояния* period of a state

периодическая цепь Маркова periodic Markov chain

периодический шифр periodic cipher

периодическое состояние periodic state

периодичность (*f*) periodicity: *ложная* ~ spurious periodicity

периодограмма (*f*) periodogram

периодограммная статистика periodogram statistic, Grenander–Rosenblatt statistic

перколяция (*f*) percolation

перманент (*m*) permanent

перцентиль (*f*) percentile

перцептуальный граф perceptual graph

петля (*f*) loop: ~ *без самопересечений* self-avoiding loop

пифагоров треугольник Pythagorean triangle

ПКОВ (последовательный критерий отношения вероятностей/правдоподобия) SPRT (sequential probability ratio test)

план (*m*) design, plan: *асимптотический* ~ asymptotic design; *блочный* ~ block design; *вложенный* ~ nested design; *выборочный* ~ sampling plan; *дробный факторный* ~ fractional factorial design; *замкнутый* ~ closed plan; *матрица плана* design matrix; *множество планов Парето* Pareto set of designs; *насыщенный* ~ saturated design; *неполный блочный* ~ incomplete block design; *несмещенный* ~ unbiased plan; *обобщенный блочный* ~ generalized block design; *оперативная характеристика плана выборочного контроля* operating characteristic of a sample inspection plan; *опорная точка плана* supporting point of a design; *оптимальный* ~ optimum design; *ортогональный* ~ orthogonal design; *перекрестный* ~ cross-over design; ~ *Доджа* Dodge plan; ~ *взвешивания* weighing design/strategy; ~ *контроля* inspection plan; ~ *с одним разрешением* single-consent plan; ~ *с повторными включениями* switch-back design; ~ *статистического приемочного контроля* acceptance sampling plan; *полный блочный* ~ complete block design; *полный факторный* ~ complete factorial design; *равномерно оптимальный* ~ uniformly optimal design; *рандомизированный* ~ randomized design; *сбалансированный блочный* ~ balanced block design; *сбалансиро-*

ванный ~ balanced design; *статистическая проекция плана* projection of a design; *статистический* ~ statistical design; *точный* ~ exact design; *узел (m) плана* supporting point of a design; *универсально оптимальный* ~ universally optimal design; *частично сбалансированный блочный* ~ partially balanced block design; *частично сбалансированный* ~ partially balanced design

планарная карта planar map
планарная сеть planar network
планарный граф planar graph
планирование (n) эксперимента design of experiments, experimental design: *планирование (n) дискриминирующих экспериментов* design of discriminating experiments; *планирование имитационных экспериментов* design of simulation experiments; *планирование (n) отсеивающих экспериментов* design of screening experiments; *планирование (n) регрессионных экспериментов* design of regression experiments; *планирование (n) экстремальных экспериментов* design of extremal experiments; *последовательное* ~ sequential design of experiments

плоская регрессия flat regression
плоско концентрированное семейство вероятностных мер flatly concentrated family of probability measures
плоскость (f) plane: *недезаргова* ~ non-Desarguesian plane; ~ *трансляций* translation plane; *проективная* ~ projective plane; *расширяемая* ~ extendable plane
плотная мера tight measure
плотное множество dense set
плотное семейство мер tight family of measures
плотность (f) density: *апостериорная* ~ posterior density; *априорная* ~ prior density; *асимптотическая* ~ *множества* asymptotic density of a set; *биспектральная* ~ bispectral density; *взаимная спектральная* ~ cross spectral density; *информационная* ~ information density; *квадратурная спектральная* ~ quadrature spectral density; *коспектральная* ~ cospectral density; *кросс-спектральная* ~ cross-spectral density; *кумулянтная спектральная* ~ cumulant spectral density; *кумулятивная спектральная* ~ cumulative spectral density; *многомерная* ~ multivariate density; *моментная спектральная* ~ moment spectrum density; *обобщенная спектральная* ~ generalized spectral density; *оператор (m) плотности* density operator; *осредненная спектральная* ~ averaged spectral density; *переходная* ~ transition density; ~ *ве-*

роятности probability density; ~ *вероятности выхода* exit density; ~ *вероятности перехода* transition density; ~ *Гиббса* Gibbs density; ~ *многомерного распределения* multivariate probability density; ~ *распределения* distribution density; ~ *семейства мер* tightness of a family of measures; *полиспектральная* ~ polyspectral density; *потенциальная* ~ potential density; *рациональная спектральная* ~ rational spectral density; *реберная* ~ edge density; *семиинвариантная спектральная* ~ semi-invariant spectral density; *совместная* ~ *вероятности* joint probability density; *спектральная* ~ spectral density; *условная* ~ conditional density; *усредненная спектральная* ~ averaged spectral density; *фазовая* ~ phase density; *частотно-временная спектральная* ~ frequency-time spectral density; *ядерная оценка плотности* kernel density estimator

плотный граф dense graph
поверхность (f) регрессии regression surface
повторения (в случайных последовательностях) matching
повторное использование выборки sample reuse
поглощающая граница absorbing boundary
поглощающее состояние absorbing state
поглощение (n) absorption: *вероятность (f) поглощения* absorption probability
погода (f) weather: *статистический прогноз погоды* statistical weather forecast
пограничный слой boundary layer: *турбулентный* ~ turbulent boundary layer
подвижная граница moving boundary
подграф (m) subgraph: *запрещенный* ~ forbidden subgraph; *индуцированный* ~ induced subgraph; *наибольшие общие подграфы* greatest common subgraphs; *покрывающий* ~ covering subgraph; *порожденный* ~ induced subgraph
подобная область similar region
подобный критерий similar test
подпространство (n) subspace: *линейное* ~ linear subspace; *устойчивое* ~ stable subspace
подпроцесс (m) subprocess
подсеть (f) subnet
подстановка (f) permutation, substitution: *случайная* ~ random permutation/substitution
подтверждающий анализ данных confirmatory data analysis

подход (*m*) approach: *бейесовский* ~ Bayes approach; *евклидов* ~ Euclidean approach; *метрический* ~ metric approach; *минимаксный* ~ minimax approach; *частичный бейесовский* ~ partial Bayes approach; *эмпирический бейесовский* ~ empirical Bayes approach

подчиненная статистика ancillary statistic

поиск (*m*) search: ~ *в глубину* depth-first search; *префиксный* ~ prefix search; *случайный* ~ random search

поисковое число search number

показатель (*m*) **надежности** reliability index

показатель (*m*) **устойчивого распределения** exponent of a stable distribution

показательное / экспоненциальное распределение exponential distribution

покрывающий подграф covering subgraph

покрытие (*n*) covering, tiling: *антиподальное* ~ antipodal covering; *изоэдральное* ~ isohedral tiling; *контурное* ~ cyclic covering; *матроид* (*m*) *покрытия* paving matroid; *матроидное* ~ matroidal covering; *точечно-ограниченное* ~ point-bounded covering

поле (*n*) field: *борелевское* ~ Borel field; *ветвящееся случайное* ~ branching random field; *винеровское* ~ Wiener field; *внешнее магнитное* ~ external magnetic field; *гармонизуемое случайное* ~ harmonizable random field; *гиббсовское случайное* ~ Gibbs random field; *дискретизируемое случайное* ~ discretizable random field; *евклидова квантовая теория поля* Euclidean quantum field theory; *евклидово* ~ Euclidean field; *изотропное случайное* ~ isotropic random field; *квантовое евклидово* ~ quantum Euclidean field; *локально изотропное случайное* ~ locally isotropic random field; *локально однородное случайное* ~ locally homogeneous random field; *марковское случайное* ~ Markov random field; *обобщенное случайное* ~ generalized random field; *однородное случайное* ~ homogeneous random field; ~ *Леви* Lévy field; ~ *Нельсона* Nelson field; ~ *упорядочения* ordering field; ~ *Янга–Миллса* Yang–Mills field; *потенциал* (*m*) *гиббсовского поля* Gibbs field potential; *пуассоновское случайное* ~ Poisson random field; *регулярное случайное* ~ regular random field; *свободное марковское* ~ free Markov field; *свободное* ~ free field; *случайное* ~ random field; *случайное* ~ *с изотропными приращениями* random field with isotropic increments; *случайное* ~ *с однородными приращениями* random field with homogeneous increments; *точечное случайное* ~ point random field

полевые испытания field trials

полезность (*f*) utility: *ожидаемая* ~ expected utility; *средняя* ~ mean utility; *теория* (*f*) *полезностей* utility theory; *условная* ~ conditional utility

полигамма (*f*) **функция** polygamma function

полиматроид (*m*) polymatroid

полином (*m*) polynomial: *ортогональные полиномы* orthogonal polynomials; ~ *Белла* Bell polynomial; ~ *Бернулли* Bernoulli polynomial; ~ *Лагерра* Laguerre polynomial; ~ *Лежандра* Legendre polynomial; ~ *Пелля* Pell polynomial; ~ *Татта* Tutte polynomial; ~ *Чебышева* Chebyshev polynomial; ~ *Шеффера* Sheffer polynomial; ~ *Эйлера* Euler polynomial; ~ *Эрмита* Hermite polynomial; ~ *Якоби* Jacobi polynomial; *хроматический* ~ chromatic polynomial

полиномиальная интерполяция polynomial interpolation

полиномиальная регрессия polynomial regression

полиномиальное размещение частиц multinomial allocation of particles

полиномиальное распределение multinomial distribution

полиномиальный алгоритм polynomial algorithm

полиномиальный коэффициент multinomial coefficient

полиомино (*n*) polyominoe

полиспектр (*m*) polyspectrum

полиспектральная плотность polyspectral density

полиспектральная функция polyspectral function

политопный граф polytopic graph

полиэдр (*m*) polyhedron (*pl. polyhedra*)

полная вариация total variation

полная мера complete measure

полная статистика complete statistic

полнодоступная система обслуживания fully accessible queueing system

полное вероятностное пространство complete probability space

полное семейство распределений complete family of distributions

полнота (*f*) completeness: *существенная* ~ essential completeness

полный блочный план complete block design

полный граф complete graph

полный класс complete class: ~ *критериев* complete class of tests; ~ *статисти-*

ческих процедур complete class of statistical procedures; ~ стратегий complete class of strategies

полный латинский квадрат complete Latin square

полный риск total risk

полный стохастический базис complete stochastic basis

полный факторный план complete factorial design

положительная корреляция positive correlation

положительно определенная функция positive definite function

положительно определенное ядро positive definite kernel

положительное состояние positive state

полоса (*f*) band: доверительная ~ confidence band; доверительная ~ уровня α confidence band of level α; точная ~ exact band

полугруппа (*f*) semigroup: квантовая динамическая ~ quantum dynamical semigroup; марковская динамическая ~ Markov dynamical semigroup; марковская ~ Markov semigroup; сверточная ~ convolutional semigroup; стохастическая ~ stochastic semigroup; субмарковская ~ sub-Markov semigroup; феллеровская ~ Feller semigroup

полудетерминированный канал semideterministic channel

полуквадрика (*f*) regulus (*pl. reguli*)

полукруговой закон semicircular law: ~ Вигнера Wigner semicircular law

полумарковский процесс semi-Markov process

полунепрерывный сверху процесс upper semicontinuous process

полунепрерывный снизу процесс lower semicontinuous process

полупоток (*m*) semiflow

полупрямое произведение semidirect product

полусовершенное исключение semiperfect elimination

полустохастическая матрица substochastic matrix

полуустойчивое распределение semistable distribution

полуцикл (*m*) semicycle

польское пространство Polish space

полярная корреляционная функция polar correlation function

полярное множество polar set

помехоустойчивость (*f*) noise immunity

понижение (*n*) **размерности** reduction of dimensionality

попарная независимость pairwise independence

поперечная корреляционная функция transverse correlation function

пополнение (*n*) completion: ~ вероятностного пространства completion of a probability space; ~ меры completion of a measure

поправка (*f*) correction: ~ на группировку correction for grouping; ~ Йейтса Yates correction; ~ на непрерывность correction for continuity; ~ Шеппарда на группировку Sheppard's correction for grouping; ~ Шеппарда на дискретность Sheppard's correction for discreteness

порог (*m*) threshold: ~ планарности planarity threshold

пороговая модель threshold model: ~ временного ряда threshold time series model

пороговая точка breakdown point

пороговый процесс авторегрессии threshold autoregressive process

порожденный подграф induced subgraph

порядковая статистика order statistic

порядковая шкала order scale

порядок (*m*) order: частичный ~ partial order

последействие (*n*) aftereffect

последовательная оценка sequential estimator

последовательная проверка гипотез sequential hypotheses testing

последовательная процедура sequential procedure

последовательное декодирование sequential decoding

последовательное оценивание sequential estimation

последовательное планирование эксперимента sequential design of experiments

последовательность (*f*) sequence: абсолютно беспристрастная ~ martingale-difference; верхняя ~ upper sequence; информационная ~ information sequence; кодовая ~ code sequence; нижняя ~ lower sequence; нормирование (*n*) последовательности случайных величин norming of a sequence of random variables; ~ Коши Cauchy sequence; ~ Радемахера Rademacher sequence; ~ серий triangular array; ~ Фибоначчи Fibonacci sequence; расходящаяся ~ divergent sequence; сильно делимая ~ strong divisible sequence; случайная ~ random sequence; стационарная случайная ~ stationary random sequence; сходящаяся ~ convergent sequence; управляемая случайная ~ controlled random sequence

последовательные доверительные

границы sequential confidence bounds

последовательные раскраски sequential colorings

последовательный sequential

последовательный анализ sequential analysis

последовательный критерий отношения правдоподобия sequential probability ratio test

последовательный симплексный метод sequential simplex method

последующая оценка sequent estimator

постоянный во времени код (m) time-constant code

потенциал (m) potential: *альфа-*~ alpha-potential; *альфа-ядро потенциалов* potential alpha-kernel; ~ *Ленарда–Джонса* Lenard–Jones potential; ~ *гиббсовского поля* Gibbs field potential; *равновесный* ~ equilibrium potential; *теория* (f) *потенциала* potential theory; *финитный* ~ finite-range potential

потенциальная плотность potential density

потенциальная функция potential function

потенциальная энстрофия potential enstrophy

потенциальный вихрь potential vorticity

потери loss: *квадратическая функция потерь* quadratic loss function

потеря (f) **информации** loss of information

поток (m) flow, stream: *входной/входящий* ~ input, input/arrival flow/stream; *входной/входящий* ~ *Пальма* Palm input; *входной/входящий* ~ *с ограниченным последействием* recurrent input; *измеримый* ~ measurable flow; *многопродуктовый* ~ multicommodity flow; *непрерывный* ~ continuous flow; *нестационарный входной* ~ nonstationary input; ~ *Бернулли* Bernoulli flow; *пуассоновский* ~ Poisson flow; *рекуррентный* ~ recurrent input

поточечная сходимость pointwise convergence

потраекторная единственность решения pathwise uniqueness of a solution

почти борелевская функция almost Borel function

почти инвариантный almost invariant: ~ *критерий* almost invariant test

почти стационарный случайный процесс almost stationary random process

правдоподобие (n) likelihood: *отношение* (n) *правдоподобия* likelihood ratio; *уравнение* (n) *правдоподобия* likelihood equation; *функция* (f) *правдоподобия* likelihood function; *частичное правдоподобие* partial likelihood

правила корректировки adjustment rules

правило (n) rule: *бейесовское решающее* ~ Bayes decision rule; *оптимальное* ~ *остановки* optimal stopping rule; ~ *остановки* stopping rule; ~ *трех сигм* three-sigma rule; ~ *четырех пятых* four-fifth rule; *решающее* ~ decision rule

правильная оценка proper estimator

правый марковский процесс right Markov process

праймер (m) primer

предбеливание (n) prewhitening

предел (m) limit: *доверительный* ~ confidence limit/bound; *проективный* ~ projective limit

предельная синусоидальная теорема Слуцкого Slutsky sinusoidal limit theorem

предельная теорема limit theorem: ~ *для отношений* ratio limit theorem

предельное распределение limit distribution

предиктант (m) predictant

предиктор (m) predictor

предок (m) ancestor: *ближайший общий* ~ nearest mutual ancestor

предписанное хроматическое число list chromatic number

предписанное число prescribed number

предпочтение (n) preference

предсказание (n) forecasting, prediction

предсказуемая квадратичная характеристика мартингала predictable quadratic characteristic of a martingale

предсказуемая проекция процесса predictable projection of a process

предсказуемая характеристика мартингала predictable characteristic of a martingale

предсказуемое множество predictable set

предсказуемый момент остановки predictable stopping time

предсказуемый процесс predictable process

представительная выборка representative sample

представление (n) representation: *интегральное* ~ integral representation; *каноническое* ~ canonical representation; *каноническое* ~ *Леви* Lévy canonical representation; *каноническое* ~ *Леви–Хинчина* Lévy–Khinchin canonical representation; ~ *в виде ряда* series representation; ~ *Ито* Itô representation; ~ *Фока* Fock representation; *принудительное* ~

mandatory representation; *сжатое муль-тиграфовое* ~ succint multigraph representation; *спектральное* ~/*разложение* (*n*) spectral representation; *эволюциони-рующее спектральное* ~ evolutionary spectral representation

премиальная система bonus system

пренебрегаемость (*f*)   negligibility: *асимптотическая* ~ asymptotic negligibility

пренебрежимое множество negligible set

преобразование (*n*)   transform, transformation: *асимптотически нормальное* ~ asymptotic normal transform; *асим-птотически пирсоновское* ~ asymptotic Pearson transform; *быстрое* ~ *Фурье* fast Fourier transform; *дискретное* ~ *Фурье* discrete Fourier transform; *ин-тегральное* ~ integral transform; *кван-тильное* ~ quantile transformation; *ко-нечное* ~ *Фурье* finite Fourier transform; *мартингальное* ~ martingale transformation; *масштабное* ~ scale transformation; *ортогональное* ~ orthogonal transformation; ~ *Вильсона–Хилферти* Wilson–Hilferty transformation; ~ *Гаус-са* Gauss transform; ~ *Джонсона–Уэлча* Johnson–Welch transformation; ~ *Кра-мера* Cramér transform; ~ *Лапласа* Laplace transform; ~ *Лежандра* Legendre transform; ~ *Меллина* Mellin transform; ~ *Меллина–Стилтьеса* Mellin–Stieltjes transform; ~ *Патнайка* Patnaik transformation; ~ *Пирсона* Pearson transformation; ~, *сохраняющее тождество* identity preserving transformation; ~ *Фишера* Fisher transformation; ~ *Фурье* Fourier transform; ~ *Фурье–Стилтьеса* Fourier-Stieltjes transform; *ренормализационное* ~ renormalization transformation

префиксная энтропия prefix entropy

префиксное множество prefix set

префиксный поиск prefix search

приближение (*n*)   approximation: *дио-фантово* ~ Diophantine approximation; *квазимарковское* ~ quasi-Markovian approximation; ~ *Галеркина* Galerkin's approximation

приводимая/разложимая цепь Мар-кова reducible/decomposable Markov chain

приемочное число acceptance number

приемочный контроль acceptance inspection

примитивный треугольник primitive triangle

принудительное представление mandatory representation

принцип (*m*)   principle: *бейесовский* ~ Bayes principle; *вариационный* ~ vari-ational principle; ~ *дополнительности* complementarity principle; ~ *достаточ-ности* sufficiency principle; ~ *инвари-антности* invariance principle; ~ *инвари-антности Донскера–Прохорова* Donsker-Prokhorov invariance principle; ~ *инва-риантности Штрассена* Strassen's invariance principle; ~ *максимального прав-доподобия* maximum likelihood principle; ~ *максимума Понтрягина* Pontryagin's maximum principle; ~ *неопределенности* uncertainty principle; ~ *оптимальности* optimality principle; ~ *отражения* reflection principle; ~ *разделения* separation principle; ~ *сжатия Кахана* Kahane's contraction principle; ~ *усреднения* averaging/homogenization principle; *силь-ный* ~ *инвариантности* strong invariance principle; *слабый* ~ *правдоподобия* weak likelihood principle; *усиленный* ~ *прав-доподобия* strong likelihood principle

приоритет (*m*) priority

приоритетная система обслужива-ния priority queueing system

приписанный гиперграф attributed hypergraph

приращение (*n*) increment

присоединенный спектр процесса associated spectrum of a process

пристенный закон wall law: ~ *Пранд-тля* Prandtl wall law

притягивающая граница attracting boundary

пробит (*m*) probit

проблема (*f*)   problem: ~ *Беренса–Фишера* Behrens–Fisher problem; ~ *дис-кретизации* discretization problem; ~ *замыкания* closure problem; ~ *Зи-геля* Siegel problem; ~ *мартингалов* martingale problem; ~ *моментов* moment problem; ~ *нечувствительности/ инвариантности* insensitivity problem; *степенная* ~ *моментов* power moment problem

пробная функция trial/test function

проверка (*f*) **гипотезы** hypothesis testing: ~ *против альтернативы* testing of a hypothesis against an alternative

проверка (*f*) **долговечности** durability testing

проверка (*f*) **нормальности** testing for normality

проверка (*f*) **статистической гипо-тезы** statistical hypothesis testing, testing of a statistical hypothesis

прогноз (*m*) forecast, prediction: *ошибка* (*f*) *прогноза* prediction error; ~ *погоды* weather forecast; *регрессионный* ~ regression prediction

прогнозирование (*n*)   forecasting, prediction: *нелинейное* ~ *случайного про-*

цесса nonlinear prediction of a random process

программное обеспечение software

прогрессивно измеримый процесс progressively measurable process

прогрессия (*f*) progression: *арифметическая* ~ arithmetic progression; *геометрическая* ~ geometric progression

продакт-мера (*f*) product-measure

продакт-состояние (*n*) product-state

продолжение (*n*) **марковского процесса** extension of a Markov process

продолжение (*n*) **меры** extension of a measure

продолжительность (*f*) **жизни** lifetime

продолжительность (*f*) **предельных теорем** continuation of limit theorems

продольная корреляционная функция longitudinal correlation function

проективная оценка orthogonal series estimator

проективная плоскость projective plane

проективная система мер projective system of measures

проективный предел projective limit

проекция (*f*) projection: *опциональная* ~ *процесса* optional projection of a process; *ортогональная* ~ orthogonal projection; *предсказуемая* ~ *процесса* predictable projection of a process; ~ *ранговой статистики* rank statistic projection; *статистическая* ~ *плана* projection of a design

произведение (*n*) product: *декартово* ~ Cartesian product; *полупрямое* ~ semidirect product; ~ *вероятностных пространств* product of probability spaces; ~ *измеримых пространств* product of measurable spaces; ~ *мер* product measure; ~ *пространств* product space; *прямое* ~ direct product

производная (*f*) derivative: ~ *Гато* Gateaux derivative; ~ *Радона–Никодима* Radon–Nikodym derivative; ~ *Фреше* Fréchet derivative; *стохастическая* ~ stochastic derivative; *стохастическая* ~ *Маллявена* Malliavin stochastic derivative; *стохастическая* ~ *Скорохода* Skorohod stochastic derivative; *частная* ~ partial derivative

производящая функция generating function: ~ *вероятностей* probability generating function; ~ *кумулянтов* cumulant generating function; ~ *моментов* moment generating function; ~ *случайной величины* generating function of a random variable

производящий / инфинитезимальный оператор generator

промера (*f*) cylindrical measure

проницаемая граница permeable boundary

пропавшее наблюдение missing observation

пропавшие данные missing data

пропускная способность capacity, throughput: ~ *канала* channel capacity

пропущенное наблюдение missing observation

прореживание (*n*) decimation, thinning: *независимое* ~ *точечного процесса* indpendent thinning of a point process; ~ *точечного процесса* thinning of a point process

просачивание (*n*)/**перколяция** (*f*) percolation: *процесс просачивания* percolation process

простая гипотеза simple hypothesis

простая метрика simple metric

простое число prime number

простой точечный процесс simple point process

пространственная медиана spatial median

пространство (*n*) space: *автоморфизм* (*m*) *пространства с мерой* automorphism of a measure space; *антисимметрическое* ~ *Фока* antisymmetric Fock space; *банахово* ~ Banach space; *банахово* ~ *котипа p* Banach space of cotype *p*; *банахово* ~ *со свойством PIP* Banach space with PIP (Pettis Integral Property); *банахово* ~ *типа p* Banach space of type *p*; *банахово* ~ *устойчивого типа p* Banach space of stable type *p*; *бозонное* ~ boson space; *вероятностное* ~ probability space; *выборочное* ~ sample space; *гильбертово* ~ Hilbert space; *гильбертово* ~ *воспроизводящего ядра* reproducing kernel Hilbert space; *измеримое* ~ measurable space; *изотропное конечное* ~ isotropic finite space; *компактификация* (*f*) *фазового пространства* state space compactification; *метод* (*m*) *одного вероятностного пространства* common probability space method; *нормальное* ~ normal space; *полное вероятностное* ~ complete probability space; *польское* ~ Polish space; *пополнение* (*n*) *вероятностного пространства* completion of a probability space; *произведение* (*n*) *вероятностных пространств* product of probability spaces; *произведение* (*n*) *измеримых пространств* product of measurable spaces; *произведение* (*n*) *пространств* product space; ~ *Александрова* Alexandrov space; ~ *Дирихле* Dirichlet space; ~ *меток (маркированного точечного процесса)* mark space; ~ *Минковского* Minkowski space; ~ *Ор-*

лича Orlicz space; ~ *решений* decision space; ~ *с мерой* measure space; ~ *Скорохода* Skorokhod space; ~ *смесей* space of mixtures; ~ *Соболева* Sobolev space; ~ *состояний* state space; ~ *Фока* Fock space; ~ *элементарных событий/исходов* space of elementary events; *равномерное* ~ homogeneous space; *радоново* ~ Radon space; *сепарабельное* ~ separable space; *сигма-топологическое* ~ sigma-topological space; *симметрическое* ~ *Фока* symmetric Fock space; *совершенное вероятностное* ~ perfect probability space; *стохастическое векторное* ~ stochastic vector space; *суслинское* ~ Suslin space; *топологическое* ~ topological space; *фазовое* ~ state space; *фермионное* ~ fermion space; *циклическое* ~ cycle-space; *эндоморфизм пространства с мерой* endomorphism of a measure space

противоположное событие negation of an event

протоминимальная метрика proto-minimal metric

профилактика (*f*) preventive

прохождение (*n*) traversal

процедура (*f*) procedure: *адаптивная* ~ adaptive procedure; *иерархическая* ~ *классификации* hierarchical classification procedure; *кластер-*~ cluster-procedure; *оптимальность* (*f*) *стохастической процедуры* optimality of a stochastic procedure; *полный класс статистических процедур* complete class of statistical procedures; *последовательная* ~ sequential procedure; ~ *Дворецкого* Dvoretzky procedure; ~ *Роббинса-Монро* Robbins–Monro procedure; ~ *стохастической аппроксимации Кифера-Вольфовица* Kiefer–Wolfowitz stochastic approximation procedure; ~ *стохастической аппроксимации Роббинса-Монро* Robbins–Monro stochastic approximation procedure; *робастная статистическая* ~ robust statistical procedure; *статистическая* ~ statistical procedure; *эффективность* (*f*) *статистической процедуры* efficiency of a statistical procedure

процесс (*m*) process: *автомодельный* ~ self-similar process; *адаптивный управляемый случайный* ~ *с дискретным временем* adaptive controlled discrete time random process; *адаптированный случайный* ~ adapted random process; *амплитудно-модулированный импульсный* ~ amplitude-modulated pulse process; *арифметическое моделирование случайных процессов* arithmetic simulation of random processes; *АРПСС-*~(~ *авторегрессии — проинтегрированного*

скользящего среднего) ARIMA process; *АРСС-*~(~ *смешанной авторегрессии — скользящего среднего*) ARMA process; *безгранично делимый случайный* ~ infinitely divisible random process; *безгранично делимый точечный* ~ infinitely divisible point process; *бинарный ветвящийся* ~ binary branching process; *ведущая функция точечного процесса* leading function of a point process; *ветвящийся диффузионный* ~ diffusion branching process; *ветвящийся* ~ branching process; *ветвящийся* ~ *в случайной среде* branching process in random environment; *ветвящийся* ~ *с взаимодействием частиц* branching process with interaction of particles; *ветвящийся* ~ *с зависимостью от возраста* age-dependent branching process; *ветвящийся* ~ *с иммиграцией* branching process with immigration; *ветвящийся* ~ *с конечным числом типов частиц* branching process with finite number of particle types; *ветвящийся* ~ *с миграцией* branching process with migration; *ветвящийся* ~ *с эмиграцией* branching process with emigration; *ветвящийся* ~ *с энергией* cascade process; *винеровский* ~ Wiener process; *вложенный ветвящийся* ~ embedded branching process; *вложенный* ~ embedded process; *возвратный марковский* ~ recurrent/persistent Markov process; *возрастающий случайный* ~ increasing random process; *вполне измеримая проекция процесса* optional projection of a process, well measurable projection of a process; *вполне измеримый* ~ optional process, well measurable process; *вырождение* (*n*) *ветвящегося процесса* extinction of a branching process; *гармонизуемый случайный* ~ harmonizable random process; *гауссовский марковский* ~ Gaussian Markov process; *гауссовский* ~ Gaussian process; *гауссовский стационарный* ~ Gaussian stationary process; *геометрический* ~ geometric process; *граничный* ~ boundary process; *двойственный марковский* ~ dual Markov process; *диадический* ~ dyadic process; *диффузионный ветвящийся* ~ diffusion branching process; *диффузионный* ~ diffusion process, diffusion; *диффузионный* ~ *с отражением* diffusion process with reflection; *докритический ветвящийся* ~ subcritical branching process; *изотропный случайный* ~ isotropic random process; *импульсный пуассоновский* ~ impulse Poisson process; *импульсный случайный* ~ impulse random process; *интенсивность* (*f*) *точечного процесса* intensity of a point process; *квазигладкий марковский* ~ quasi-smooth Markov process; *квазидиффузионный* ~ quasidiffusion process; *квантильный* ~ quantile process; *квантовый случайный* ~ quantum stochastic process; *коксовский точечный* ~ Cox point process; *компенсатор* (*m*) *точечного процесса* compensator of a point process; *комплексный гауссовский* ~ complex Gaussian process; *косой винеровский* ~ skew Wiener process; *критический ветвящийся* ~ critical branching process; *кусочно линейный* ~ piecewise linear process; *левый марковский* ~ left Markov process; *линейчатый марковский* ~ Markov linear-wise process; *локально интегрируемый* ~ locally integrable process; *маркированный точечный* ~ marked point process; *марковский* ~ Markov process; *марковский* ~ *в широком смысле* wide-sense Markov process; *марковский* ~ *восстановления* Markov renewal process; *марковский* ~ *принятия решений* Markov decision process; *марковский* ~ *с конечным множеством состояний* Markov process with a finite state space; *марковский* ~ *со счетным числом состояний* Markov process with a countable/denumerable state space; *многомерный винеровский* ~ multidimensional Wiener process; *многопараметрический процесс броуновского движения* multiparameter Brownian motion process; *надкритический ветвящийся* ~ supercritical branching process; *независимое прореживание точечного процесса* independent thinning of a point process; *нелинейная фильтрация случайного процесса* nonlinear filtering of a random process; *нелинейное прогнозирование случайного процесса* nonlinear prediction of a random process; *немарковский* ~ non-Markovian process; *неразложимый ветвящийся* ~ indecomposable branching process; *неупреждающий случайный* ~ nonanticipating random process; *нормальный марковский* ~ normal Markov process; *обновляющий* ~ innovation process; *обобщенный пуассоновский* ~ compound Poisson process; *обобщенный случайный* ~ generalized random process; *обобщенный стационарный* ~ generalized stationary process; *обратимый* ~ reversible process; *обращенный марковский* ~ reversed Markov process; *обращенный* ~ reversed process; *обрывающийся марковский* ~ killed Markov process; *обрывающийся* ~ cut-off process; *общий ветвящийся* ~ general branching process; *огибающая* (*f*) *случайного процесса* envelope of a random process; *одномерный случайный* ~ one-dimensional random process; *однородный геометрический* ~ homogeneous geometric process; *однородный марковский* ~ homogeneous Markov process; *оптимальная остановка случайного процесса* optimal stopping of a random process; *опциональная проекция процесса* optional projection of a process; *опциональный* ~ optional process; *ординарный маркированный точечный* ~ ordinary marked point process; *ординарный точечный* ~ ordinary point process; *ортогональное разложение случайного процесса* orthogonal expansion of a random process; *осциллирующий случайный* ~ oscillatory random process; *полумарковский* ~ semi-Markov process; *полунепрерывный сверху* ~ upper semicontinuous process; *полунепрерывный снизу* ~ lower semicontinuous process; *пороговый* ~ *авторегрессии* threshold autoregressive process; *почти стационарный случайный* ~ almost stationary random process; *правый марковский* ~ right Markov process; *предсказуемая проекция процесса* predictable projection of a process; *предсказуемый* ~ predictable process; *присоединенный спектр процесса* associated spectrum of a process; *прогрессивно измеримый* ~ progressively measurable process; *продолжение* (*n*) *марковского процесса* extension of a Markov process; *прореживание* (*n*) *точечного процесса* thinning of a point process; *простой точечный* ~ simple point process; ~ *авторегрессии* autoregressive process; ~ *авторегрессии — проинтегрированного скользящего среднего* autoregressive — integrated moving average process, ARIMA process; ~ *Беллмана–Харриса* Bellman–Harris process; ~ *Бесселя* Bessel process; ~ *Бокса–Дженкинса* Box–Jenkins process; ~ *броуновского движения* Brownian motion process; ~ *волокон* fibre process; ~ *восстановления* renewal process; ~ *Гальтона–Ватсона* Galton–Watson process; ~ *голосования* voting process; ~ *Дирихле* Dirichlet process; ~ *дробового шума* shot noise process; ~ *Иржины* Jiřina process; ~ *Ито* Itô process; ~ *Кокса* Cox process; ~ *контактов* contact process; ~ *Крампа–Моде–Ягерса* Crump–Mode–Jagers process; ~ *нелинейной авторегрессии* nonlinear autoregressive process; ~ *обучения* learning process; ~ *Орнштейна–Уленбека* Ornstein–Uhlenbeck process; ~ *отраженного броуновского движения* reflected Brownian motion process; ~ *про-*

сачивания percolation process; ∼ *Пуанкаре* Poincare process; ∼ *размножения* birth process; ∼ *рождения и гибели* birth-and-death process; ∼ *Рэлея* Rayleigh process; ∼ *Севастьянова* Sevast'yanov process; ∼ *скользящего среднего* moving average process; ∼ *смешанной авторегрессии — скользящего среднего* autoregressive — moving average process, ARMA process; ∼ *Уонга* Wong process; ∼ *Ханта* Hunt process; ∼ *Хеллингера* Hellinger process; ∼ *Чжуна* Chung process; ∼ *эпидемии* epidemic process; ∼ *Юла* Yule process; *пуассоновский* ∼ Poisson process; *пуассоновский точечный* ∼ Poisson point process; *разложимый ветвящийся* ∼ decomposable branching process; *регенерирующий* ∼ regenerative process; *регулируемый ветвящийся* ∼ controlled branching process; *регулярный ветвящийся* ∼ regular branching process; *редуцированный ветвящийся* ∼ reduced branching process; *сепарабельный* ∼ separable process; *сильно феллеровский* ∼ strong Feller process; *синхронные точечные процессы* synchronous point processes; *система (f) Леви марковского процесса* Lévy system of a Markov process; *скачкообразный марковский* ∼ jump Markov process; *скачкообразный* ∼ jump process; *сложный пуассоновский* ∼ compound Poisson process; *случайный* ∼ random process; *случайный* ∼ *с дискретным временем* discrete time random process; *случайный* ∼ *с независимыми приращениями* random process with independent increments; *случайный* ∼ *типа кенгуру* kangaroo random process; *случайный телеграфный* ∼ random telegraph process; *согласованный случайный* ∼ adapted random process; *стандартный винеровский* ∼ standard Wiener process; *стандартный марковский* ∼ standard Markov process; *стационарный в широком смысле* ∼ widesense stationary process; *стационарный геометрический* ∼ stationary geometric process; *стационарный марковский* ∼ stationary Markov process; *стационарный случайный* ∼ stationary random process; *стационарный точечный* ∼ stationary point process; *стохастически непрерывный* ∼ stochastically continuous process; *стохастически эквивалентные случайные процессы* stochastically equivalent random processes; *стохастический принцип оптимальности* stochastic optimality principle; *стохастический* ∼ stochastic process; *строго марковский* ∼ strong Markov process; *ступен-* чатый марковский ∼ step Markov process; *ступенчатый случайный* ∼ step random process; *сферический винеровский* ∼ spherical Wiener process; *сходимость (f) случайных процессов* convergence of random processes; *считающий* ∼ counting process; *считающий случайный* ∼ counting random process; *телеграфный* ∼ telegraph process; *топологически возвратный марковский* ∼ topologically recurrent Markov process; *точечный* ∼ point process; *точечный* ∼ *Кокса* Cox point process; *точечный* ∼ *с присоединенными случайными величинами* point process with adjoint random variables; *убивание (n) марковского процесса* killing of a Markov process; *управляемый диффузионный* ∼ controlled diffusion process; *управляемый марковский* ∼ controlled Markov process; *управляемый марковский скачкообразный* ∼ controlled Markov jump process; *управляемый* ∼ controlled process; *управляемый скачкообразный* ∼ controlled jump process; *управляемый случайный* ∼ controlled random process; *управляемый случайный* ∼ *с дискретным (непрерывным) временем* controlled discrete (continuous) time random process; *условие (n) обратимости для АРСС процесса* invertibility condition for ARMA process; *условный марковский* ∼ conditional Markov process; *устойчивый* ∼ stable process; *феллеровский* ∼ Feller process; *фильтрация (f) случайного процесса* filtering of a random process; *функционал (m) от марковского процесса* functional of a Markov process; *экспоненциальный авторегрессионный* ∼ exponential autoregressive process; *экстраполяция (f) случайного процесса* extrapolation of a random process; *эмпирический* ∼ empirical process; *энергия (f) марковского процесса* energy of a Markov process; *эргодический случайный* ∼ ergodic random process

прямая регрессии regression line

прямое произведение direct product

прямое уравнение Колмогорова forward Kolmogorov equation

прямоугольное дерево rectilinear tree

прямоугольное распределение rectangular distribution

псевдоинтеграл (*m*) pseudo-integral

псевдолес (*m*) pseudoforest

псевдоматроид (*m*) pseudomatroid

псевдомодулярная решетка pseudomodular lattice

псевдомомент (*m*) pseudo-moment: *абсолютный* ∼ absolute pseudo-moment; *разностный* ∼ difference pseudo-moment

псевдослучайное число pseudo-random number

психология (*f*) psychology

пуассоновская мера Poisson measure

пуассоновская сеть Poisson net

пуассоновский поток Poisson flow

пуассоновский процесс Poisson process

пуассоновский точечный процесс Poisson point process

пуассоновский шум Poisson noise

пуассоновское случайное поле Poisson random field

путь (*m*) path, walk: *гамильтонов* $\sim$ Hamiltonian path; $\sim$ *на решетке* lattice path

Р

равновероятное размещение частиц equiprobable allocation of particles

равновесная динамическая система equilibrium dynamical system

равновесная модель steady-state model

равновесная статистическая механика equilibrium statistical mechanics

равновесное распределение equilibrium distribution

равновесный потенциал equilibrium potential

равномерная аппроксимация uniform approximation

равномерная интегрируемость uniform integrability

равномерная малость uniform infinitesimality

равномерная метрика uniform metric

равномерная предельная пренебрегаемость uniform asymptotic negligibility

равномерная сходимость uniform convergence

равномерно лучшая решающая функция uniformly best decision function

равномерно наиболее мощный критерий uniformly most powerful test

равномерно оптимальная стратегия uniformly optimal strategy

равномерно оптимальный план uniformly optimal design

равномерно состоятельное оценивание uniformly consistent estimation

равномерное пространство homogeneous space

равномерное размещение частиц uniform allocation of particles

равномерное распределение uniform distribution

равномерный спейсинг uniform spacing

равномерный факторный эксперимент uniform factorial experiment

радиоуглеродная датировка radiocarbon dating

радиус (*m*) radius (*pl. radii*): $\sim$ *деформации Россби* Rossby deformation radius; *спектральный* $\sim$ spectral radius

радонифицирующий оператор Radonifying operator

радонова мера Radon measure

радоново пространство Radon space

разбиваемость (*f*) partitionability

разбиение (*n*) partition: *автономное* $\sim$ autonomous partition; *асимметричное плоское* $\sim$ skew plane partition; *измеримое* $\sim$ measurable partition; *конечное* $\sim$ finite partition; *косое* $\sim$ skew partition; $\sim$ *единицы* resolution of the unity; $\sim$ *минимальной стоимости* least-cost partition; $\sim$ *многоугольника* dissection of a polygon; $\sim$ *натурального числа* partition of a natural number; $\sim$ *Фробениуса* Frobenius partition; *случайное* $\sim$ random partition; *ультраметрическое* $\sim$ ultrametric partition; *хроматическое* $\sim$ chromatic partition; *цепное* $\sim$ chain partition; *цепь* (*f*) *разбиений* chain of partitions; *эквивалентные разбиения* equivalent partitions; *энтропия* (*f*) *разбиения* entropy of a partition

разброс (*m*) **распределения** dispersion of a distribution

разведочный статистический анализ данных exploratory data analysis

разделенное семейство мер disjoint family of measures

разделимая статистика separable statistic

раздельное резервирование separate redundancy

разладка (*f*) change-point: *задача* (*f*) *о разладке* change-point problem; *момент* (*m*) *разладки* change-point

разложение (*n*) decomposition, expansion: *асимптотическое* $\sim$ asymptotic expansion; *вириальное* $\sim$ virial expansion; *высокотемпературное* $\sim$ high temperature expansion; *метод* (*m*) *гармонического разложения* harmonic decomposition method; *ортогональное* $\sim$ orthogonal decomposition; *ортогональное* $\sim$ *случайного процесса* orthogonal expansion of a random process; $\sim$ *Вольда* Wold's decomposition; $\sim$ *Дуба–Мейера* Doob-Meyer decomposition; $\sim$ *Лебега* Lebesgue decomposition; $\sim$ *Леви* Lévy decomposition; $\sim$ *Карунена–Лоэва* Karhunen-Loève expansion; $\sim$ *Крикеберга* Krickeberg decomposition; $\sim$ *Майера* Mayer expansion; ∼ *Рисса* Riesz decomposition; ∼ *Эджворта–Крамера* Edgeworth–Cramér expansion; ∼ *Эйлера–Маклорена* Euler–Maclaurin expansion; ∼ *в ортогональный ряд* expansion into orthogonal series; ∼ *на клики* clique-decomposition; ∼ *по малому параметру* expansion with respect to a small parameter; *спектральное* ∼ *матрицы* spectral decomposition of a matrix

разложимая/приводимая цепь Маркова decomposable/reducible Markov chain

разложимый ветвящийся процесс decomposable branching process

размах (*m*) **выборки** sample range

размер (*m*) size: *наблюдаемый* ∼ *критерия* attained size of a test; ∼ *критерия* size of test

размерность (*f*) dimension, dimensionality: *понижение размерности* reduction of dimensionality

разметка (*f*) labelling: ∼ *графа* labelling of a graph

размещение (*n*) allocation, arrangement: *марковское* ∼ *частиц* Markov allocation of particles; *оптимальное* ∼ optimum allocation; *полиномиальное* ∼ *частиц* multinomial allocation of particles; *равновероятное* ∼ *частиц* equiprobable allocation of particles; *равномерное* ∼ *частиц* uniform allocation of particles; ∼ *частиц комплектами* group allocation of particles; *случайное* ∼ random allocation

разностное множество difference set

разностное уравнение difference equation

разностный псевдомомент difference pseudo-moment

разность (*f*) difference: *метод* (*m*) *переменных разностей* variate-difference method; ∼ *вперед/восходящая* ∼ forward difference; ∼ *назад/нисходящая* ∼ backward difference; *шкала* (*f*) *разностей* difference scale

разреженное множество thin set

разреженный граф sparse graph

разрез (*m*) cut: *минимальный* ∼ minimum cut; *минимальный* ∼ *графа* minimal cut of a graph; *модулярный* ∼ modular cut

разрезающий комплекс cutting complex

разрешающая полоса resolution bandwidth

разрешающая способность resolution

разрешение (*n*) resolution

разрешимая схема resolvable design

разрешимый resolvable

разрушающие испытания destructive testing

разъединение (*n*) **дерева** disconnection of a tree

ранг (*m*) rank: *вектор* (*m*) *рангов* vector of ranks; *критерий* (*m*) *суммы рангов* rank sum test; ∼ *матрицы* rank of a matrix

ранговая корреляция rank correlation

ранговая статистика rank statistic

ранговый критерий rank test

рандомизация (*f*) randomization

рандомизированная игра randomized game

рандомизированная оценка randomized estimator

рандомизированная решающая функция randomized decision function

рандомизированная стратегия randomized strategy

рандомизированный критерий randomized test

рандомизированный план randomized design

ранжировка (*f*) ranking

расклад (*m*) shuffle

раскраска (*f*) coloring: *бескрюковая* ∼ hook-free coloring; *локально-совершенная* ∼ locally-perfect coloring; *последовательная* ∼ sequential coloring; ∼ *вершин* vertex-coloring; ∼ *графа* graph coloring; *реберная* ∼ edge coloring; *супермодулярная* ∼ supermodular coloring; *уравновешенная* ∼ balanced coloring; *частичная* ∼ partial coloring

распознавание (*n*) **образов** pattern recognition

распределение (*n*) distribution: *абсолютно непрерывное* ∼ absolutely continuous distribution; *абсолютное* ∼ *цепи Маркова* absolute distribution of a Markov chain; *автомодельное* ∼ self-similar distribution; *автомодельный предел распределения* scaling limit of a distribution; *апостериорное* ∼ posterior distribution; *априорное* ∼ prior distribution; *априорное* ∼ *Джеффриса* Jeffreys prior distribution; *арифметика* (*f*) *вероятностных распределений* arithmetics of probability distributions; *асимптотически равномерное* ∼ asymptotically uniform distribution; *асимметрия* (*f*) *распределения* skewness of a distribution; *атомическое* ∼ atomic distribution; *безгранично делимое* ∼ infinitely divisible distribution; *безусловное* ∼ absolute/unconditional distribution; *бета-* ∼ beta distribution; *бимодальное/двухвершинное* ∼ bimodal distribution; *биномиальное* ∼ binomial distribution; *вероятностное* ∼ probability distribution; *вершина* (*f*) *распределения* mode of a distribution; *выбороч-*

ное ~ sample distribution; *вырожденное* ~ degenerate distribution; *гамма-распределение* gamma distribution; *гауссовское/нормальное* ~ Gaussian distribution; *геометрическое* ~ geometric distribution; *гипергеометрическое* ~ hypergeometric distribution; *двойственность (f) безгранично делимых распределений* duality of infinitely divisible distributions; *двумерное* ~ bivariate distribution; *двумерное нормальное* ~ bivariate normal distribution; *двустороннее показательное* ~ double exponential distribution; *двухвершинное* ~ bimodal distribution; *дискретное* ~ discrete distribution; *доминированное семейство распределений* dominated family of distributions; *закон (m) распределения* distribution law; *изотропное* ~ isotropic distribution; *инвариантное* ~ invariant distribution; *индекс (m) распределения* index of a distribution; *каноническое* ~ canonical distribution; *квазисимметричное* ~ quasi-symmetric distribution; *композиция (f) распределений* composition of distributions; *конечномерное* ~ finite-dimensional distribution; *левое* ~ *Пальма* left Palm distribution; *логарифмически нормальное (логнормальное)* ~ lognormal distribution; *логистическое* ~ logistic distribution; *максимальный шаг распределения* span of a distribution; *маргинальная функция распределения* marginal distribution function; *маргинальное* ~ marginal distribution; *микроканоническое* ~ microcanonical distribution; *многовершинное* ~ multimodal distribution; *многомерное бета-* ~ multivariate beta distribution; *многомерное нормальное* ~ multivariate normal distribution; *многомерное* ~ multivariate distribution; *мода/вершина распределения* mode of a distribution; *молодеющее* ~ beneficial aging distribution; *монотонное* ~ monotone distribution; *мультимодальное* ~ multimodal distribution; *наихудшее* ~ worst distribution; *наименее благоприятное* ~ least favorable distribution; *начальное* ~ initial distribution; *неатомическое* ~ nonatomic distribution; *невырожденное* ~ nondegenerate distribution; *непрерывное* ~ continuous distribution; *неразложимое* ~ indecomposable distribution; *несобственное* ~ improper distribution; *нецентральное F-~Фишера* noncentral F-distribution; *нецентральное хи-квадрат* ~ noncentral chi square distribution; *нормальное* ~ normal distribution; *область (f) притяжения устойчивого распределения* domain of attraction of a stable dis-

tribution; *обобщенное гипергеометрическое* ~ generalized hypergeometric distribution; *обобщенное* ~ *Пуассона* compound Poisson distribution; *обобщенное* ~ *Уишарта* generalized Wishart distribution; *обобщенное* ~ *арксинуса* generalized arcsine distribution; *обобщенное* ~ *гипергеометрического ряда* generalized hypergeometric series distribution; *одновершинное* ~ unimodal distribution; *одностороннее безгранично делимое* ~ one-sided infinitely divisible distribution; *омега-квадрат* ~ omega square distribution; *операторно устойчивое* ~ operator stable distribution; *отрицательное биномиальное* ~ negative binomial distribution; *отрицательное гипергеометрическое* ~ negative hypergeometric distribution; *отрицательное полиномиальное* ~ negative multinomial distribution; *плотность (f) распределения* distribution density; *показатель (m) устойчивого распределения* exponent of a stable distribution; *показательное/экспоненциальное* ~ exponential distribution; *полиномиальное* ~ multinomial distribution; *полное семейство распределений* complete family of distributions; *полуустойчивое* ~ semistable distribution; *прямоугольное* ~ rectangular distribution; *равновесное* ~ equilibrium distribution; *равномерное* ~ uniform distribution; *разброс (m) распределения* dispersion of a distribution; ~ *арксинуса* arcsine distribution; ~ *Бернулли* Bernoulli distribution; ~ *Берра* Burr distribution; ~ *Бингхэма* Bingham distribution; ~ *Больцмана* Boltzmann distribution; ~ *Бореля–Таннера* Borel-Tanner distribution; ~ *Бредфорда* Bradford distribution; ~ *Вейбулла* Weibull distribution; ~ *вероятностей* probability distribution; ~ *Вигнера* Wigner distribution; ~ *возраста* age distribution; ~ *времени жизни* lifetime distribution; ~ *входов* entrance distribution; ~ *Гиббса* Gibbs distribution; ~ *гипергеометрического ряда* hypergeometric series distribution; ~ *Дайсона* Dyson distribution; ~ *Дирихле* Dirichlet distribution; ~ *дисперсионного отношения* variance ratio distribution; ~ *Кантора* Cantor distribution; ~ *Кептейна* Kapteyn distribution; ~ *Колмогорова* Kolmogorov distribution; ~ *Коши* Cauchy distribution; ~ *Лагранжа* Lagrange distribution; ~ *Лапласа* Laplace distribution; ~ *Леви-Парето* Lévy–Pareto distribution; ~ *логарифмического ряда* logarithmic series distribution; ~ *Максвелла* Maxwell distribution; ~ *Пальма* Palm distribution;

~ *Парето* Pareto distribution; ~ *Паскаля* Pascal distribution; ~ *Пирсона* Pearson distribution; ~ *Планка* Planck distribution; ~ *по роду* genus distribution; ~ *Пойа* Pólya distribution; ~ *Пуассона* Poisson distribution; ~ *Рэлея* Rayleigh distribution; ~ *Симпсона* Simpson distribution; ~ *Смирнова* Smirnov distribution; ~ *Снедекора* Snedecor distribution; ~ *степенного ряда* power series distribution; ~ *Стьюдента* Student distribution; ~ *Уилкса* Wilks distribution; ~ *Уишарта* Wishart distribution; ~ *Фишера–Снедекора* Fisher–Snedecor distribution; ~ *числа непосредственных потомков* offspring distribution; ~ *Шарлье* Charlier distribution; ~ *Шермана* Sherman distribution; ~ *Эрланга* Erlang distribution; *решетчатое* ~ lattice distribution; *саморазложимое* ~ self-decomposable distribution; *сеть (f) распределений* net of distributions; *сильно одновершинное/унимодальное* ~ strictly unimodal distribution; *симметричное* ~ symmetric distribution; *сингулярное* ~ singular distribution; *слабо относительно компактное семейство распределений* relatively weak compact family of distributions; *слабое* ~ weak distribution; *сложное* ~ *Пуассона* compound Poisson distribution; *смесь (f) безгранично делимых распределений* mixture of infinitely divisible distributions; *смесь (f) распределений* mixture of distributions; *собственное* ~ proper distribution; *совместная функция распределения* joint distribution function; *совместное* ~ joint distribution; *совместное* ~ *вероятностей* joint probability distribution; *согласованные распределения* consistent distributions; *сопровождающее* ~ accompanying distribution; *сопряженное* ~ conjugate distribution; *стандартное нормальное* ~ standard normal distribution; *стареющее* ~ aging distribution; *стационарное* ~ stationary/steady-state distribution; *строго устойчивое* ~ strictly stable distribution; *сходимость (f) по распределению* convergence in distribution/law; *сходимость (f) распределений* convergence of distributions; *тип (m) распределения* distribution type; *треугольное* ~ triangular distribution; *триномиальное* ~ trinomial distribution; *унимодальное* ~ unimodal distribution; *усеченное* ~ truncated distribution; *условное* ~ conditional distribution; *устойчивое* ~ stable distribution; *фидуциальное* ~ fiducial distribution; *функция (f) распределения* distribution function, cumulative distribution function; *функция*

(f) распределения Реньи Rényi distribution function; *характеризация (f) распределений* characterization of distributions; *хвост (m) распределения* tail of a distribution; *хи-квадрат* ~ chi square distribution; *хи-распределение* chi distribution; *центр (m) распределения* centre of a distribution; *частное* ~ marginal distribution; *экспоненциальное* ~ exponential distribution; *экспоненциальное семейство распределений* exponential family of distributions; *эксцесс (m) распределения* excess of a distribution; *эмпирическое* ~ empirical distribution; F-~*Фишера* Fisher F-distribution; T^2-~*Хотеллинга* Hotelling T^2-distribution; z-~*Фишера* Fisher z-distribution

распределенная система distributed system

рассеивание *(n)* dispersion: ~ *выборки* sample dispersion/variation; *эллипсоид (m) рассеивания* ellipsoid of concentration

рассеянная мера diffuse measure

расслоение *(n)* spread

расслоенная выборка stratified sample

расстояние *(n)* distance: *евклидово* ~ Euclidean distance; *информационное* ~ information distance; *кодовое* ~ code distance; *метод (m) минимального расстояния* minimum distance method; ~ *Банаха–Мазура* Banach–Mazur distance; ~ *Вассерштейна* Wasserstein distance; ~ *Кемени* Kemeny distance; ~ *Леви* Lévy distance; ~ *Махаланобиса* Mahalanobis distance; ~ *Рао* Rao distance; ~ *Хеллингера* Hellinger distance; *сферическое* ~ *Бхаттачария–Рао* Bhattacharya–Rao spherical distance

расходимость *(f)* divergence: *хи-* ~ chi-divergence

расходящаяся последовательность divergent sequence

расходящийся ряд divergent series

расширение *(n)* extension: *квадратичное* ~ quadratic extension; ~ *графа* extension/augmentation of a graph

расширенный стохастический интеграл extended stochastic integral

расширитель *(m)* expander

расширяемая плоскость extendable plane

расщепляющий момент splitting time

рациональная спектральная плотность rational spectral density

реализация *(f)* *(процесса)* realization, sample function

реберная плотность edge density

реберная раскраска edge coloring

реберная связность edge-connectivity

реберная упаковка edge-packing

ребро (*n*) edge: *непересекающиеся рёбра* disjoint edges; *сжимаемое* ~ contractible edge

регенерация (*f*) regeneration: *момент* (*m*) *регенерации* regeneration time

регенерирующий процесс regenerative process

регрессионная матрица (матрица регрессионных коэффициентов) regression matrix

регрессионная модель regression model

регрессионная переменная regressor

регрессионный анализ regression analysis

регрессионный прогноз regression prediction

регрессионный эксперимент regression experiment

регрессия (*f*) regression: *бейесовская* ~ Bayes regression; *выборочный коэффициент регрессии* sample regression coefficient; *гетероскедастическая* ~ heteroscedastic regression; *гомоскедастическая* ~ homoscedastic regression; *гребневая* ~ ridge regression; *кривая регрессии* regression curve/line; *криволинейная* ~ curvilinear regression; *линейная* ~ linear regression; *линия* (*f*) *регрессии* regression line/curve; *матрица* (*f*) *регрессии* regression matrix; *медианная* ~ median regression; *множественная* ~ multiple regression; *модель* (*f*) *переключающейся регрессии* switching regression model; *нелинейная* ~ nonlinear regression; *ортогональная* ~ orthogonal regression; *оценка* (*f*) *регрессии* regression estimator; *параболическая* ~ polynomial regression; *плоская* ~ flat regression; *поверхность* (*f*) *регрессии* regression surface; *полиномиальная* ~ polynomial regression; *прямая регрессии* regression line; *спектр* (*m*) *регрессии* regression spectrum; *средняя квадратическая* ~ mean square regression; *уравнение* (*n*) *регрессии* regression equation; *функция* (*f*) *регрессии* regression function; *эмпирическая линия регрессии* empirical regression line

регрессограмма (*f*) regressogram

регрессор (*m*) regressor

регулируемый ветвящийся процесс controlled branching process

регулярная граничная точка regular boundary point

регулярная мера regular measure

регулярная условная вероятность regular conditional probability

регулярная цепь Маркова regular Markov chain

регулярное множество regular set

регулярное случайное поле regular random field

регулярность (*f*) regularity: *условие* (*n*) *регулярности* regularity condition

регулярный ветвящийся процесс regular branching process

регулятор (*m*) controller: *стохастический линейный* ~ stochastic linear controller

редукция (*f*) **Вальда** Wald reduction

редуцированный ветвящийся процесс reduced branching process

редуцированный латинский квадрат reduced Latin square

резервирование (*n*) redundancy: *оптимальное* ~ optimal redundancy; *раздельное* ~ separate redundancy

резольвента (*f*) resolvent, resolvent operator: ~ *Рэя* Ray resolvent

резольвентное тождество resolvent identity

резольвентное уравнение resolvent equation

рекорд (*m*) record

рекуррентная оценка recursive estimator

рекуррентное оценивание recursive estimation

рекуррентное событие recurrent event

рекуррентный код recurrent code

рекуррентный метод наименьших квадратов recursive least squares method

рекуррентный поток recurrent input

рекуррентный код recurrent code

рекурсивный остаток recursive residual

релейная взаимная корреляционная функция relay cross correlation function

релейная корреляционная функция relay correlation function

релейный метод определения корреляционных функций relay method of correlation analysis

ремонтопригодность (*f*) repairability

ренормализационная группа renormalization group

ренормализационное преобразование renormalization transformation

реплика (*f*) replication

ретракт (*m*) retract: *жесткий* ~ rigid retract

речевой сигнал speech signal

решающая функция decision function: *бейесовская* ~ Bayes decision function; *допустимая* ~ admissible decision function; *инвариантная* ~ invariant decision function; *минимальная* ~ minimal decision function; *несмещенная* ~ unbiased decision function; *оптимальная* ~ optimal decision function; *равномерно лучшая* ~ uniformly best decision function;

рандомизированная ∼ randomized decision function; *эмпирическая бейесовская* ∼ empirical Bayes decision function

решающее правило decision rule

решение (*n*) decision: *минимаксное* ∼ minimax decision; *потраекторная единственность решения* pathwise uniqueness of a solution; *пространство* (*n*) *решений* decision space; *сильная единственность решения* strong uniqueness of a solution; *сильное* ∼ *стохастического дифференциального уравнения* strong solution of a stochastic differential equation; *слабая единственность решения* weak uniqueness of a solution; *слабое* ∼ *стохастического дифференциального уравнения* weak solution of a stochastic differential equation; *теория* (*f*) *статистических решений* statistical decision theory; *функция* (*f*) *заключительного решения* terminal decision function

решетка (*f*) lattice, grid: *псевдомодулярная* ∼ pseudomodular lattice; *сотовая* ∼ honeycomb lattice

решетчатая модель lattice model

решетчатое животное lattice animal

решетчатое распределение lattice distribution

решетчатый граф grid graph

решетчатый код trellis code

решетчатый линейный код trellis linear code

риманова информационная метрика Riemann information metric

риск (*m*) risk: *апостериорный* ∼ posterior risk; *априорный* ∼ prior risk; *бейесовский* ∼ Bayesian risk; *квадратичный* ∼ quadratic risk; *конкурирующие риски* competing risks; *минимаксный* ∼ minimax risk; *несмещенная по риску оценка* risk unbiased estimator; *полный* ∼ total risk; ∼ *стратегии* risk of a strategy; *средний* ∼ mean risk; *функция риска* risk function

робастная оценка robust estimator

робастная статистическая процедура robust statistical procedure

робастная оценка robust estimator

робастное оценивание robust estimation

робастность (*f*) robustness: *качественная* ∼ qualitative robustness; *количественная* ∼ quantitative robustness

робастный robust

род (*m*) **графа** genus of a graph

рождаемость (*f*) birth rate

роза (*f*) **интенсивностей** rose of intensities

роза (*f*) **направлений** rose of directions

ротационное число rotation number

рулетка (*f*) roulette

рэлеевское замирание Rayleigh fading

ряд (*m*) series: *вариационный* ∼ set of order statistics; *временной* ∼ time series; *гипергеометрический* ∼ hypergeometric series; *климатический временной* ∼ climatic time series; *пороговая модель временного ряда* threshold time series model; *представление* (*n*) *в виде ряда* series representation; *разложение* (*n*) *в ортогональный* ∼ expansion into orthogonal series; *распределение* (*n*) *логарифмического ряда* logarithmic series distribution; *распределение* (*n*) *степенного ряда* power series distribution; *расходящийся* ∼ divergent series; ∼ *Грама–Шарлье* Gram–Charlier series; ∼ *Крамера* Cramér series; ∼ *Лорана* Laurent series; ∼ *Маклорена* Maclaurin series; ∼ *Тейлора* Taylor series; ∼ *Фурье* Fourier series; *сглаживание* (*n*) *временных рядов* tapering of time series; *степенной* ∼ power series; *степенной* ∼ *уравнения Колмогорова* Kolmogorov equation power series; *сходимость* (*f*) *ряда случайных величин* convergence of a series of random variables; *сходящийся* ∼ convergent series; *теорема* (*f*) *о трех рядах* three series theorem

C

самодвойственность (*f*) self-duality

самодополнительный граф self-complementary graph

саморазложимое распределение self-decomposable distribution

сбалансированный блочный план balanced block design

сбалансированный план balanced design

сближающиеся гипотезы close hypotheses

сбор (*m*) **данных** data collection

свертка (*f*) convolution: *дерево* (*n*) *свертки* convolution tree; *обобщенная стохастическая* ∼ generalized stochastic convolution

сверточная полугруппа convolutional semigroup

сверточный код convolutional code

сверхэффективная оценка super-efficient estimator

сверхэффективность (*f*) superefficiency

свобода (*f*) freedom: *степень* (*f*) *свободы* degree of freedom

свободная энергия free energy

свободное марковское поле free Markov field

свободное поле free field

свободный газ free gas

свойство (*n*) property: *марковское* ~ Markov property; ~ *Радона–Никодима* Radon–Nikodym property; ~ *Сазонова* Sazonov property; *сильно феллеровское* ~ strong Feller property; *сильное марковское* ~ strong Markov property; *строго марковское* ~ strong Markov property

связное множество connected set

связность (*f*) connectivity

связный граф connected graph

сглаживание (*n*) smoothing: *неравенство* (*n*) *сглаживания* smoothing inequality; ~ *временных рядов* tapering of time series

сгруппированные данные grouped data

сдвиг (*m*) shift: *допустимый* ~ *меры* admissible shift of a measure; *односторонний* ~ *Бернулли* one-sided Bernoulli shift; *параметр* (*m*) *сдвига* location parameter

сдвинутая экскурсия shifted excursion

седловая точка saddle point

сезонная модель seasonal model: ~ *Харрисона* seasonal Harrison model

сезонность (*f*) seasonality

сезонные изменения seasonal effect

селектор (*m*) selector

семейство (*n*) family: *взаимно пересекающиеся семейства* cross intersecting families; *доминированное* ~ *распределений* dominated family of distributions; *искривленное экспоненциальное* ~ curved exponential family; *относительная компактность* ~ *мер* relative compactness of a family of measures; *плоско концентрированное* ~ *вероятностных мер* flatly concentrated family of probability measures; *плотное* ~ *мер* tight family of measures; *полное* ~ *распределений* complete family of distributions; *разделенное* ~ *мер* disjoint family of measures; *сдвиг-компактное* ~ shift compact family; ~ *(распределений) с параметрами сдвига и масштаба* location-scale family; ~ *(распределений) с параметром масштаба* scale family; ~ *(распределений) с параметром сдвига* location family; *слабо относительно компактное* ~ *распределений* relatively weak compact family of distributions; *шпернерово* ~ Sperner family; *экспоненциальное* ~ exponential family; *экспоненциальное* ~ *распределений* exponential family of distributions

семиинвариант (*m*) semi-invariant, cumulant: *спектральный* ~ spectral semi-invariant; *факториальный* ~ factorial semi-invariant

семиинвариантная спектральная плотность semi-invariant spectral density

семиинтерквартильная широта semi-interquartile range

семимартингал (*m*) semimartingale: *гауссовский* ~ Gaussian semimartingale; *стохастический интеграл по семимартингалу* stochastic integral with respect to a semimartingale; *фильтрация* (*f*) *семимартингала* filtering of a semimartingale

семипараметрическая модель semiparametric model

сепарабельная σ-алгебра separable σ-algebra

сепарабельное пространство separable space

сериальный коэффициент корреляции serial correlation coefficient

сериальный критерий serial test

сеть (*f*) net, network: *нейронная* ~ neuron network; *планарная* ~ planar network; *пуассоновская* ~ Poisson net; ~ *источников и каналов* source-channel network; ~ *каналов* channel network; ~ *мер* net of measures; ~ *обслуживания* queueing network; ~ *распределений* net of distributions; *слабо компактная* ~ *мер* weak compact net of measures

сечение (*n*) cross-section

сжатое мультиграфовое представление succint multigraph representation

сжатый граф contracted graph

сжимаемое ребро contractible edge

сжимающая оценка shrinkage estimator

сигма-аддитивная мера sigma-additive measure

сигма-алгебра (*f*) sigma-algebra

сигма-поле (*n*) sigma-field

сигма-топологическое пространство sigma-topological space

сигнал (*m*) signal: *входной* ~ input signal; *выходной* ~ output signal; *зашумленный* ~ noise-contaminated signal; *модулированный* ~ modulated signal; *несущий* ~ carrier signal; *огибающая* (*f*) *сигнала* signal envelope; *речевой* ~ speech signal; *фильтрация* (*f*) *сигнала* signal filtering

сигнальный граф signal flow graph

сигнатура (*f*) signature

сильно измеримое отображение strongly measurable mapping

сильно одновершинное/унимодальное распределение strictly unimodal distribution

сильно регулярный граф strongly regular graph

сильно связный граф strongly connected graph

сильно феллеровская переходная функция strong Feller transition function

сильно феллеровский процесс strong Feller process

сильно феллеровское свойство strong Feller property

сильное марковское свойство strong Markov property

сильное перемешивание strong mixing

сильное решение стохастического дифференциального уравнения strong solution of a stochastic differential equation

сильный инфинитезимальный оператор strong infinitesimal operator

сильный принцип инвариантности strong invariance principle

сильный случайный линейный оператор strong random linear operator

симметризатор (m) symmetrizer

симметрическая разделимая статистика symmetric separable statistic

симметрическая случайная матрица symmetric random matrix

симметрический стохастический интеграл symmetric stochastic integral

симметрическое пространство Фока symmetric Fock space

симметрическое стохастическое дифференциальное уравнение symmetric stochastic differential equation

симметричная схема symmetric design

симметричное распределение symmetric distribution

симметричный канал symmetric channel

симметричный факториальный эксперимент symmetric factorial experiment

симплекс (m) simplex

симплексный метод simplex method

симплициальная ячейка simplicial cell

симплициальный матроид simplicial matroid

симуляция (f) simulation

сингулярная мера singular measure

сингулярная составляющая/компонента меры singular component of a measure

сингулярное разложение singular decomposition

сингулярное распределение singular distribution

система (f) system: *гнездовая* $\sim$ nested system; *динамическая* $\sim$ dynamical system; *динамическая* $\sim$ *с чисто точечным спектром* dynamical system with pure point spectrum; *замкнутая* $\sim$ *обслужи-* *вания* closed queueing system; *инфинитезимальная* $\sim$ *мер* infinitesimal system of measures; *квазирегулярная* $\sim$ quasiregular system; *линейная* $\sim$ linear system; *малые стохастические возмущения динамической системы* small stochastic perturbations of a dynamical system; *матроидная* $\sim$ matroidal system; *многоканальная* $\sim$ *обслуживания* multichannel/multiserver queueing system; *многокаскадная* $\sim$ *обслуживания* multicascade queueing system; *многолинейная* $\sim$ *обслуживания* multiserver/multichannel queueing system; *нагруженная* $\sim$ *обслуживания* queueing system in heavy traffic; *наследственная* $\sim$ hereditary system; *неполнодоступная* $\sim$ *обслуживания* partially available queueing system; *одноканальная* $\sim$ *обслуживания* single-channel/single-server queueing system; *однолинейная* $\sim$ *обслуживания* single-server/single-channel queueing system; *ортогональная* $\sim$ orthogonal system; *переключающаяся* $\sim$ switching system; *полнодоступная* $\sim$ *обслуживания* fully accessible queueing system; *премиальная* $\sim$ bonus system; *приоритетная* $\sim$ *обслуживания* priority queueing system; *проективная* $\sim$ *мер* projective system of measures; *равновесная динамическая* $\sim$ equilibrium dynamical system; *распределенная* $\sim$ distributed system; $\sim$ *обслуживания с отказами* blocking/loss queueing system; $\sim$ *отсчета* frame of reference; $\sim$ *переписи графов* graph rewrite system; *слабо изоморфные динамические системы* weakly isomorphic dynamical systems; *топологическая энтропия динамической системы* topological entropy of a dynamical system; *устойчивость* (f) *системы обслуживания* stability of a queueing system

систематическая ошибка systematic error

скаляр (m) scalar

скалярно вырожденная мера scalarly degenerate measure

скалярный параметр scalar parameter

скачкообразный марковский процесс jump Markov process

скачкообразный процесс jump process

скачок (m) jump: *мера* (f) *скачков* jump measure; *момент* (m) *скачка* time of a jump

скедастическая кривая scedastic curve

скейлинговое отношение scaling relation

скользящие взвешенные средние moving weighted averages

скользящие средние moving averages

скорость (f) **диссипации** dissipation

rate

скорость (*f*) **кода** code rate

скорость (*f*) **передачи информации** rate of information transmission

скорость (*f*) **создания сообщений** rate-distortion function

скорость (*f*) **сходимости** rate of convergence, convergence rate

скрытая переменная latent variable

слабая допустимость weak admissibility

слабая единственность решения weak uniqueness of a solution

слабая относительная компактность weak relative compactness

слабая сходимость weak convergence

слабая топология weak topology

слабо биполяризуемый граф weak bipolarizable graph

слабо измеримое отображение weakly measurable mapping

слабо изоморфные динамические системы weakly isomorphic dynamical systems

слабое решение стохастического дифференциального уравнения weak solution of a stochastic differential equation

слабый принцип правдоподобия weak likelihood principle

слово (*n*) word: *кодовое* ~ code word

сложная гипотеза composite hypothesis

сложная цепь Маркова high-order Markov chain

сложное распределение Пуассона compound Poisson distribution

сложность (*f*) complexity: *коммуникационная* ~ communication complexity

сложный пуассоновский процесс compound Poisson process

слой (*m*) stratum, layer: ~ *Экмана* Ekman layer

случайная бесповторная выборка random sample without replacement

случайная булева функция random Boolean function

случайная величина random variable: *усеченная* ~ truncated random variable

случайная вероятностная мера random probability measure

случайная замена времени random time change

случайная квадратурная формула random quadrature formula

случайная матрица random matrix

случайная мера random measure

случайная мозаика random tessellation

случайная ошибка random error

случайная перестановка random permutation

случайная подстановка random substitution/permutation

случайная последовательность random sequence

случайная упаковка random packing

случайное блуждание random walk

случайное возмущение random perturbation

случайное дерево random tree

случайное кодирование random coding

случайное множество random set: *случайное выпуклое множество* random convex set; *случайное замкнутое множество* random closed set; *случайное компактное множество* random compact set; *случайное открытое множество* random open set

случайное отображение random mapping

случайное поле random field: ~ *с изотропными приращениями* random field with isotropic increments; ~ *с однородными приращениями* random field with homogeneous increments

случайное разбиение random partition

случайное размещение random allocation

случайное событие random event

случайное число random number

случайное явление random phenomenon

случайный граф random graph

случайный детерминант/определитель Вандермонда Vandermonde random determinant

случайный заряд random charge

случайный лес random forest

случайный множественный доступ random multiple access

случайный поиск random search

случайный процесс random process: ~ *с дискретным (непрерывным) временем* discrete (continuous) time random process; ~ *с независимыми приращениями* random process with independent increments; ~ *типа кенгуру* kangaroo random process

случайный телеграфный процесс random telegraph process

случайный шейп random shape

случайный элемент random element

случайный автомат stochastic automaton

смертность (*f*) mortality: *младенческая* ~ infant mortality

смесь (*f*) **распределений** mixture of distributions

смесь (*f*) **состояний** mixture of states

смешанная игра mixed game

смешанная модель mixed model

смешанная модель авторегрессии —

скользящего среднего autoregressive — moving average model

смешанная стратегия mixed strategy

смешанный момент mixed moment

смешивание (*n*) amalgam

смещение (*n*) bias: ~ *оценки* bias of an estimator

смещенная оценка biased estimator

снос (*m*) drift: *вектор* (*m*) *сноса* drift vector; *коэффициент* (*m*) *сноса* drift coefficient

собственное значение eigenvalue

собственное распределение proper distribution

собственное число/значение eigenvalue

собственный вектор eigenvector

событие (*n*) event: *алгебра* (*f*) *событий* algebra of events; *благоприятное* ~ favorable event; *взаимно несовместные события* mutually exclusive events; *дополнительное* ~ complementary event; *достоверное* ~ certain event; *зависимые события* dependent events; *индикатор* (*m*) *события* indicator of an event; *невозможное* ~ impossible event; *независимые события* independent events; *несовместные события* disjoint events; *обновляющее* ~ renovating event; *объединение* (*n*) *событий* union of events; *случайное* ~ random event; *совмещение* (*n*) *событий* conjunction of events; *сумма* (*f*) *событий* sum of events; *частота* (*f*) *случайного события* frequency of a random event; *элементарное* ~ elementary event

совершенная мера perfect measure

совершенное вероятностное пространство perfect probability space

совершенное исключение perfect elimination

совершенное паросочетание perfect matching

совершенный граф perfect graph

совместимые наблюдаемые compatible observables

совместная плотность вероятности joint probability density

совместная функция распределения joint distribution function

совместное распределение joint distribution

совместное распределение вероятностей joint probability distribution

совмещение (*n*) **событий** conjunction of events

совокупность (*f*) population: *конечная* ~ finite population

согласование (*n*) consensus

согласованные распределения consistent distributions

согласованный случайный процесс adapted random process

соединение (*n*) **графов** join of graphs

сообщающиеся состояния communicating states

сообщение (*n*) message: *источник* (*m*) *сообщений* message source; *источник* (*m*) *сообщений без памяти* memoryless message source

Т

таблица (*f*) table: ~ *сопряженности* (*признаков*) contingency table; *многовходовая* ~ *сопряженности* multiway contingency table

тауберова теорема Tauberian theorem

текущая плата reward function

телеграфный процесс telegraph process

телесвязи (*pl*) teleconnections

температурная функция Грина Green's temperature function

теневое исчисление umbral calculus

тень (*f*) shadow, downset

теорема (*f*) theorem: *абелева* ~ Abelian theorem; *абстрактная эргодическая* ~ abstract ergodic theorem; *индивидуальная эргодическая* ~ individual ergodic theorem; *интегральная предельная* ~ integral limit theorem; *интегральная* ~ *восстановления* integral renewal theorem; *локальная предельная* ~ local limit theorem; *локальная* ~ *восстановления* local renewal theorem; *локальная эргодическая* ~ local ergodic theorem; *мультипликативная эргодическая* ~ multiplicative ergodic theorem; *основная* ~ *восстановления* key renewal theorem; *предельная синусоидальная* ~ *Слуцкого* Slutsky sinusoidal limit theorem; *предельная* ~ limit theorem; *предельная* ~ *для отношений* ratio limit theorem; *субаддитивная эргодическая* ~ subadditive ergodic theorem; *тауберова* ~ Tauberian theorem; ~ *Александрова* Alexandrov theorem; ~ *Андерсона–Йенсена* Anderson–Jensen theorem; ~ *Ароншайна–Колмогорова* Aronszajn–Kolmogorov theorem; ~ *Бакстера* Baxter theorem; ~ *Бартла–Данфорда–Шварца* Bartle–Dunford–Schwartz theorem; ~ *Бернулли* Bernoulli theorem; ~ *Берри–Эссеена* Berry–Esseen theorem; ~ *Блекуэлла* Blackwell theorem; ~ *Блюменталя–Гетура–Маккина* Blumenthal–Getoor–McKean theorem; ~ *Бохнера* Bochner theorem; ~ *Бохнера–Хинчина* Bochner–Khinchin theorem; ~ *ван Хова* van Hove theorem; ~ *Вейерштрасса* Weierstrass theorem; ~ *Ви-*

тали Vitali theorem; ~ *Витали–Хана–Сакса* Vitali–Hahn–Sacs theorem; ~ *восстановления* renewal theorem; ~ *Гамбургера* Hamburger theorem; ~ *Гаусса–Маркова* Gauss–Markov theorem; ~ *Гливенко* Glivenko theorem; ~ *Гливенко–Кантелли* Glivenko–Cantelli theorem; ~ *Глисона* Gleason theorem; ~ *Гнеденко* Gnedenko theorem; ~ *Дарлинга* Darling theorem; ~ *Дармуа–Скитовича* Darmois–Skitovich theorem; ~ *Дворецкого–Роджерса* Dvoretzky–Rodgers theorem; ~ *Деблина* Doeblin theorem; ~ *Джессена–Винтнера* Jessen–Wintner theorem; ~ *единственности* uniqueness theorem; ~ *Ионеску Тулча* Ionescu Tulcea theorem; ~ *Ито–Нисио* Itô–Nisio theorem; ~ *Йессена–Винтнера* Jessen–Wintner theorem; ~ *Канторовича* Kantorovich theorem; ~ *Каратеодори* Caratheodory theorem; ~ *Карунена* Karhunen theorem; ~ *Квапеня* Kwapien theorem; ~ *Квапеня–Шварца* Kwapien–Schwartz theorem; ~ *Кокрэна* Cochren theorem; ~ *Колмогорова–Арака* Kolmogorov–Arak theorem; ~ *Колмогорова о трех рядах* Kolmogorov three-series theorem; ~ *Королюка* Korolyuk theorem; ~ *Котельникова* Kotel'nikov theorem; ~ *Крамера* Cramér theorem; ~ *Крейна* Krein theorem; ~ *Кэмпбелла* Campbell theorem; ~ *Лебега* Lebesgue theorem; ~ *Леви* Lévy theorem; ~ *Леви–Крамера* Lévy–Cramér theorem; ~ *Лемана–Шеффе* Lehmann–Sheffe theorem; ~ *Ли–Янга* Lee–Yang theorem; ~ *Линдеберга–Феллера* Lindeberg–Feller theorem; ~ *Ляпунова* Lyapunov theorem; ~ *Макдональда* MacDonald theorem; ~ *Марцинкевича* Marcinkiewicz theorem; ~ *Меты* Mehta theorem; ~ *Минлоса* Minlos theorem; ~ *Муавра–Лапласа* de Moivre–Laplace theorem; ~ *непрерывности* continuity theorem; ~ *о трех рядах* three series theorem; ~ *Орея* Orey theorem; ~ *Пальма–Хинчина* Palm–Khinchin theorem; ~ *переноса* transfer theorem; ~ *Петтиса* Pettis theorem; ~ *Пойа* Pólya theorem; ~ *Пуассона* Poisson theorem; ~ *Радемахера* Rademacher theorem; ~ *Радона–Никодима* Radon–Nikodym theorem; ~ *Райкова* Raikov theorem; ~ *Рамсея* Ramsey theorem; ~ *Рао–Блекуэлла* Rao–Blackwell theorem; ~ *Сазонова* Sazonov theorem; ~ *сложения* addition theorem; ~ *Смирнова* Smirnov theorem; ~ *сравнения* comparison theorem; ~ *Судакова–Дадли* Sudakov–Dudley theorem; ~ *устойчивости* stability theorem; ~ *Ферника* Fernique theorem; ~

Форте–Каца Fortet–Kac theorem; ~ *Фубини* Fubini theorem; ~ *Хана* Hahn theorem; ~ *характеризации* characterization theorem; ~ *Хаусдорфа* Hausdorff theorem; ~ *Хелли* Helly theorem; ~ *Хилле–Иосида* Hille–Iosida theorem; ~ *Хинчина* Khinchin theorem; ~ *Хинчина–Колмогорова* Khinchin–Kolmogorov theorem; ~ *Холла* Hall theorem; ~ *Чекона–Джемисона* Chacon–Jamison theorem; ~ *Шенберга* Schoenberg theorem; ~ *Шеннона* Shannon theorem; ~ *Шоке* Choquet theorem; ~ *Штрассена* Strassen theorem; ~ *эквивалентности Элфинга* Elfing equivalence theorem; ~ *Эссеена* Esseen theorem; *узловая* ~ *восстановления* key renewal theorem; *факторизационная* ~ factorization theorem; *центральная предельная* ~ central limit theorem; *эргодическая* ~ ergodic theorem; *эргодическая* ~ *Биркгофа–Хинчина* Birkhoff–Khinchin ergodic theorem; *эргодическая* ~ *Слуцкого* Slutsky ergodic theorem; *эргодическая* ~ *фон Неймана* von Neumann ergodic theorem

теория (*f*) theory: *вероятностей* probability theory, theory of probability; ~ *восстановления* renewal theory; ~ *детерминированного хаоса* deterministic chaos theory; ~ *измерений* measurement theory; ~ *информации* information theory; ~ *массового обслуживания* queueing theory; ~ *надежности* theory of reliability; ~ *очередей* queueing theory; ~ *ошибок* theory of errors; ~ *передачи информации* communication theory; ~ *перечислений* enumeration theory; ~ *полезностей* utility theory; ~ *потенциала* potential theory; ~ *систем обслуживания* queueing theory; ~ *статистических решений* statistical decision theory; ~ *страхования* insurance theory; ~ *чисел* number theory

теплицева матрица Toeplitz matrix

термодинамическая энтропия thermodynamical entropy

термодинамический предельный переход thermodynamical limit

тернарная схема ternary design

тест (*m*) test: *статистический* ~ statistical test

тип (*m*) type: *дизъюнктные спектральные типы* disjoint spectral types; *спектральный* ~ spectral type; ~ *распределения* distribution type; *финальный* ~ final type

тождество (*n*) identity: *комбинаторное* ~ combinatorial identity; *преобразование* (*n*), *сохраняющее* ~ identity preserving transformation; *резольвентное* ~ resolvent identity; ~ *Вальда* Wald identity; ~ *Планшереля* Plancherel identity; ~ *Поллачека–Спитцера* Pollaczek–Spitzer identity; ~ *Риордана* Riordan identity; ~ *Спитцера–Рогозина* Spitzer–Rogozin identity; *факторизационное* ~ factorization identity

толерантная граница tolerance limit/bound

толерантность (*f*) tolerance

толерантный интервал tolerance interval

тонкое множество thin set

топологическая энтропия динамической системы topological entropy of a dynamical system

топологически возвратный марковский процесс topologically recurrent Markov process

топологическое пространство topological space

топология (*f*) topology: *допустимая* ~ admissible topology; *достаточная* ~ sufficient topology; *необходимая* ~ necessary topology; *слабая* ~ weak topology; ~ *Гросса* Gross topology; ~ *Сазонова* Sazonov topology; ~ *Скорохода* Skorohod topology; *узкая* ~ narrow topology

тотальное интервальное число total interval number

точечная оценка point estimator

точечно-ограниченное покрытие point-bounded covering

точечное случайное поле point random field

точечный процесс point process: ~ *с присоединенными случайными величинами* point process with adjoint random variables

точка (*f*) point: *выборочная* ~ sample point; *иррегулярная* ~ irregular point; *критическая* ~ critical point; *лестничная* ~ ladder point; *неподвижная* ~ fixed point; *опорная* ~ *плана* supporting point of a design; *пороговая* ~ breakdown point; *регулярная граничная* ~ regular boundary point; *седловая* ~ saddle point; ~ *роста* point of increase

точная полоса exact band

точно упакованный граф close-packed graph

точный алгоритм exact algorithm

точный критерий exact test

точный критерий Фишера Fisher exact test

точный план exact design

точный эндоморфизм exact endomorphism

траектория (*f*) trajectory, sample path: *интеграл* (*m*) *по траекториям* path integral

транзитивная цепь Маркова transitive Markov chain

транзитивность (*f*) transitivity: *метрическая* ~ metric transitivity

трансверсаль (*f*) transversal

трансфер-матрица (*f*) transfer-matrix

трансцендентная функция transcendental function

тренд (*m*) trend

треугольник (*m*) triangle: *пифагоров* ~ Pythagorean triangle; *примитивный* ~ primitive triangle; ~ *Паскаля* Pascal triangle

треугольное распределение triangular distribution

треугольное число triangular number

трехместное сочетание threesome matching

тригонометрический ряд trigonometric series

триномиальное распределение trinomial distribution

триплет (*m*) **предсказуемых характеристик** triplet of predictable characteristics

турановский граф Turan graph

турбулентная вязкость turbulent viscosity

турбулентная диффузия turbulent diffusion

турбулентная струя turbulent jet

турбулентная теплопроводность turbulent conductivity

турбулентное течение turbulent flow

турбулентность (*f*) turbulence: *атмосферная* ~ atmospheric turbulence; *генерация* (*f*) *звука турбулентностью* turbulent sound generation; *геострофическая* ~ geostrophic turbulence; *геофизическая* ~ geophysical turbulence; *гидромагнитная* ~ hydromagnetic turbulence; *гипотеза* (*f*) *локального кинематического подобия турбулентности* hypothesis of the local kinematic self-similarity of turbulence; *двумерная* ~ two-dimensional turbulence; *диссипация* (*f*) *энергии турбулентности* turbulent energy dissipation; *изотропная* ~ isotropic turbulence; *лагранжево описание турбулентности* Lagrangian description of turbulence; *локально изотропная* ~ locally isotropic turbulence; *магнитогидродинамическая* ~ magnetohydrodynamical turbulence; *одномерный спектр турбулентности* one-dimensional turbulence spectrum; *океанская* ~ oceanic turbulence; *спектр* (*m*) *турбулентности* turbulence spectrum; *спиральная* ~ helical turbulence; ~ *в стратифицированных средах* turbulence in stratified media; *уравнение* (*n*) *энергии турбулентности* turbulent energy equation

турбулентный turbulent

турбулентный пограничный слой turbulent boundary layer

турбулентный след turbulent wake

турнир (m) tournament

тэта-граф (m) theta graph

У

убивание (n) марковского процесса killing of a Markov process

угловая модуляция angular modulation

угловая частота angular frequency

узел (m) плана supporting point of a design

узкая сходимость narrow convergence

узкая топология narrow topology

узловая теорема восстановления key renewal theorem

уинсоризованное среднее Winsorized mean

уклонение (n) deviation: *большие уклонения* large deviations; *вероятности больших уклонений* large deviations probabilities; *зона* (f) *умеренных уклонений* zone of moderate deviations; *малые уклонения* small deviations

ультраметрическое разбиение ultrametric partition

универсальная состоятельность universal consistency

универсально оптимальный план universally optimal design

универсальное кодирование universal encoding

универсальный закон Деблина Doeblin universal law

унимодальное распределение unimodal distribution

унимодальность (f) unimodality: *многомерная* ~ multivariate unimodality

унитарная матрица unitary matrix

унитарная случайная матрица unitary random matrix

унитарный оператор unitary operator

унициклический граф unicyclic graph

упаковка (f) packing: *граница* (f) *плотной/сферической упаковки* sphere packing bound; *реберная* ~ edge-packing; *случайная* ~ random packing

упорядочение (n) ordering: ~ *Вика* Wick ordering

управление (n) control: *оптимальное стохастическое* ~ optimal stochastic control; *оптимальное* ~ optimal control

управляемая случайная последовательность controlled random sequence

управляемая цепь Маркова controlled Markov chain

управляемый диффузионный про-

цесс controlled diffusion process

управляемый марковский процесс controlled Markov process

управляемый марковский скачкообразный процесс controlled Markov jump process

управляемый процесс controlled process

управляемый скачкообразный процесс controlled jump process

управляемый случайный процесс controlled random process

управляемый случайный процесс с дискретным (непрерывным) временем controlled discrete (continuous) time random process

упругая граница sticky boundary

уравнение (n) equation: *алгебраическое случайное* ~ algebraic random equation; *волновое* ~ wave equation; *каноническое спектральное* ~ canonical spectral equation; *квантовое стохастическое дифференциальное* ~ quantum stochastic differential equation; *кинетическое* ~ *переноса* kinetic transfer equation; *корреляционное* ~ correlation equation; *линейное стохастическое дифференциальное* ~ linear stochastic differential equation; *линейное стохастическое параболическое* ~ linear stochastic parabolic equation; *логистическое* ~ logistic equation; *нелинейное* ~ nonlinear equation; *обратное* ~ *Колмогорова* backward Kolmogorov equation; *операторное стохастическое дифференциальное* ~ operator stochastic differential equation; *прямое* ~ *Колмогорова* Kolmogorov forward equation; *разностное* ~ difference equation; *резольвентное* ~ resolvent equation; *симметрическое стохастическое дифференциальное* ~ symmetric stochastic differential equation; *система* (f) *нормальных уравнений* system of normal equations; *случайное алгебраическое* ~ random algebraic equation; *степенной ряд уравнения Колмогорова* Kolmogorov equation power series; *стохастическое дифференциальное* ~ stochastic differential equation; *стохастическое дифференциальное* ~ *Лиувиля* Liouville stochastic differential equation; *стохастическое дифференциальное* ~ *Навье–Стокса* Navier–Stokes stochastic differential equation; *стохастическое дифференциальное* ~ *в форме Стратоновича* stochastic differential equation in the Stratonovich form; *стохастическое дифференциальное* ~ *с частными производными* stochastic partial differential equation; ~ *Беллмана* Bellman equation; ~ *Больцмана* Boltzmann equation; ~ *Бюргерса* Burgers equation; ~ *в частных производных* partial differential equation; ~ *Винера–Хопфа* Wiener–Hopf equation; ~ *Власова* Vlasov equation; ~ *восстановления* renewal equation; ~ *Колмогорова–Чепмена* Kolmogorov–Chapman equation; ~ *Лагранжа* Lagrange equation; ~ *Ланжевена* Langevin equation; ~ *марковского восстановления* Markov renewal equation; ~ *Орра–Зоммерфельда* Orr–Sommerfeld equation; ~ *Пайерлса* Peierls equation; ~ *правдоподобия* likelihood equation; ~ *регрессии* regression equation; ~ *фильтрации* filtering equation; ~ *Фоккера–Планка* Fokker–Planck equation; ~ *Хопфа* Hopf equation; ~ *Шредингера* Schrödinger equation; ~ *энергии турбулентности* turbulent energy equation; ~ *Юла–Уокера* Yule–Walker equation; *уравнения Пальма–Хинчина* Palm–Khinchin equations; *уравнения Рейнольдса* Reynolds equations; *уравнения Фридмана–Келлера* Friedmann–Keller equations; *уравнения автомодельности* self-similarity equations; *уравнения гидродинамики* hydrodynamics equations; *усреднение* (*n*) *стохастического дифференциального уравнения* homogenization of a stochastic differential equation; *эволюционное стохастическое дифференциальное* ~ evolutional stochastic differential equation; *эллиптическое* ~ elliptic equation

уравнивающая стратегия equalizing strategy

уравновешенная раскраска balanced coloring

уравновешивающее множество balancing set

урновая модель urn model

урновая модель Пойа Pólya's urn model

уровень (*m*) level: *доверительный* ~ confidence level; *критический* ~ critical level; *момент* (*m*) *достижения/ прохождения уровня* passage time of a level; ~ *значимости* significance level; ~ *критерия* level of a test; ~ *энергии* energy level

усечение (*n*) truncation: *метод* (*m*) *усечения* truncation method

усеченная выборка truncated/trimmed sample

усеченная случайная величина truncated random variable

усеченное распределение truncated distribution

усеченное среднее trimmed mean

усиленный закон больших чисел strong law of large numbers

усиленный принцип правдоподобия strong likelihood principle

условие (*n*) condition: ~ *Алдоуса–Ребролледо* Aldous–Rebolledo condition; ~ *Дадли* Dudley's condition; ~ *Деблина* Doeblin condition; ~ *Карлемана* Carleman condition; ~ *Колмогорова* Kolmogorov condition; ~ *Линдеберга* Lindeberg condition; ~ *Ляпунова* Lyapunov condition; ~ *обратимости для АРСС процесса* invertibility condition for ARMA process; ~ *Пайерлса* Peierls condition; ~ *перемешивания* mixing condition; ~ *равномерной малости* uniform infinitesimality condition; ~ *равномерной предельной пренебрегаемости* uniform asymptotic negligibility condition; ~ *разделимости* separability condition; ~ *регулярности* regularity condition; ~ *эргодичности* ergodicity condition

условная вероятность conditional probability: *регулярная* ~ regular conditional probability

условная дисперсия conditional variance

условная плотность conditional density

условная полезность conditional utility

условная функция правдоподобия conditional likelihood function

условная энтропия conditional entropy

условное количество информации conditional information

условное математическое ожидание conditional expectation

условное распределение conditional distribution

условный марковский процесс conditional Markov process

усреднение (*n*) averaging: *гармоническое* ~ harmonic averaging

усредненная спектральная плотность averaged spectral density

усредненная спектральная функция averaged spectral function

усредненная характеристика effective modulus (*pl. moduli*)

усталость (*f*) fatigue

устойчивое множество stable set

устойчивое подпространство stable subspace

устойчивое распределение stable distribution

устойчивое случайное множество stable random set

устойчивое состояние stable state

устойчивость (*f*) stability: *асимптотическая* ~ asymptotic stability; *информационная* ~ information stability; *качественная* ~ *стохастических моделей* qualitative stability of stochastic models;

~ *по вероятности* stability in probability; ~ *системы обслуживания* stability of a queueing system

устойчивый алгоритм stable algorithm

устойчивый процесс stable process

Ф

фаза (*f*) phase: ~ *фильтра* filter phase

фазовая диаграмма phase diagram

фазовая модуляция phase modulation

фазовая плотность phase density

фазово-частотная характеристика phase frequency characteristic

фазово-модулированное колебание phase-modulated oscillation

фазовое пространство state space

фазовый переход phase transition

фазовый сдвиг phase shift

фазовый спектр phase spectrum

фактор (*m*) factor: *взаимодействие* (*n*) *факторов* interaction of factors; *главный эффект фактора* main effect of a factor; ~ *-группа* (*f*) quotient group; ~ *-система* (*f*) *динамической системы* quotient of a dynamical system

факториал (*m*) factorial

факториальная модель factorial model

факториальная ось factorial axis: *вращение факторных осей* rotation of factorial axes

факториальный кумулянт factorial cumulant

факториальный момент factorial moment

факториальный семиинвариант factorial semi-invariant

факторизационная теорема factorization theorem

факторизационное тождество factorization identity

факторизация (*f*) factorization: *метод* (*m*) *факторизации* factorization method

факторный анализ factor analysis

факторный эксперимент factorial experiment: *дробный* ~ fractional factorial experiment

фальшивая монета counterfeit/false coin

фасета (*f*) facet

феллеровская переходная функция Feller transition function

феллеровская полугруппа Feller semigroup

феллеровская цепь Маркова Feller Markov chain

феллеровский процесс Feller process

фермионное пространство fermion space

ферромагнитная модель ferromagnetic model

фигурное число figurate number

фидуциальное распределение fiducial distribution

фидуциальный интервал fiducial interval

фиктивное состояние fictitious state

филогенетическое дерево phylogenetic tree

фильтр (*m*) filter: *временная характеристика фильтра* time response of a filter; *коэффициент* (*m*) *усиления фильтра* gain of a filter; *линейный* ~ linear filter; *фаза* (*f*) *фильтра* filter phase; *функция* (*f*) *отклика фильтра* response of a filter; ~ *Калмана* Kalman filter; ~ *с бесконечным импульсным откликом* infinite impulse response filter, IIR filter; ~ *с конечным импульсным откликом* finite impulse response filter, FIR filter

фильтрация (*f*) filtering: *нелинейная* ~ *случайного процесса* nonlinear filtering of a random process; ~ *семимартингала* filtering of a semimartingale; ~ *сигнала* signal filtering; ~ *случайного процесса* filtering of a random process; *эксперимент* (*m*) *с фильтрацией* filtered experiment

финальная вероятность final probability

финальная плата final reward

финальный тип final type

финитный потенциал finite-range potential

фишеровская аппроксимация Fisher approximation

фишечная игра pebble game

флок (*m*) flock

форма (*f*) form: *билинейная* ~ bilinear form; *квадратичная* ~ quadratic form; *линейная* ~ linear form; ~ *Вика* Wick form; ~ *Дирихле* Dirichlet form

формула (*f*) formula (*pl. formulae, formulas*): *асимптотическая* ~ asymptotic formula; *квадратурная* ~ quadrature formula; *квадратурная* ~ *со случайными узлами* quadrature formula with random nodes; *случайная квадратурная* ~ random quadrature formula; *стохастическая* ~ *Тэйлора* stochastic Taylor formula; ~ *Бейеса* Bayes formula; ~ *Вейля* Weyl formula; ~ *Гейзенберга* Heisenberg formula; ~ *Дынкина* Dynkin's formula; ~ *Ито* Itô formula; ~ *Кармана* Karman formula; ~ *Кларка* Clark formula; ~ *Колмогорова* Kolmogorov formula; ~ *Котельникова–Шеннона* Kotel'nikov– Shannon formula; ~ *Литтла* Little formula; ~ *обращения* inversion/reciprocal formula; ~ *Пальма* Palm formula; ~ *Пао* Pao formula; ~ *Поллачека–Хинчина* Pollaczek–Khinchin formula; ~ *полной вероятности* total probability formula; ~ *Стирлинга* Stirling formula; ~ *Фейнмана–Каца* Feynman–Kac formula; ~ *Хинчина* Khinchin formula; ~ *Шеннона* Shannon formula; ~ *Энгсета* Engset formula; ~ *Эрланга* Erlang formula; *явная* ~ explicit formula

фрактал (*m*) fractal

фундаментальная матрица fundamental matrix

фундаментальная функция primordial function

функционал (*m*) functional: *аддитивный* ~ additive functional; *аддитивный* ~ *интегрального типа* additive functional of integral type; *аддитивный* ~ *от Винеровского процесса* additive functional of the Wiener process; *аддитивный* ~ *от марковского процесса* additive functional of a Markov process; *верхний граничный* ~ upper boundary functional; *винеровский* ~ Wiener functional; *вполне разрывный* ~ totally discontinuous functional; *граничный* ~ boundary functional; *граничный* ~ *от случайного блуждания* boundary functional of a random walk; *корреляционный* ~ correlation functional; *мультипликативный* ~ multiplicative functional; *нижний граничный* ~ lower boundary functional; *сопровождающий* ~ associated functional; ~ *действия* action functional; ~ *минимального расстояния* minimum distance functional; ~ *Минковского* Minkowski functional; ~ *от марковского процесса* functional of a Markov process; *характеристический* ~ characteristic functional

функциональный интеграл path integral

функция (*f*) function: *автокорреляционная* ~ autocorrelation function; *аддитивная* ~ additive function; *аддитивная* ~ *множеств* additive set function; *альфа-эксцессивная* ~ alpha-excessive function; *аналитическая характеристическая* ~ analytic characteristic function; *арифметическая* ~ arithmetic function; *бейесовская решающая* ~ Bayes decision function; *бета-* ~ beta function; *биспектральная* ~ bispectral function; *борелевская* ~ Borel function; *ведущая* ~ leading function; *ведущая* ~ *точечного процесса* leading function of a point process; *вероятностная производящая* ~ probabilistic generating function; *верхняя* ~ upper function; *весовая* ~ weight function; *взаимная ковариационная* ~ cross covariance function; *взаимная корреляционная* ~ cross correlation function; *взаимная спектральная* ~ cross spectral function; *вогнутая* ~ concave function; *вполне аддитивная* ~ *множеств* completely additive set function; *выборочная ковариационная* ~ sample covariance function; *выборочная корреляционная* ~ sample correlation function; *выборчная* ~ sample function; *выпуклая* ~ convex function; *гамма-* ~ gamma function; *гармонизуемая корреляционная* ~ harmonizable correlation function; *гармоническая* ~ harmonic function; *гауссовская случайная* ~ Gaussian random function; *гильбертова случайная* ~ Hilbert random function; *гребневая* ~ ridge function; *дельта-* ~*Дирака* Dirac delta function; *дигамма-* ~ digamma function; *дискретная* ~ *распределения* discrete distribution function; *дискриминантная* ~ discriminant function; *допустимая решающая* ~ admissible decision function; *знаковая корреляционная* ~ sign correlation function; *измеримая* ~ measurable function; *импульсная переходная* ~ impulse response function; *импульсная* ~ *отклика* impulse response function; *инвариантная решающая* ~ invariant decision function; *кадлаг* ~ (*непрерывная справа и имеющая конечные пределы слева*) cadlag function; *квадратическая* ~ *потерь* quadratic loss function; *квадратурная спектральная* ~ quadrature spectral function; *ковариационная* ~ covariance function; *конечно-аддитивная* ~ *множеств* finitely additive set function; *корреляционная* ~ correlation function; *коспектральная* ~ cospectral function; *критическая* ~ critical function; *кумулятивная спектральная* ~ cumulative spectral function; *линейная* ~, *допускающая несмещенную оценку* estimable linear function, *U*-estimable linear function; *логарифмическая* ~ *правдоподобия* logarithmic likelihood function, log-likelihood (function); *логарифмически вогнутая* ~ log-concave function; *логарифмически выпуклая* ~ log-convex function; *маргинальная* ~ *правдоподобия* marginal likelihood function; *маргинальная* ~ *распределения* marginal distribution function; *медленно меняющаяся* ~ slowly varying function; *минимальная решающая* ~ minimal decision function; *минимальная эксцессивная* ~ minimal excessive function; *множительная оценка функции распределения* product-limit estimator; *модифицированная* ~ *Бесселя* modified Bessel function; *мультипликативная* ~ multiplicative function; *неотрицательно определенная* ~ positive semidefinite function; *неполная гамма-* ~ incomplete gamma function; *несмещенная решающая* ~ unbiased decision function; *неупреждающая* ~ nonanticipating function; *нижняя* ~ lower function; *нормальная переходная* ~ normal transition function; *обобщенная корреляционная* ~ generalized correlation function; *обобщенная* ~ generalized function; *огибающая (f) функции мощности* envelope of a power function; *однородная изотропная корреляционная* ~ homogeneous isotropic correlation function; *однородная корреляционная* ~ homogeneous correlation function; *однородная переходная* ~ homogeneous transition function; *оптимальная решающая* ~ optimal decision function; *ортогональные функции* orthogonal functions; *осредненная спектральная* ~ averaged spectral function; *отрицательно определенная* ~ negative definite function; *передаточная* ~ transfer function; *переходная* ~ transition function; *полигамма (f)* ~ polygamma function; *полиспектральная* ~ polyspectral function; *положительно определенная* ~ positive definite function; *полярная корреляционная* ~ polar correlation function; *поперечная корреляционная* ~ transverse correlation function; *потенциальная* ~ potential function; *почти борелевская* ~ almost Borel function; *пробная* ~ trial function, test function; *продольная корреляционная* ~ longitudinal correlation function; *производящая* ~ generating function; *производящая* ~ *кумулянтов* cumulant generating function; *производящая* ~ *моментов* moment generating function; *производящая* ~ *случайной величины* generating function of a random variable; *равномерно лучшая решающая* ~ uniformly best decision function; *рандомизированная решающая* ~ randomized decision function; *релейная взаимная корреляционная* ~ relay cross correlation function; *релейная корреляционная* ~ relay correlation function; *решающая* ~ decision function; *сильно феллеровская переходная* ~ strong Feller transition function; *случайная булева* ~ random Boolean function; *случайная* ~ random function; *совместная* ~ *распределения* joint distribution function; *спектральная* ~ spectral function; *спектральная* ~ *Леви* Lévy spectral function; *стационарная корреляционная* ~ stationary correlation function; *стационарная переходная* ~ stationary transition function; *стохастическая* ~ *Ляпу-*

нова Lyapunov stochastic function; *стохастически непрерывная переходная* ~ stochastically continuous transition function; *строго выпуклая* ~ strictly convex function; *структурная* ~ structure function; *ступенчатая* ~ step function; *субмодулярная* ~ submodular function; *супермодулярная* ~ supermodular function; *счетно-аддитивная* ~ *множеств* countably additive set function; *температурная* ~ *Грина* temperature Green function; *трансцендентная* ~ transcendental function; *условная* ~ *правдоподобия* conditional likelihood function; *условная* ~ *распределения* conditional distribution function; *усредненная спектральная* ~ averaged spectral function; *феллеровская переходная* ~ Feller transition function; *фундаментальная* ~ primordial function; ~ *Бесселя* Bessel function; ~ *влияния* influence function; ~ *восстановления* renewal function; ~ *выигрыша* gain function; ~ *Галлагера* Gallager function; ~ *Ганкеля* Hankel function; ~ *Грина* Green function; ~, *допускающая несмещенную оценку* U-estimable function; ~ *загрузки* load function; ~ *заключительного решения* terminal decision function; ~ *интенсивности отказа* hazard/failure rate function; ~ *квазиправдоподобия* quasilikelihood function; ~ *концентрации* concentration function; ~ *Мебиуса* Möbius function; ~ *меток* score function; ~ *мощности критерия* power function of a test; ~ *надежности* reliability function; ~ *отклика* response function; ~ *отклика фильтра* response of a filter; ~ *Пальма* Palm function; ~ *полезностей* utility function; ~ *потерь* loss function; ~ *правдоподобия* likelihood function; ~ *принадлежности (нечеткому множеству)* membership function; ~ *Радемахера* Rademacher function; ~ *распределения* distribution function, cumulative distribution function; ~ *распределения Реньи* Rényi distribution function; ~ *регрессии* regression function; ~ *риска* risk function; ~ *Уайтмана* Wightman function; ~ *уклонений* deviation function; ~ *Уолша* Walsh function; ~ *Урселла* Ursell function; ~ *Хаара* Haar function; ~ *ценности* value function; ~ *частной автоковариации* partial autocovariance function; ~ *частной автокорреляции* partial autocorrelation function; ~ *частной ковариации* partial covariance function; ~ *Швингера* Schwinger function; *характеристическая* ~ characteristic function; *целевая* ~ objective function; *частная корреляционная* ~ partial correlation function; *штрафная* ~ penalty function; *эволюци-*

онирующая спектральная ∼ evolutionary spectral function; *экспоненциальная производящая* ∼ exponential generating function; *эксцессивная* ∼ excessive function; *эмпирическая бейесовская решающая* ∼ empirical Bayes decision function; *эмпирическая квантильная* ∼ empirical quantile function; *эмпирическая* ∼ *влияния* empirical influence function; *эмпирическая* ∼ *распределения* empirical distribution function, EDF; *эмпирические ортогональные функции* empirical orthogonal functions

X

хаос (*m*) chaos: *однородный* ∼ homogeneous chaos
характеризация (*f*) characterization: *вероятностная* ∼ probabilistic characterization; *теорема* (*f*) *характеризации* characterization theorem; ∼ *распределений* characterization of distributions
характеристика (*f*) characteristic: *амплитудно-частотная* ∼ amplitude frequency response; *взаимная квадратическая* ∼ mutual variation, mutual quadratic characteristic; *временная* ∼ *фильтра* time response of a filter; *выборочная* ∼ sample characteristic; *квадратическая* ∼ *мартингала* quadratic characteristic of a martingale; *оперативная* ∼ *критерия* operating characteristic of a test; *предсказуемая квадратичная* ∼ *мартингала* predictable quadratic characteristic of a martingale; *предсказуемая* ∼ *мартингала* predictable characteristic of a martingale; *статистическая* ∼ statistical characteristic; *триплет* (*m*) *предсказуемых характеристик* triplet of predictable characteristics; *фазово-частотная* ∼ phase frequency characteristic
характеристическая функция characteristic function
характеристический оператор characteristic operator
характеристический функционал characteristic functional
хвост (*m*) **распределения** tail of a distribution
хеширование (*n*) hashing
хи-квадрат критерий (*m*) chi-square test
хи-квадрат распределение (*n*) chi-square distribution
хи-распределение (*n*) chi-distribution
хи-расходимость (*f*) chi-divergence
химический потенциал chemical potential

хордовый граф chordal graph
хроматический полином chromatic polynomial
хроматическое разбиение chromatic partition

Ц

целевая функция objective function
целенаправленное проецирование projection pursuit
целое число integer
целочисленное дерево integral tree
цена (*f*) **игры** value of a game: *верхняя* ∼ *игры* upper value of a game; *нижняя* ∼ *игры* lower value of a game
цена (*f*) **модели** value of a model
цензурирование (*n*) censoring
цензурированная выборка censored/trimmed sample
цензурированные данные censored data
центиль (*f*) centile
центр (*m*) **распределения** centre of a distribution
центральная предельная теорема central limit theorem
центральная разность central difference
центральный момент central moment
центральный смешанный момент central mixed moment
центрирующие постоянные Дуба Doob's centering constants
центроид (*m*) centroid
цепное разбиение chain partition
цепной граф path-like graph
цепочка (*f*) **уравнений ББГКИ (Боголюбова – Борна – Грина – Кирквуда – Ивона)** BBGKY equations chain/hierarchy
цепочка (*f*) **уравнений Боголюбова** Bogolyubov equations chain/hierarchy
цепь (*f*) chain: ∼ *Бруэна* Bruen chain; ∼ *разбиений* chain of partitions
цепь (*f*) **Маркова** Markov chain: *вложенная* ∼ embedded Markov chain; *возвратная по Харрису* ∼ Harris recurrent Markov chain; *возвратная* ∼ recurrent/persistent Markov chain; *конечная* ∼ finite Markov chain; *невозвратная* ∼ transient Markov chain; *неоднородная* ∼ nonhomogeneous Markov chain; *непериодическая* ∼ aperiodic Markov chain; *непериодическое состояние цепи Маркова* aperiodic state of a Markov chain; *неприводимая* ∼ irreducible Markov chain; *неразложимая* ∼ indecomposable Markov chain; *обращенная* ∼ reversed

Markov chain; *однородная* ~ homogeneous Markov chain; *периодическая* ~ periodic Markov chain; *приводимая* ~ reducible Markov chain; *разложимая* ~ decomposable Markov chain; *регулярная* ~ regular Markov chain; *сложная* ~ high-order Markov chain; *счетная* ~ denumerable/countable Markov chain; *транзитивная* ~ transitive Markov chain; *управляемая* ~ controlled Markov chain; *феллеровская* ~ Feller Markov chain; *циклическая* ~ cyclic Markov chain; *эргодическая* ~ ergodic Markov chain

цикл (m) cycle, circuit, annulence: *гамильтоновый* ~ Hamiltonian cycle; *окружающий* ~ enclosing cycle; ~ *де Брейна* de Bruijn cycle

циклическая перестановка cyclic permutation

циклическая цепь Маркова cyclic Markov chain

циклическая частота cyclic frequency

циклический код cyclic code

циклическое пространство cyclespace

циклическое состояние cyclic state

цикловый граф circulant graph

цикломатический индекс cyclomatic index

циклотомическое целое cyclotomic integer

цилиндр (m) cylinder

цилиндрическая σ-алгебра cylindrical σ-algebra

цилиндрическая вероятность weak distribution

цилиндрическая мера cylindrical measure

цилиндрическое множество cylinder, cylinder set

циркулянт (m) circulant: *косой* ~ skew circulant

Ч

частица (f) particle

частичная раскраска partial coloring

частичная сумма partial sum

частично сбалансированный блочный план partially balanced block design

частично сбалансированный план partially balanced design

частично упорядоченное множество partially ordered set, poset

частично уравновешенная схема partially balanced design

частичный partial

частичный бейесовский подход partial Bayes approach

частичный латинский квадрат partial Latin square

частичный порядок partial order

частная когерентность partial coherence

частная корреляционная функция partial correlation function

частная производная partial derivative

частное (n) quotient

частное распределение marginal distribution

частный partial

частота (f) frequency: *абсолютная* ~ absolute frequency; *блоковая* ~ block frequency; *боковая* ~ side frequency; *выборочная* ~ sample frequency; *относительная* ~ relative frequency; *статистическая устойчивость частот* statistical stability of frequencies; *угловая* ~ angular frequency; *циклическая* ~ cyclic frequency; ~ *Вяйссела–Брента* Brent–Vaissala frequency; ~ *Найквиста* Nyquist frequency; ~ *случайного события* frequency of a random event

частотная интерпретация вероятности frequency interpretation of probability

частотная модуляция frequency modulation

частотно-временная спектральная плотность frequency-time spectral density

частотно-модулированное колебание frequency-modulated oscillation

четырехугольник (m) quadrangle

численное интегрирование numerical integration

численный анализ numerical analysis

число (n) number: *ахроматическое* ~ achromatic number; *вероятностная теория чисел* probabilistic number theory; *датчик* (m) *случайных чисел* random number generator; *дисперсионный метод в теории чисел* dispersion method in number theory; *доматическое* ~ domatic number; *единичное интервальное* ~ unit interval number; *квазиортогональные числа* quasi-orthogonal numbers; *комбинаторные числа* combinatorial numbers; *перемещаемое* ~ transposable number; *поисковое* ~ search number; *предписанное хроматическое* ~ list chromatic number; *предписанное* ~ prescribed number; *приемочное* ~ acceptance number; *простое* ~ prime number; *псевдослучайное* ~ pseudo-random number; *разбиение натурального числа* partition of a natural number; *ротационное* ~ rotation number; *случайное* ~ random number; *собственное*

~ /значение eigenvalue; *субхроматическое* ~ subchromatic number; *теория* (f) *чисел* number theory; *тотальное интервальное* ~ total interval number; *треугольное* ~ triangular number; *фигурное* ~ figurate number; *хроматическое* ~ chromatic number; *циклотомическое целое* ~ cyclotomic integer; ~ *Бернулли* Bernoulli number; ~ *ван дер Вардена* van der Waerden number; ~ *Моргана* Morgan number; ~ *независимости* independence number; ~ *обусловленности* condition number; ~ *Рамсея* Ramsey number; ~ *рассеяния* scattering number; ~ *реберного покрытия* edge covering number; ~ *реберной независимости* edge independence number; ~ *Ричардсона* Richardson number; ~ *сращивания* binding number; ~ *Стирлинга* Stirling number; ~ *Фибоначчи* Fibonacci number; ~ *Эйлера* Euler number

чистая бейесовская стратегия pure Bayes strategy

чистая стратегия pure strategy

чисто разрывный локальный мартингал purely discontinuous local martingale

чисто разрывный мартингал purely discontinuous martingale

чистое состояние pure state

чувствительность (f) sensitivity: ~ *к большим ошибкам* gross error sensitivity

чувствительные критерии в динамическом программировании sensitive criteria in dynamic programming

Ш

шаг (m) step: *максимальный* ~ *распределения* span of a distribution

шаговый множитель step factor

шарнир (m) joint: *множественный* ~ multiple joint

шейп (m) shape: *аффинный* ~ affine shape; *евклидов* ~ Euclidean shape; *случайный* ~ random shape

шестиугольник (m) hexagon

широковещательный канал broadcast channel

широтно-импульсная модуляция pulse width modulation

шифр (m) cipher: *периодический* ~ periodic cipher; ~ *Вернама* Vernam cipher

шкала (f) scale: *абсолютная* ~ absolute scale; *номинальная* ~ nominal scale; *порядковая* ~ order scale; ~ *измерений* measurement scale; ~ *интервалов* interval scale; ~ *разностей* difference scale

шкалирование (n) scaling

шпернерово семейство Sperner family

штейнерово дерево Steiner tree

штрафная функция penalty function

шум (m) noise: *белый* ~ white noise; *импульсный* ~ impulse noise; *красный* ~ red noise

Э

эволюционирующая спектральная мера evolutionary spectral measure

эволюционирующая спектральная функция evolutionary spectral function

эволюционирующее спектральное представление evolutionary spectral representation

эволюционное стохастическое дифференциальное уравнение evolutional stochastic differential equation

эвристический алгоритм heuristic algorithm

эквивалентные меры equivalent measures

эквивалентные разбиения equivalent partitions

эквивариантная оценка equivariant estimator

эконометрика (f) econometrics

экскурсия (f) excursion: *броуновская* ~ Brownian excursion; *сдвинутая* ~ shifted excursion

эксперимент (m) experiment: *активный* ~ active experiment; *дробный факторный* ~ fractional factorial experiment; *линейный регрессионный* ~ linear regression experiment; *матрица* (f) *регрессионного эксперимента* matrix of a regression experiment; *нелинейный регрессионный* ~ nonlinear regression experiment; *обобщенный регрессионный* ~ generalized regression experiment; *ошибка* (f) *эксперимента* experiment error; *планирование* (n) *имитационного эксперимента* design of simulation experiment; *планирование* (n) *имитационных экспериментов* design of simulation experiments; *планирование* (n) *отсеивающих экспериментов* design of screening experiments; *планирование* (n) *регрессионных экспериментов* design of regression experiments; *планирование* (n) *экспериментов* design of experiments, experimental design; *планирование* (n) *экстремальных экспериментов* design of extremal experiments; *последовательное планирование экспериментов* sequential design of experiments; *равномерный факторный* ~ uniform factorial experiment; *регрессионный* ~ regression experiment; *сим-*

метричный факториальный ~ symmetric factorial experiment; *факторный* ~ factorial experiment; ~ *с фильтрацией* filtered experiment

экспонента (*f*) exponential: *стохастическая* ~ stochastic exponential

экспоненциальная авторегрессионная модель exponential autoregressive model

экспоненциальная производящая функция exponential generating function

экспоненциальное неравенство exponential inequality

экспоненциальное распределение exponential distribution

экспоненциальное семейство exponential family

экспоненциальное семейство распределений exponential family of distributions

экспоненциальный авторегрессионный процесс exponential autoregressive process

экстраполяция (*f*) **случайного процесса** extrapolation of a random process

экстремальная задача extremal problem

экстремальная статистическая задача extremal statistical problem

эксцесс (*m*) excess: *коэффициент* (*m*) *эксцесса* coefficient of excess; ~ *распределения* excess of a distribution; ~ *случайного блуждания* excess/overshoot of a random walk

эксцессивная мера excessive measure

эксцессивная функция excessive function

элайзинг (*m*) aliasing

элемент (*m*) element: *случайный* ~ random element; *гауссовский случайный* ~ Gaussian random element

элементарная вероятность elementary probability

элементарная мера elementary measure

элементарное множество elementary set

элементарное событие elementary event

эллипсоид (*m*) **рассеивания** ellipsoid of concentration

эллиптический закон elliptic law

эллиптическое уравнение elliptic equation

эмиграция (*f*) emigration

эмпирическая бейесовская оценка empirical Bayes estimator

эмпирическая бейесовская решающая функция empirical Bayes decision function

эмпирическая квантильная функция empirical quantile function

эмпирическая ковариационная матрица empirical covariance matrix

эмпирическая линия регрессии empirical regression line/curve

эмпирическая мера empirical measure

эмпирическая функция влияния empirical influence function

эмпирическая функция распределения empirical distribution function, EDF

эмпирические ортогональные функции empirical orthogonal functions

эмпирический бейесовский подход empirical Bayes approach

эмпирический момент empirical moment

эмпирический процесс empirical process

эмпирическое распределение empirical distribution

эндоморфизм (*m*) endomorphism: *точный* ~ exact endomorphism; ~ *Бернулли* Bernoulli endomorphism; ~ *пространства с мерой* endomorphism of a measure space

энергетическая норма energy norm

энергетический спектр energy spectrum

энергия (*f*) energy: *свободная* ~ free energy; *уровень* (*m*) *энергии* energy level; ~ *марковского процесса* energy of a Markov process

энстрофия (*f*) enstrophy: *потенциальная* ~ potential enstrophy

энтропийная мощность entropy power

энтропийный критерий entropy criterion

энтропия (*f*) entropy: *алгоритмическая* ~ algorithmic entropy; *дифференциальная* ~ differential entropy; *метрическая* ~ metric entropy; *относительная* ~ relative entropy; *префиксная* ~ prefix entropy; *термодинамическая* ~ thermodynamical entropy; *топологическая* ~ *динамической системы* topological entropy of a dynamical system; *условная* ~ conditional entropy; ~ *динамической системы* entropy of a dynamical system; ~ *разбиения* entropy of a partition; ~ *Реньи* Rényi entropy; ~ *Харди* Hardy entropy; ~ *Шеннона* Shannon entropy; *эпсилон-*~(*f*) epsilon-entropy

эргодическая теорема ergodic theorem: ~ *Биркгофа–Хинчина* Birkhoff–Khinchin ergodic theorem; ~ *Слуцкого* Slutsky ergodic theorem; ~ *фон Неймана* von Neumann ergodic theorem

эргодическая теория ergodic theory

эргодическая цепь Маркова ergodic Markov chain

эргодический класс ergodic set

эргодический случайный процесс ergodic random process

эргодичность (f) ergodicity

эрмитова матрица Hermitian matrix

эрмитова случайная матрица Hermitian random matrix

эрозия (f) erosion

эффект (m) effect: *главный* $\sim$ *фактора* main effect of a factor; *истинный* $\sim$ *уровня* true effect of a level; $\sim$ *больших размерностей* large dimensions effect; $\sim$ *Слуцкого–Юла* Slutsky–Yule effect

эффективная оценка efficient estimator

эффективная оценка второго порядка second order efficient estimator

эффективность (f) efficiency: *асимптотическая относительная* $\sim$ asymptotic relative efficiency, ARE; *асимптотическая* $\sim$ asymptotic efficiency; *коэффициент* (m) *сохранения эффективности* efficiency preservation index; *относительная* $\sim$ *критерия* relative efficiency of a test; $\sim$ *по Бахадуру* Bahadur efficiency; $\sim$ *по Питмену* Pitman efficiency; $\sim$ *ресурса* resource efficiency; $\sim$ *статистической процедуры* efficiency of a statistical procedure

Я

явление (n) phenomenon (*pl. phenomena*), effect: *имитация* (f) *случайного явления* simulation of a random phenomenon; *переходные явления* transient phenomena/effects; *случайное явление* random phenomenon; $\sim$ *Гиббса* Gibbs effect; $\sim$ *Стейна* Stein effect

явная формула explicit formula

ядерная оценка kernel estimator: $\sim$ *плотности* kernel density estimator

ядро (n) kernel, nucleus (*pl. nuclei*): *отрицательно определенное* $\sim$ negative definite kernel; *положительно определенное* $\sim$ positive definite kernel; *стохастическое* $\sim$ stochastic kernel

якобиан (m) Jacobian

ячейка (f) cell

English – Russian

A

Abelian theorem абелева теорема

absolute, *adj.* абсолютный: ~ *continuity of measures* абсолютная непрерывность мер; ~ *deviation* абсолютное отклонение; ~ *distribution of a Markov chain* абсолютное/безусловное распределение цепи Маркова; ~ *frequency* абсолютная частота; ~ *moment* абсолютный момент; ~ *probability* безусловная вероятность; ~ *pseudomoment* абсолютный псевдомомент; ~ *scale* абсолютная шкала

absolutely continuous distribution абсолютно непрерывное распределение

absorbing, *adj.* поглощающий: ~ *boundary* поглощающая граница; ~ *state* поглощающее состояние

absorption, *n.* поглощение (*n*): ~ *probability* вероятность поглощения

acceptance inspection статистический приемочный контроль

acceptance number приемочное число

acceptance sampling статистический приемочный контроль

accessible state достижимое состояние

accompanying distribution сопровождающее распределение

achromatic number ахроматическое число

action, *n.* действие (*n*): ~ *functional* функционал действия; *Wilson* ~ действие Вильсона

active, *adj.* активный: ~ *experiment* активный эксперимент; ~ *variable* активная переменная

acyclic digraph ациклический орграф

adamant digraph алмазный орграф

adaptation algorithm алгоритм (*m*) адаптации

adapted, *adj.* адаптированный, согласованный: ~ *random process* адаптированный/согласованный случайный процесс; *F-*~ *function* *F*-адаптированная функция

adaptive, *adj.* адаптивный: ~ *contolled discrete-time random process* адаптивный управляемый случайный процесс с дискретным временем; ~ *estimation* адаптивное оценивание; ~ *estimator* адаптивная оценка; ~ *method* адаптивный метод; ~ *procedure* адаптивная процедура

addition theorem теорема (*f*) сложения

additive, *adj.* аддитивный: ~ *function* аддитивная функция; ~ *functional* аддитивный функционал; ~ *model* аддитивная модель; ~ *problems of the number theory* аддитивные задачи теории чисел; ~ *set function* аддитивная функция множеств; *completely* ~ *measure* вполне аддитивная мера; *countably* ~ *set function* счетно-аддитивная функция множеств; *σ-* ~ *measure* *σ*-аддитивная мера, мера

additive functional аддитивный функционал: ~ *of a Markov process* аддитивный функционал от марковского процесса; ~ *of integral type* аддитивный функционал интегрального типа; ~ *of the Wiener process* аддитивный функционал от винеровского процесса

additivity, *n.* аддитивность (*f*)

adjacency matrix матрица (*f*) смежности

adjustment rules правила корректировки

admissibility, *n.* допустимость (*f*): *asymptotic* ~ *of a test* асимптотическая допустимость критерия; *strong* ~ сильная допустимость; *weak* ~ слабая допустимость

admissible, *adj.* допустимый: ~ *decision function* допустимая решающая функция; ~ *estimator* допустимая оценка; ~ *shift of a measure* допустимый сдвиг меры; ~ *test* допустимый критерий; ~ *topology* допустимая топология, *S*-топология

affine, *adj.* аффинный: ~ *shape* аффинный шейп

aftereffect, *n.* последействие (*n*)

age distribution распределение (*n*) возраста

age-dependent branching process ветвящийся процесс с зависимостью от возраста, процесс Севастьянова

aging distribution стареющее распределение

AIC (Akaike informative criterion) информационный критерий Акаике

Aldous–Rebolledo condition условие (*n*) Алдоуса–Реболледо

algebra, *n.* алгебра (*f*): ~ *of cylinders* алгебра цилиндрических множеств; ~ *of events* алгебра событий; ~ *of observables* алгебра наблюдаемых; ~ *of quasilocal observables* алгебра квазилокальных наблюдаемых; ~ *of sets* алгебра множеств; *Boolean* ~ булева алгебра; *Borel* ~ борелевская алгебра; *cylindrical σ-* ~ цилиндрическая *σ*-алгебра; *standardized Boolean* ~ нормированная булева алгебра; *stochastic linear* ~ стохастическая линейная алгебра; *Urbanik* ~ алгебра Урбаника; σ-~ σ-алгебра

algebraic, *adj.* алгебраический: ~ *decoding* алгебраическое декодирование; ~ *random equation* алгебраическое случайное уравнение

algorithm, *n.* алгоритм (*m*): *adaptation* ~ алгоритм адаптации; *backtrack* ~ алгоритм поиска с возвратом; *branch-and-bound* ~ алгоритм ветвей и границ; *divide-and-conquer* ~ алгоритм "разделяй и властвуй"; *enumeration* ~ перечислительный алгоритм; *exact* ~ точный алгоритм; *Fano* ~ алгоритм Фано; *farthest neighbor* ~ алгоритм "дальнего соседа"; *fast* ~ быстрый алгоритм; *Forsythe* ~ алгоритм Форсайта; *Garcia–Wachs* ~ алгоритм Гарсиа-Уокса; *heuristic* ~ эвристический алгоритм; *Levinson* ~ алгоритм Левинсона; *nearest neighbor* ~ алгоритм "ближайшего соседа"; *polynomial* ~ полиномиальный алгоритм; *routing* ~ алгоритм маршрутизации; *stable* ~ устойчивый алгоритм; *stack-*~ стек-алгоритм

algorithmic entropy алгоритмическая энтропия, сложность (*f*) конечных объектов

aliasing, *n.* наложение (*n*) / подмена (*f*) частот, элайзинг (*m*)

all possible regressions method метод (*m*) всех регрессий

Allais paradox парадокс (*m*) Аллэ

allocation, *n.* размещение (*n*): *equiprobable* ~ *of particles* равновероятное размещение частиц; *group* ~ *of particles* размещение частиц комплектами; *Markov* ~ *of particles* марковское размещение частиц; *multinomial* ~ *of particles* полиномиальное размещение частиц; *optimum* ~ оптимальное размещение; *random* ~ случайное размещение; *uniform* ~ *of particles* равновероятное/равномерное размещение частиц

allometry, *n.* аллометрия (*f*)

almost certain convergence сходимость (*f*) почти наверное

almost invariant почти инвариантный

almost sure convergence сходимость (*f*) почти наверное, сходимость с вероятностью 1

alpha-excessive function альфа-эксцессивная функция

alpha-potential альфа-потенциал (*m*)

alphabet, *n.* алфавит (*m*)

alternating matrix альтернирующая матрица

alternating meteorological forecast альтернативный метеорологический прогноз

alternative, *n.* альтернатива (*f*), альтернативная гипотеза: *Belyaev* ~ альтернатива Беляева; *contiguous* ~s контигуальные альтернативы

amalgam, *n.* смешивание (*n*), амальгама (*f*)

amalgamation, *n.* объединение (*n*)

amount of information количество (*n*) информации

amplitude, *n.* амплитуда (*f*), амплитудный: ~ *frequency response* амплитудно-частотная характеристика; ~ *modulation* амплитудная модуляция; ~*-modulated harmonic oscillation* амплитудно-модулированное гармоническое колебание; ~*-modulated pulse process* амплитудно-модулированный импульсный процесс; ~*-modulated random process* амплитудно-модулированный случайный процесс

analysis, *n.* анализ (*m*): ~ *of covariance* ковариационный анализ; ~ *of variance* дисперсионный анализ; *alpha-factor* ~ альфа-факторный анализ; *canonical correlation* ~ анализ канонических корреляций; *cluster* ~ кластер-анализ; *combinatorial* ~ комбинаторный анализ; *component* ~ компонентный анализ; *confirmatory data* ~ подтверждающий анализ данных; *confluent* ~ конфлюэнтный анализ; *correlation* ~ корреляционный анализ; *cosinor* ~ косинор-анализ; *discriminant* ~ дискриминантный анализ; *exploratory data* ~ разведочный статистический анализ данных; *factor* ~ факторный анализ; *G-*~ общий статистический анализ; *image* ~ анализ изображения; *logit* ~ логит-анализ; *mortality* ~ анализ смертности; *multivariate* ~ многомерный (статистический) анализ; *multivariate statistical* ~ многомерный статистический анализ; *nonparametric discriminant* ~ непараметрический дискриминантный анализ; *numerical* ~ численный анализ; *preference* ~ анализ предпочтений; *principal component* ~ анализ главных компонент; *proximity* ~ анализ близостей; *regression* ~ регрессионный анализ; *residual* ~ анализ остатков; *sequential* ~ последовательный анализ; *spectral* ~ спектральный анализ; *statistical* ~ статистический анализ; *structure relation* ~ анализ структурных соотношений; *survival* ~ анализ выживаемости

analytic characteristic function аналитическая характеристическая функция

ancillary statistic подчиненная/подобная статистика

Anderson–Darling test критерий (*m*) Андерсона–Дарлинга

Anderson–Jensen theorem теорема (*f*) Андерсона-Йенсена

Anderson's inequality неравенство (*n*) Андерсона

angular, *adj.* угловой: ∼ *frequency* угловая частота; ∼ *modulation* угловая модуляция

animal, *n.* животное (*n*): *lattice* ∼ решетчатое животное; *directed* ∼ направленное животное

annealing, *n.* аннилинг (*m*), замораживание (*n*)

annulence, *n.* цикл (*m*)

Ansari–Bradley test критерий (*m*) Ансари-Брэдли

antichain, *n.* антицепь (*f*)

anticlique, *n.* антиклика (*f*)

anticommutative relation антикоммутативное соотношение

antiferromagnetic model антиферромагнитная модель

antimatroid, *n.* антиматроид (*m*)

antipodal, *adj.* антиподальный: ∼ *covering* антиподальное покрытие; ∼ *graph* антиподальный граф

antisymmetric Fock space антисимметрическое пространство Фока, фермионное пространство

antithetic variate антитетичная переменная: ∼ *method* метод (*m*) антисимметричной выборки, метод (*m*) антитетичных переменных

aperiodic, *adj.* непериодический: ∼ *Markov chain* непериодическая цепь Маркова; ∼ *state of a Markov chain* непериодическое состояние цепи Маркова

a posteriori, *adv.*, *adj.* апостериори, апостериорный: ∼ *distribution* апостериорное распределение; ∼ *mean* апостериорное среднее; ∼ *probability* апостериорная вероятность; ∼ *risk* апостериорный риск

approach, *n.* подход (*m*): *Bayes* ∼ бейесовский подход; *empirical Bayes* ∼ эмпирический бейесовский подход; *minimax* ∼ минимаксный подход; *partial Bayes* ∼ частичный бейесовский подход

a priori, *adv.*, *adj.* априори, априорный: ∼ *distribution* априорное распределение; ∼ *information* априорная информация; ∼ *probability* априорная вероятность; ∼ *risk* априорный риск

approximation, *n.* аппроксимация (*f*), приближение (*n*): *continuous time stochastic* ∼ стохастическая аппроксимация в непрерывном времени; *Diophantine* ∼ диофантово приближение; *finite difference* ∼ конечноразностная аппроксимация; *Fisher* ∼ фишеровская аппроксимация; *Galerkin's* ∼ приближение Галеркина; *gamma* ∼ гамма-

аппроксимация; *linear* ∼ линейная аппроксимация; *Kiefer–Wolfowitz procedure of stochastic* ∼ процедура стохастической аппроксимации Кифера-Вольфовица; *normal* ∼ нормальная аппроксимация; *Pade* ∼ аппроксимация Паде; *quasi-Markovian* ∼ квазимарковское приближение; *Robbins–Monro stochastic* ∼ *procedure* процедура стохастической аппроксимации Роббинса-Монро; *stochastic* ∼ стохастическая аппроксимация; *uniform* ∼ равномерная аппроксимация

arboricity, *n.* древесность (*f*)

arc, *n.* дуга (*f*): *feedback* ∼ дуга обратной связи; ∼ *reversal* обращение дуги; ∼*-disjoint trees* деревья без общих дуг

arcsine, *n.* арксинус (*m*): ∼ *distribution* распределение арксинуса; ∼ *law* закон арксинуса; *generalized* ∼ *distribution* обобщенное распределение арксинуса

arctangent law for random matrices закон арктангенса для случайных матриц

ARE (asymptotic relative efficiency) асимптотическая относительная эффективность

ARIMA (autoregressive — integrated moving average) процесс авторегрессии — проинтегрированного скользящего среднего

arithmetic, *adj.* арифметический: ∼ *function* арифметическая функция; ∼ *mean* арифметическое среднее; ∼ *progression* арифметическая прогрессия; ∼ *simulation of random processes* арифметическое моделирование случайных процессов

arithmetics of probability distributions арифметика (*f*) вероятностных распределений

ARMA process АРСС-процесс (*m*), процесс (*m*) смешанной авторегрессии — скользящего среднего

Aronszajn–Kolmogorov theorem теорема (*f*) Ароншайна-Колмогорова

arrangement, *n.* размещение (*n*): ∼ *problem* задача (*f*) ранжирования

array, *n.* массив (*m*)

arrival stream входной/входящий поток

assignment problem задача (*f*) назначений

associated spectrum ассоциированный спектр

asymmetric channel асимметричный канал

asymmetry, *n.* асимметрия (*f*)

asymptotic, *adj.* асимптотический: ∼ *aggregation of states of a Markov chain* асимптотическое укрупнение состояний цепи Маркова; ∼ *deficiency of a test* асимптотический дефект критерия; ~ *density of a set* асимптотическая плотность множества; ~ *design* асимптотический план; ~ *efficiency* асимптотическая эффективность; ~ *expansion* асимптотическое разложение; ~ *formula* асимптотическая формула; ~ *method* асимптотический метод; ~ *negligibility* асимптотическая пренебрегаемость; ~ *normal transform* асимптотически нормальное преобразование; ~ *normality* асимптотическая нормальность; ~ *Pearson transform* асимптотически пирсоновское преобразование; ~ *relative efficiency* асимптотическая относительная эффективность; ~ *stability* асимптотическая устойчивость; ~ *theory of estimation* асимптотическая теория оценивания

asymptotically, *adv.* асимптотически: ~ *Bayes estimator* асимптотически бейесовская оценка; ~ *Bayes test* асимптотически бейесовский критерий; ~ *minimax estimator* асимптотически минимаксная оценка; ~ *minimax test* асимптотически минимаксный критерий; ~ *most powerful test* асимптотически наиболее мощный критерий; ~ *most powerful unbiased test* асимптотически наиболее мощный несмещенный критерий; ~ *normal estimator* асимптотически нормальная оценка; ~ *optimal test* асимптотически оптимальный критерий; ~ *unbiased estimator* асимптотически несмещенная оценка; ~ *unbiased test* асимптотически несмещенный критерий; ~ *uniform distribution* асимптотически равномерное распределение; ~ *uniformly most powerful test* асимптотически равномерно наиболее мощный критерий

asynchronous channel асинхронный канал

atmospheric turbulence атмосферная турбулентность

atom, *n.* атом (*m*)

atomic, *adj.* атомический: ~ *distribution* атомическое распределение; ~ *measure* атомическая мера

attainable boundary достижимая граница

attained size наблюдаемый размер (критерия)

attractor, *n.* аттрактор (*m*): *stochastic* ~ стохастический аттрактор; *strange* ~ странный аттрактор

attribute, *n.* качественный признак

attributed hypergraph приписанный гиперграф

augmentation, *n.* расширение (графа) (*n*): ~ *problem* задача (*f*) расширения

autocorrelation, *n.* автокорреляция (*f*):

~ *function* автокорреляционная/корреляционная функция; *partial* ~ *function* функция частной автокорреляции

autocorrelogram, *n.* автокоррелограмма (*f*)

autocovariance, *n.* автоковариация (*f*): ~ *function* автоковариационная/ковариационная функция; *partial* ~ *function* функция (*f*) частной автоковариации

automaton, *n.* автомат (*m*): ~ *state* состояние (*n*) автомата; *autonomous probabilistic* ~ автономный вероятностный автомат; *countable probabilistic* ~ счетный вероятностный автомат; *finite probabilistic* ~ конечный вероятностный автомат; *probabilistic* ~ вероятностный автомат; *stochastic* ~ случайный/вероятностный автомат

automorphism, *n.* автоморфизм (*m*): ~ mod 0 автоморфизм по модулю нуль; ~ *of a measure space* автоморфизм пространства с мерой; *Bernoulli* ~ автоморфизм Бернулли; *K-* ~ *K*-автоморфизм; *Markov* ~ автоморфизм Маркова

autonomous partition автономное разбиение

autonomous probabilistic automaton автономный вероятностный автомат

autoregression, *n.* авторегрессия (*f*)

autoregressive — integrated moving average process процесс (*m*) авторегрессии — проинтегрированного скользящего среднего, АРПСС-процесс, процесс Бокса–Дженкинса

autoregressive — moving average model смешанная модель авторегрессии – скользящего среднего

autoregressive — moving average process процесс (*m*) смешанной авторегрессии – скользящего среднего

autoregressive process процесс (*m*) авторегрессии

auxiliary statistic вспомогательная/дополнительная статистика

availability, *n.* доступность (*f*)

average, *n.* средний, среднее (*n*), среднее значение: ~ *reward criterion* критерий (*m*) среднего дохода; ~ *risk* средний риск; *moving* ~*s* скользящие средние; *moving weighted* ~*s* скользящие взвешенные средние; *space* ~ среднее по пространству; *time* ~ среднее по времени

averaged, *adj.* осредненный: ~ *energy spectrum* осредненный энергетический спектр; ~ *power spectrum* осредненный спектр мощности; ~ *spectral density* осредненная спектральная плотность; ~ *spectral function* осредненная спектральная функция

averaging principle принцип (*m*) усреднения

axiom, *n.* аксиома (*f*)

axiomatic quantum field theory аксиоматическая квантовая теория поля

B

backtrack algorithm алгоритм (*m*) поиска с возвратом

backward, *adj.* обратный: ~ *difference* разность (*f*) назад; ~ *induction* обратная индукция; ~ *Kolmogorov equation* обратное уравнение Колмогорова

Bahadur efficiency эффективность (*f*) по Бахадуру

Bahadur slope наклон (*m*) по Бахадуру

Baire class класс (*m*) Бэра

Baire classification классификация (*f*) Бэра

Baire measure мера (*f*) Бэра

balanced, *adj.* сбалансированный, уравновешенный: ~ *block design* сбалансированный блочный план; ~ *coloring* уравновешенная раскраска; ~ *design* сбалансированный план

balancing set уравновешивающее множество

balk queueing system система (*f*) обслуживания с отказами

ballot problem задача (*f*) о баллотировке

BAN (best asymptotically normal) estimator наилучшая асимптотически нормальная оценка

Banach space банахово пространство: ~ *of cotype p* банахово пространство котипа *p*; ~ *of stable type p* банахово пространство устойчивого типа *p*; ~ *of type p* банахово пространство типа *p*; ~ *with PIP* (*Pettis Integral Property*) банахово пространство со свойством *PIP*; ~ *with Sazonov property* банахово пространство со свойством Сазонова

Banach–Mazur distance расстояние (*n*) Банаха–Мазура

band, *n.* полоса (*f*): *exact* ~ точная полоса

baroclinic structure бароклинная структура

baroclinity, *n.* бароклинность (*f*)

barotropic structure баротропная структура

Bartle–Dunford–Schwartz theorem теорема (*f*) Бартла–Данфорда–Шварца

Bartlett estimator оценка (*f*) Бартлетта

Bartlett lag window корреляционное окно Бартлетта

Bartlett test критерий (*m*) Бартлетта

Bartlett–Scheffe test критерий (*m*) Бартлетта–Шеффе

barycenter, *n.* барицентр (*m*): ~ *of a measure* барицентр меры

basis, *n.* базис (*m*): *complete stochastic* ~ полный стохастический базис; *stochastic* ~ стохастический базис

Baxter theorem теорема (*f*) Бакстера

Bayes (Bayesian) бейесовский/байесовский: ~ *approach* бейесовский подход; ~ *decision function* бейесовская решающая функция; ~ *decision rule* бейесовская решающее правило; ~ *estimator* бейесовская оценка; ~ *formula* формула Бейеса; ~ *policy* бейесовская стратегия; ~ *principle* бейесовский принцип; ~ *regression* бейесовская регрессия; ~ *risk* бейесовский риск; ~ *strategy* бейесовская стратегия; ~ *test* бейесовский критерий; *empirical* ~ *approach* эмпирический бейесовский подход; *empirical* ~ *decision function* эмпирическая бейесовская решающая функция; *empirical* ~ *estimator* эмпирическая бейесовская оценка; *partial* ~ *approach* частичный бейесовский подход; *pure* ~ *strategy* чистая бейесовская стратегия

BBGKY equations chain/hierarchy цепочка (*f*) уравнений ББГКИ (Боголюбова – Борна – Грина – Кирквуда – Ивона)

Behrens–Fisher problem проблема (*f*) Беренса–Фишера

Bell polynomial полином (*m*) Белла

Bellman equation уравнение (*n*) Беллмана

Bellman–Harris process процесс (*n*) Беллмана–Харриса

Belyaev alternative альтернатива (*f*) Беляева

beneficial aging distribution молодеющее распределение

Bernoulli automorphism автоморфизм (*m*) Бернулли

Bernoulli distribution распределение (*n*) Бернулли

Bernoulli endomorphism эндоморфизм (*m*) Бернулли

Bernoulli flow поток (*m*) Бернулли

Bernoulli number число (*n*) Бернулли

Bernoulli polynomial полином (*m*) Бернулли

Bernoulli random variable бернуллиевская случайная величина

Bernoulli random walk блуждание (*n*) Бернулли

Bernoulli shift сдвиг (*m*) Бернулли

Bernoulli theorem теорема (*f*) Бернулли

Bernoulli trials испытания Бернулли

Bernoulli vector вектор (*m*) Бернулли,

люсиан (*m*)

Bernstein–Kolmogorov inequality неравенство (*n*) Бернштейна–Колмогорова

Bernstein's inequality неравенство (*n*) Бернштейна

Berry–Esseen inequality неравенство (*n*) Берри–Эссеена

Berry–Esseen theorem теорема (*f*) Берри–Эссеена

Bertrand paradox парадокс (*m*) Бертрана

Bertrand problem задача (*f*) Бертрана

Bessel function функция (*f*) Бесселя

Bessel operator оператор (*m*) Бесселя

Bessel process процесс (*m*) Бесселя

best linear unbiased estimator наилучшая линейная несмещенная оценка

best choice problem задача (*f*) о наилучшем выборе

best invariant estimator наилучшая инвариантная оценка

beta approximation бета-аппроксимация (*f*)

beta distribution бета-распределение (*n*)

beta function бета-функция (*f*)

Bhattacharya–Rao spherical distance сферическое расстояние Бхаттачария–Рао

bias, *n.* смещение (*n*): ~ *of an estimator* смещение оценки

biased estimator смещенная оценка

bicircular matroid бициклический матроид

Bickel test критерий (*m*) Бикеля

bicompact, *n.* бикомпакт (*m*)

biconnected graph двусвязный граф

bicyclic graph бициклический граф

bidirected graph двунаправленный граф

Bienaime–Chebyshev inequality неравенство (*n*) Бьенеме–Чебышева

bijective, *adj.* биективный

bilinear, *adj.* билинейный: ~ *form* билинейная форма; ~ *time series* билинейная модель временного ряда

billiards, *n.* бильярд (*m*): *Sinai* ~ бильярд Синая

bimodal distribution бимодальное/двувершинное распределение

bin packing problem задача (*f*) об упаковке мешков/контейнеров

binary, *adj.* бинарный, двоичный: ~ *branching process* бинарный ветвящийся процесс; ~ *random process* бинарный/дихотомический случайный процесс; ~ *relation* бинарное отношение; ~ *relations statistics* статистика бинарных отношений; ~ *search* бинарный поиск; ~ *search tree* бинарное дерево поиска;

~ *symmetric channel* двоичный симметричный канал

binding number число (*n*) сращивания

Bingham distribution распределение (*n*) Бингхэма

binomial, *n.* бином (*m*), биномиальный: ~ *coefficient* биномиальный коэффициент; ~ *distribution* биномиальное распределение; ~ *enumeration* биномиальное перечисление; ~ *polynomial* биномиальный полином; ~ *sample* биномиальная выборка; ~ *trials* биномиальные испытания; ~ *variable* биномиальная случайная величина

biometrics, *n.* биометрика (*f*)

bipartite graph двудольный граф

biplanar graph бипланарный граф

biplane, *n.* биплоскость (*f*)

bipolarizable graph биполяризуемый граф

biprefix set бипрефиксное множество

Birkhoff–Khinchin ergodic theorem эргодическая теорема Биркгофа–Хинчина

birth-and-death process процесс (*m*) рождения и гибели

birth process процесс (*m*) (чистого) размножения

birth rate рождаемость (*f*)

bispectral, *adj.* биспектральный: ~ *density* биспектральная плотность; ~ *function* биспектральная функция

bispectrum, *n.* биспектр (*m*)

bit (binary digit) бит (*m*): ~ *string* бинарная последовательность (строка)

bivariate distribution двумерное распределение

bivariate normal distribution двумерное нормальное распределение

Blackman–Tukey method метод (*m*) Блэкмана–Тьюки

Blackwell theorem теорема (*f*) Блекуэлла

block, *n.* блок (*m*), блоковый: ~ *code* блоковый код; ~ *decoding* блоковое декодирование; ~ *design* блочный план, блок-схема; ~ *frequency* блоковая частота; ~ *structure* блочная структура; *geodetic* ~ геодезический блок

blocking queueing system система (*f*) обслуживания с отказами

blocking set блокирующее множество

BLUE (best linear unbiased estimator) наилучшая линейная несмещенная оценка

Blumenthal–Getoor–McKean theorem теорема (*f*) Блюменталя–Гетура–Маккина

Bochner–Khinchin theorem теорема (*f*) Бохнера–Хинчина

Bochner integrability интегрируемость (f) по Бохнеру

Bochner integral интеграл (m) Бохнера

Bochner theorem теорема (f) Бохнера

Bogolyubov equations chain/hierarchy цепочка (f) уравнений Боголюбова

Boltzmann distribution распределение (n) Больцмана

Boltzmann equation уравнение (n) Больцмана

Boltzmann statistics статистика (f) Больцмана

bond model модель (f) связей

Bonferroni's inequality неравенство (n) Бонферрони

bonus system премиальная система

Boolean model булева модель

bootstrap, n. бутстреп (m): ~ *method* метод (m) бутстрепа

Borel algebra борелевская алгебра

Borel–Cantelli lemma лемма (f) Бореля–Кантелли

Borel field борелевское поле

Borel function борелевская функция

Borel measure борелевская мера

Borel model борелевская модель

Borel set борелевское множество

Borel strong law of large numbers усиленный закон больших чисел Бореля

Borel–Tanner distribution распределение (n) Бореля–Таннера

Borel zero-one law борелевский критерий/закон нуля-единицы

Bose–Einstein statistics статистика (f) Бозе–Эйнштейна

boson, n. бозон (m), бозонный: ~ *space* бозонное пространство; ~ *system* бозонная система

bound, n. граница (f), оценка (f): *confidence* ~ доверительная граница; *sphere packing* ~ граница плотной/сферической упаковки; *tolerance* ~ толерантная граница

boundary, n. граница (f), граничный: *absorbing* ~ поглощающая граница; *attainable* ~ достижимая граница; *attracting* ~ притягивающая граница; ~ *functional* граничный функционал; ~ *functional of a random walk* граничный функционал от случайного блуждания; ~ *layer* пограничный слой; ~ *problem* граничная задача; ~ *problem for a random walk* граничная задача для случайного блуждания; ~ *process* граничный процесс; *Chernov* ~ граница Чернова; *entrance* ~ граница-вход; *exit* ~ граница-выход; *lower* ~ *functional* нижний граничный функционал; *Martin* ~ граница Мартина; *moving* ~ подвижная граница; *natural* ~ естественная граница; *permeable* ~ проницаемая граница;

reflecting ~ отражающая граница; *regular* ~ *point* регулярная граничная точка; *regulation* ~ граница регулирования; *sticky* ~ упругая/задерживающая/эластичная граница; *unattainable* ~ недостижимая граница

bounded, adj. ограниченный: ~ *law of the iterated logarithm* ограниченный закон повторного логарифма; ~ *operator* ограниченный оператор; ~ *variation* ограниченная вариация

boundedness, n. ограниченность (f): ~ *in probability* ограниченность по вероятности; *stochastic* ~ стохастическая ограниченность

Box–Jenkins method метод (m) Бокса-Дженкинса

Box–Jenkins process процесс (m) Бокса-Дженкинса, процесс авторегрессии — проинтегрированного скользящего среднего

Box–Wilson method метод (n) Бокса-Уилсона

Bradford distribution распределение (n) Бредфорда

branch and probability bound method метод (m) ветвей и вероятностных границ

branching, n., adj. ветвление (n), ветвящийся

branching process ветвящийся процесс: *age-dependent* ~ ветвящийся процесс с зависимостью от возраста, процесс Севастьянова; *bounded* ~ ограниченный ветвящийся процесс; ~ *in random environment* ветвящийся процесс в случайной среде; ~ *with emigration* ветвящийся процесс с эмиграцией; ~ *with finite number of particle types* ветвящийся процесс с конечным числом типов частиц; ~ *with immigration* ветвящийся процесс с иммиграцией; ~ *with interaction of particles* ветвящийся процесс с взаимодействием частиц; ~ *with migration* ветвящийся процесс с миграцией; *controlled* ~ регулируемый ветвящийся процесс; *critical* ~ критический ветвящийся процесс; *decomposable* ~ разложимый ветвящийся процесс; *diffusion* ~ диффузионный ветвящийся процесс; *embedded* ~ вложенный ветвящийся процесс; *extinction of a* ~ вырождение (n) ветвящегося процесса; *general* ~ общий ветвящийся процесс, процесс Крампа–Моде–Ягерса; *indecomposable* ~ неразложимый ветвящийся процесс; *reduced* ~ редуцированный ветвящийся процесс; *regular* ~ регулярный ветвящийся процесс; *subcritical* ~ докритический ветвящийся процесс; *supercritical* ~ надкритический ветвящийся процесс; *transient phenom-*

ena for ~ переходные явления для ветвящихся процессов

branching random field ветвящееся случайное поле

branching random walk ветвящееся случайное блуждание, ветвящийся процесс с блужданием

breakdown point пороговая точка

Brent–Vaissala frequency частота (*f*) Вяйссела–Брента

bridged graph мостовой граф

broadcast channel широковещательный канал

Brown's method метод (*m*) Брауна

Brownian bridge броуновский мост

Brownian excursion броуновская экскурсия

Brownian motion броуновское движение: *reflected* ~ процесс (*m*) отраженного броуновского движения

Brownian motion process процесс (*m*) броуновского движения

Brownian sheet броуновский лист/простыня (*f*)

Bruen chain цепь (*f*) Бруэна

bubble model модель (*f*) пузырьков

Buffon ring бюффоново кольцо (*n*)

Buffon's needle-tossing problem задача (*f*) Бюффона об игле

bundleless measure беспучковая мера

Bunyakovsky/Bunyakowskii's inequality неравенство (*n*) Буняковского

Burg method метод (*m*) Берга

Burgers equation уравнение (*n*) Бюргерса

Burkhölder–Gundy–Davis inequalities неравенства Буркхольдера-Ганди-Дэвиса

Burling's inequality неравенство (*n*) Берлинга

Burr distribution распределение (*n*) Берра

busy period период (*m*) занятости

C

cactus (*pl. cacti*), *n.* кактус (*m*)

Campbell measure мера (*f*) Кэмпбелла

Campbell theorem теорема (*f*) Кэмпбелла

canonical, *adj.* канонический: *Lévy–Khinchin* ~ *representation* каноническое представление Леви-Хинчина; *Lévy* ~ *representation* каноническое представление Леви; ~ *correlation* каноническая корреляция; ~ *correlation analysis* анализ (*m*) канонических корреляций; ~ *correlation coefficient* канонический коэффициент корреляции; ~ *distribution*

каноническое распределение, распределение (*n*) Гиббса; ~ *measurement* каноническое измерение; ~ *parameter* канонический параметр; ~ *parametrization* каноническая параметризация; ~ *representation* каноническое представление; ~ *spectral equation* каноническое спектральное уравнение; ~ *variable* каноническая величина; *small* ~ *ensemble* малый канонический ансамбль

Cantor distribution распределение (*n*) Кантора

capacity, *n.* емкость (*f*): *Choquet* ~ емкость Шоке

Caratheodory theorem теорема (*f*) Каратеодори

Carleman condition условие (*n*) Карлемана

Carleman criterion критерий (*m*) Карлемана

carrier signal несущий сигнал

Cartesian product декартово произведение

cascade, *n.* каскад (*m*), каскадный: ~ *code* каскадный код; ~ *decimation* каскадная децимация; ~ *process* ветвящийся процесс с энергией

categorical weather forecast категорический прогноз погоды

Cauchy–Bunyakovsky inequality неравенство (*n*) Коши-Буняковского

Cauchy distribution распределение (*n*) Коши

Cauchy sequence последовательность (*f*) Коши, фундаментальная последовательность

Cayley graph граф (*m*) Кэли

cell, *n.* ячейка (*f*), клетка (*f*): *simplicial* ~ симплициальная ячейка

censored, *adj.* цензурированный: ~ *data* цензурированные данные; ~ *sample* цензурированная выборка

censoring, *n.* цензурирование (*n*)

center of a distribution центр (*m*) распределения

centile, *n.* центиль (*f*)

central, *adj.* центральный: ~ *difference* центральная разность; ~ *limit theorem* центральная предельная теорема; ~ *mixed moment* центральный смешанный момент; ~ *moment* центральный момент

centroid, *n.* центроид (*m*)

certain event достоверное событие

certainty достоверность (*f*)

CFA (configuration frequency analysis) конфигурационный частотный анализ

Chacon–Jamison theorem теорема (*f*) Чекона-Джемисона

chain, *n.* цепь (*f*): *Bruen* ~ цепь Бруэна;

~ of partitions цепь разбиений; ~ partition цепное разбиение; Markov ~ цепь Маркова

change point момент (m) разладки: ~ problem задача (f) обнаружения разладки

channel, n. канал (m): asymmetric ~ асимметричный канал; asynchronous ~ асинхронный канал; broadcast ~ широковещательный канал; ~ capacity пропускная способность канала; ~ fading замирания в канале; ~ with feedback канал с обратной связью; ~ with finite number of states канал с конечным числом состояний; ~ with synchronization errors канал с ошибками синхронизации; communication ~ канал связи; degraded ~ ухудшенный канал; deterministic ~ детерминированный канал; finite-memory ~ канал с конечной памятью; homogeneous ~ однородный канал; interference ~ интерференционный канал; memoryless ~ канал без памяти; multiple access ~ канал множественного доступа; multiterminal ~ многокомпонентный канал; multiway ~ многосторонний канал; network of ~s сеть каналов; nonanticipating ~ канал без предвосхищения; quantum communication ~ квантовый канал связи; semideterministic ~ полудетерминированный канал; stationary ~ стационарный канал; symmetric ~ симметричный канал; synchronous ~ синхронный канал; zero-error ~ канал с нулевой ошибкой

chaos, n. хаос (m): homogeneous ~ однородный хаос

characteristic, n., adj. характеристика, характеристический: ~ function характеристическая функция; analytic ~ function аналитическая характеристическая функция; ~ functional характеристический функционал; ~ operator характеристический оператор

characterization характеризация (f): ~ of a distribution характеризация распределения; ~ theorem теорема (f) характеризации

charge, n. заряд (m), знакопеременная/обобщенная мера: random ~ случайный заряд

Charlier distribution распределение (n) Шарлье

Chauvenet test критерий (m) Шовене

Chebyshev's inequality неравенство (n) Чебышева

Chebyshev polynomial полином (m) Чебышева

chemical potential химический потенциал

Chentsov distribution density estima- tor оценка (f) плотности распределения Ченцова

Chernov boundary граница (f) Чернова

chi distribution хи-распределение (n)

chi square хи-квадрат (m): ~ distribution хи-квадрат распределение; ~ statistic статистика (f) хи-квадрат; ~ test хи-квадрат критерий (m)

chi-divergence хи-расходимость (f)

Choquet capacity емкость (f) Шоке

Choquet theorem теорема (f) Шоке

chord graph граф (m) хорд

chordal graph хордовый граф

chromatic, adj. хроматический: ~ number хроматическое число (графа); ~ partition хроматическое разбиение; ~ polynomial хроматический полином

Chung's law of the iterated logarithm закон (m) повторного логарифма в форме Чжуна

Chung process процесс (m) Чжуна

cipher, n. шифр (m): periodic ~ периодический шифр; Vernam ~ шифр Вернама

circuit, n. цикл (m) / контур (m)

circulant, n. циркулянт (m): skew ~ косой циркулянт; ~ graph цикловый граф

circular law круговой закон

circumference of a graph окружность (f) графа

Clark formula формула (f) Кларка

class, n. класс (m): Baire ~ класс Бэра; complete ~ of statistical procedures полный класс статистических процедур; Linnik ~ класс Линника; minor-closed ~ минор-замкнутый класс; Steiner ~ класс Штейнера; van Dantzig ~ класс ван Данцига; Vapnik–Chervonenkis ~ класс Вапника–Червоненкиса

classical definition of probability классическое определение вероятности

classification, n. классификация (f)

classifier, n. классификатор (m)

climate, n. климат (m)

climatic norm климатическая норма

climatic time series климатический временной ряд

clinical trials клинические испытания

clipper, n. ограничитель (m)

clique, n. клика (f): ~-decomposition разложение (n) на клики; ~ problem задача (f) о клике; ~ tree дерево (n) клик

close hypotheses близкие/сближающиеся гипотезы

close-packed graph точно упакованный граф

closed, adj. замкнутый: ~ contour замкнутый контур; ~ plan замкнутый план; ~ queueing system замкнутая система обслуживания; ~ set замкнутое множество

closure problem проблема (*f*) замыкания

cluster, *n.* кластер (*m*): ~ *analysis* кластер-анализ (*m*); ~ *model* кластерная модель; ~ *-procedure* кластер-процедура (*f*); *Eden* ~ кластер Идена; *method of* ~ *expansion* метод (*m*) кластерных разложений

Cochren theorem теорема (*f*) Кокрэна

cochromatic graph кохроматический граф

code, *n.* код (*m*): *block* ~ блоковый код; *cascade* ~ каскадный код; ~ *distance* кодовое расстояние; ~ *length* длина (*f*) кода; ~ *memory* память (*f*) кода; ~ *rate* скорость (*f*) кода; ~ *sequence* кодовая последовательность; ~ *word* кодовое слово; *convolutional* ~ сверточный код; *cyclic* ~ циклический код; *error-correcting* ~ исправляющий ошибки код; *group* ~ групповой код; *linear* ~ линейный код; *linear tree* ~ линейный древовидный код; *recurrent* ~ рекуррентный код; *snake-in-the-box* ~ код "змея в ящике"; *time-constant* ~ постоянный во времени код; *time-varying* ~ переменный во времени код; *tree* ~ древовидный код; *trellis* ~ решетчатый код; *trellis linear* ~ решетчатый линейный код; *variable-length* ~ неравномерный код

coder, *n.* кодер (*m*)

coding, *n.* кодирование (*n*): *probabilistic* ~ вероятностное кодирование; *quantum* ~ квантовое кодирование; *random* ~ случайное кодирование

coefficient, *n.* коэффициент (*m*): *binomial* ~ биномиальный коэффициент; *canonical correlation* ~ канонический коэффициент корреляции; ~ *of excess* коэффициент эксцесса; ~ *of skewness* коэффициент асимметрии; ~ *of variation* коэффициент вариации, среднее относительное отклонение; *coherence* ~ коэффициент когерентности; *concordance* ~ коэффициент конкордации; *correlation* ~ коэффициент корреляции; *delay* ~ коэффициент задержки; *diffusion* ~ коэффициент диффузии; *drift* ~ коэффициент сноса; *informational correlation* ~ информационный коэффициент корреляции; *interclass correlation* ~ межгрупповой коэффициент корреляции; *intraclass correlation* ~ коэффициент внутригрупповой корреляции; *Kendall rank correlation* ~ коэффициент ранговой корреляции Кендалла; *maximal correlation* ~ максимальный коэффициент корреляции; *multinomial* ~ полиномиальный коэффициент; *multiple*

correlation ~ множественный коэффициент корреляции; *Pade* ~ коэффициент Паде; *paired correlation* ~ коэффициент парной корреляции; *partial correlation* ~ коэффициент частной корреляции; *Pearson rank correlation* ~ коэффициент ранговой корреляции Пирсона; *rank correlation* ~ коэффициент ранговой корреляции; *regression* ~ коэффициент регрессии; *sample* ~ *of excess* выборочный коэффициент эксцесса; *sample* ~ *of skewness* выборочный коэффициент асимметрии; *sample* ~ *of variation* среднее относительное отклонение выборки; *sample correlation* ~ выборочный коэффициент корреляции; *sample regression* ~ выборочный коэффициент регрессии; *serial correlation* ~ сериальный коэффициент корреляции; *Spearmen rank correlation* ~ коэффициент ранговой корреляции Спирмена; *transfer* ~ коэффициент передачи

coherence, *n.* когерентность (*f*): ~ *coefficient* коэффициент (*m*) когерентности; ~ *function* функция (*f*) когерентности; ~ *spectrum* спектр (*m*) когерентности; *multiple* ~ множественная когерентность; *partial* ~ частная когерентность

coherent, *adj.* когерентный: ~ *configuration* когерентная конфигурация

coin tossing бросание (*n*) монеты

collinearity, *n.* коллинеарность (*f*)

collineation, *n.* коллинеация (*f*)

collisions method метод (*m*) столкновений

color-critical graph критический по цвету граф

coloring, *n.* раскраска (*f*): *balanced* ~ уравновешенная раскраска; *edge* ~ реберная раскраска; *hook-free* ~ бескрюковая раскраска; *locally-perfect* ~ локально-совершенная раскраска; *partial* ~ частичная раскраска; *sequential* ~ последовательные раскраски; *supermodular* ~ супермодулярная раскраска; *vertex-* ~ раскраска вершин

combination, *n.* сочетание (*n*): ~ *without repetitions* сочетание без повторений

combinatorial, *adj.* комбинаторный: ~ *analysis* комбинаторный анализ; ~ *configuration* комбинаторная конфигурация; ~ *encoding* комбинаторное кодирование; ~ *identity* комбинаторное тождество; ~ *integral geometry* комбинаторная интегральная геометрия; ~ *numbers* комбинаторные числа

combinatorics, *n.* комбинаторика (*f*)

combined test комбинированный критерий

common probability space method

метод (m) одного вероятностного пространства

communicating states сообщающиеся состояния

communication complexity коммуникационная сложность

communication theory теория (f) передачи информации

commutative, *adj.* коммутативный: ~ *group* коммутативная/абелева группа; ~ *relation* коммутативное соотношение

compact, *n.* компакт (m), компактный: ~ *law of the iterated logarithm* компактный закон повторного логарифма; ~ *measure* компактная мера

compactification, *n.* компактификация (f): *Ray–Knight* ~ компактификация Рэя–Найта

compactness of a family of measures компактность (f) семейства мер

compactum, *n.* компакт (m): *Martin* ~ компакт Мартина

comparison theorem теорема (f) сравнения

compatible observables совместимые наблюдаемые

compensator, *n.* компенсатор (m)

competing risks конкурирующие риски

competition model модель (f) конкуренций

complement of an event дополнение (n) к событию

complementarity principle принцип (m) дополнительности

complementary дополнительный: ~ *event* дополнительное событие; ~ *observable* дополнительная наблюдаемая

complete, *adj.* полный: ~ *convergence* сходимость (f) вполне; ~ *block design* полный блочный план; ~ *class of statistical procedures* полный класс статистических процедур; ~ *class of strategies* полный класс стратегий; ~ *class of tests* полный класс критериев; ~ *factorial design* полный факторный план; ~ *family of distributions* полное семейство распределений; ~ *graph* полный граф; ~ *Latin square* полный латинский квадрат; ~ *measure* полная мера; ~ *probability space* полное вероятностное пространство; ~ *statistic* полная статистика; ~ *stochastic basis* полный стохастический базис

completely, *adv.* полностью, вполне: ~ *additive measure* вполне аддитивная мера; ~ *additive set function* вполне аддитивная функция множеств; ~ *positive mapping* вполне положительное отображение

completeness, *n.* полнота (f): *essential* ~ существенная полнота

completion, *n.* пополнение (n): ~ *of a measure* пополнение меры; ~ *of a probability space* пополнение вероятностного пространства

complex комплекс (m), комплексный: ~ *demodulation* комплексная демодуляция; ~ *Gaussian process* комплексный гауссовский процесс; ~ *normal variable* комплексная нормальная случайная величина; *cutting* ~ разрезающий комплекс

complexity, *n.* сложность (f): *communication* ~ коммуникационная сложность

component analysis компонентный анализ

composite hypothesis сложная гипотеза

composition, *n.* композиция (f): ~ *of distributions* композиция распределений; *method of* ~*s* метод (m) композиций

compound Poisson distribution обобщенное/сложное распределение Пуассона

compound Poisson process обобщенный/сложный пуассоновский процесс

computer simulation компьютерное моделирование

concave function вогнутая функция

concentration function функция (f) концентрации

concordance coefficient коэффициент (m) конкордации/согласованности

condition, *n.* условие (n): *Aldous–Rebolledo* ~ условие Алдоуса–Ребол-ледо; *Carleman* ~ условие Карлемана; ~ *number* число обусловленности; *Doeblin* ~ условие Деблина; *Dudley* ~ условие Дадли; *ergodicity* ~ условие эргодичности; *invertibility* ~ *for ARMA process* условие обратимости для АРСС процесса; *Lindeberg* ~ условие Линдеберга; *Lyapunov* ~ условие Ляпунова; *mixing* ~ условие перемешивания; *regularity* ~ условие регулярности; *separability* ~ условие разделимости/отделимости; *uniform asymptotic negligibility* ~ условие равномерной предельной пренебрегаемости; *uniform infinitesimality* ~ условие равномерной малости

conditional, *adj.* условный: ~ *density* условная плотность; ~ *distribution* условное распределение; ~ *distribution function* условная функция распределения; ~ *entropy* условная энтропия; ~ *expectation* условное математическое ожидание; ~ *information* условное количество информации; ~ *likelihood function* условная функция правдоподобия; ~ *probability* условная вероятность; ~ *utility* условная полезность; ~ *variance* условная дисперсия

cone, *n.* конус (*m*)

confidence, *n.* доверие (*n*), доверительный: ~ *band* доверительная полоса; ~ *band of level* α доверительная полоса уровня α; ~ *bound* доверительная граница, доверительный предел; ~ *ellipsoid* доверительный эллипсоид; ~ *interval* доверительный интервал; ~ *level* доверительный уровень; ~ *limit* доверительная граница, доверительный предел; ~ *probability* доверительная вероятность; ~ *region* доверительная область; ~ *set* доверительное множество; *lower* ~ *bound/limit* нижняя доверительная граница; *most selective* ~ *set* наиболее селективное/точное доверительное множество; *sequential* ~ *bounds/limits* последовательные доверительные границы; *upper* ~ *bound/limit* верхняя доверительная граница

configuration, *n.* конфигурация (*f*)

confirmatory data analysis подтверждающий анализ данных

conflict, *n.* конфликт (*m*)

confluence, *n.* конфлюентность (*f*)

confluence analysis конфлюентный анализ

confound method метод (*m*) смешивания

congruence, *n.* конгруэнтность (*f*)

congruential generator конгруэнтный генератор (случайных чисел)

conic, *n.* коника (*f*)

conjugate distribution сопряженное распределение

conjunction of events совмещение (*n*) событий

connected graph связный граф

connectivity, *n.* связность (*f*)

consensus, *n.* согласование (*n*)

conservative matrix консервативная/переходная матрица

consistency, *n.* состоятельность (*f*): *universal* ~ универсальная состоятельность

consistent, *adj.* состоятельный: ~ *distributions* согласованные распределения; ~ *estimator* состоятельная оценка; ~ *test* состоятельный критерий

constrained estimation оценивание (*n*) при наличии ограничений

constrained least squares method метод (*m*) наименьших квадратов с ограничениями

constraint, *n.* ограничение (*n*), связь (*f*): *tree-type* ~ ограничение типа дерева

construction, *n.* конструкция (*f*), построение (*n*): *Hitsuda–Skorokhod* ~ конструкция Хитсуды–Скорохода (расширенного интеграла)

constructive quantum field theory конструктивная квантовая теория поля

contact process процесс (*m*) контактов

contaminated sample загрязненная выборка

contamination, *n.* загрязнение (*n*)

contiguous alternatives контигуальные альтернативы

contiguity, *n.* контигуальность (*f*)

contingency table таблица (*f*) сопряженности признаков

continued fraction непрерывная дробь

continuity theorem теорема (*f*) непрерывности

continuous, *adj.* непрерывный: ~ *distribution* непрерывное распределение; ~ *flow* непрерывный поток; ~ *matroid* непрерывный матроид; ~ *process* непрерывный процесс; *random walk* ~ *from above/below* непрерывное сверху/снизу случайное блуждание

contour, *n.* контур (*m*)

contracted graph сжатый граф

contractible edge сжимаемое ребро

contraction, *n.* стягивание (*n*): ~-*critical graph* критически стягиваемый граф

contrast, *n.* контраст (*m*)

control, *n.* управление (*n*), контроль (*m*): ~ *chart* контрольная карта; *optimal stochastic* ~ оптимальное стохастическое управление; *quality* ~ контроль качества; *statistical quality* ~ статистический контроль качества

controlled, *adj.* управляемый, регулируемый: ~ *branching process* регулируемый ветвящийся процесс; ~ *discrete/continuous time random process* управляемый случайный процесс с дискретным/непрерывным временем; ~ *diffusion process* управляемый диффузионный процесс; ~ *jump process* управляемый скачкообразный процесс; ~ *Markov chain* управляемая цепь Маркова; ~ *Markov jump process* управляемый марковский скачкообразный процесс; ~ *Markov process* управляемый марковский процесс; ~ *object* управляемый объект; ~ *random process* управляемый случайный процесс; ~ *random sequence* управляемая случайная последовательность

convergence, *n.* сходимость (*f*): *almost certain* ~ сходимость почти наверное; *almost sure* ~ сходимость почти наверное, сходимость с вероятностью 1; *complete* ~ сходимость вполне; ~ *in distribution* сходимость по распределению; ~ *in law* сходимость по распределению; ~ *in mean* сходимость в среднем; ~ *in mean of order* p сходимость в среднем порядка p; ~ *in mean square* сходимость в среднем квадратичном; ~ *in measure* сходимость по мере; ~ *in probability* сходимость по вероятности; ~ *in quadratic mean* сходимость в среднем квадратичном; ~ *in variation* сходимость по вариации; ~ *in weighted mean* сходимость в среднем с весом; ~ *of distributions* сходимость распределений; ~ *of random processes* сходимость случайных процессов; ~ *of random variables* сходимость случайных величин; ~ *of series of random variables* сходимость ряда случайных величин; ~ *with probability* 1 сходимость с вероятностью 1, сходимость почти наверное; *Linnik zones of* ~ зоны сходимости Линника; *narrow* ~ узкая сходимость; *pointwise* ~ поточечная сходимость; *rate of* ~ скорость сходимости; *strong* ~ сильная сходимость; *uniform* ~ равномерная сходимость; *weak* ~ слабая сходимость, сходимость в основном; *zone of normal* ~ зона (f) нормальной сходимости

convergent, *adj.* сходящийся: ~ *sequence* сходящаяся последовательность; ~ *series* сходящийся ряд

convex, *adj.* выпуклый: ~ *function* выпуклая функция; ~ *graph* выпуклый граф; ~ *hull* выпуклая оболочка; *strictly* ~ *function* строго выпуклая функция

convolution, *n.* свертка (f): ~ *tree* дерево (n) свертки; *generalized stochastic* ~ обобщенная стохастическая свертка

convolutional, *adj.* сверточный: ~ *code* сверточный код; ~ *semigroup* сверточная полугруппа

cooperative game кооперативная игра

correction, *n.* поправка (f), исправление (n): ~ *for continuity* поправка на непрерывность; ~ *for grouping* поправка на группировку; *Sheppard's* ~ *for discreteness* поправка Шеппарда на дискретность; *Sheppard's* ~ *for grouping* поправка Шеппарда на группировку; *Yates* ~ поправка Йейтса

correlated variables коррелированные величины

correlation, *n.* корреляция (f): *canonical* ~ каноническая корреляция; ~ *analysis* корреляционный анализ; ~ *coefficient* коэффициент (m) корреляции; ~ *equation* корреляционное уравнение; ~ *function* корреляционная функция; ~ *functional* корреляционный функционал; ~ *inequality* корреляционное неравенство; ~ *matrix* корреляционная матрица; ~ *measure* корреляционная мера; ~ *ratio* корреляционное отношение; ~ *reception* корреляционный прием; ~ *table* корреляционная таблица; ~ *theory* корреля-ционная теория; *curvilinear* ~ криволинейная корреляция; *generalized* ~ *function* обобщенная корреляционная функция; *homogeneous* ~ *function* однородная корреляционная функция; *homogeneous isotropic* ~ *function* однородная изотропная корреляционная функция; *interclass* ~ межклассовая корреляция; *interclass* ~ *coefficient* межгрупповой коэффициент корреляции; *intraclass* ~ *coefficient* коэффициент (m) внутригрупповой корреляции; *linear* ~ линейная корреляция; *longitudinal* ~ *function* продольная корреляционная функция; *maximal* ~ *coefficient* максимальный коэффициент корреляции; *negative* ~ отрицательная корреляция; *paired* ~ *coefficient* коэффициент парной корреляции; *partial* ~ *coefficient* коэффициент частной корреляции; *partial* ~ *function* частная корреляционная функция; *Pearson rank* ~ *coefficient* коэффициент (m) ранговой корреляции Пирсона; *polar* ~ *function* полярная корреляционная функция; *positive* ~ положительная корреляция; *rank* ~ ранговая корреляция; *rank* ~ *coefficient* коэффициент (m) ранговой корреляции; *relay* ~ *function* релейная корреляционная функция; *sample* ~ *function* выборочная корреляционная функция; *serial* ~ *coefficient* сериальный коэффициент корреляции; *Spearmen rank* ~ *coefficient* коэффициент (m) ранговой корреляции Спирмена; *spurious* ~ ложная корреляция; *stationary* ~ *function* стационарная корреляционная функция; *transverse* ~ *function* поперечная корреляционная функция; ~ *dependence* корреляционная зависимость

correlator, *n.* коррелометр (m), коррелограф (m)

correlogram, *n.* коррелограмма (f): *sample* ~ выборочная коррелограмма

correlograph, *n.* коррелограф (m)

cospectral, *adj.* коспектральный: ~ *density* коспектральная плотность; ~ *function* коспектральная функция

cospectrum, *n.* коспектр (m)

co-strongly perfect graph ко-сильно совершенный граф

countable, *adj.* счетный: ~ *Markov chain* счетная цепь Маркова; ~ *probabilistic automaton* счетный вероятностный автомат

countably additive set function счетно-аддитивная функция множеств

counterfeit coin фальшивая монета

counting, *adj.* считающий: ~ *measure* считающая мера; ~ *process* считающий процесс

coupling method метод (m) склеивания, каплинг-метод (m)

covariance, *n.* ковариация (f): *analysis of* ~ ковариационный анализ; ~ *function* ковариационная функция; ~ *matrix* ковариационная матрица; ~ *operator* ковариационный оператор; *empirical* ~ *matrix* эмпирическая ковариационная матрица; *Gaussian* ~ гауссовская ковариация; *sample* ~ выборочная ковариация; *sample* ~ *function* выборочная ковариационная функция

covering, *n.* покрытие (n): *antipodal* ~ антиподальное покрытие; ~ *subgraph* покрывающий подграф; *cyclic* ~ контурное покрытие; *matroidal* ~ матроидное покрытие; *point-bounded* ~ точечно-ограниченное покрытие

Cox point process коксовский точечный процесс

Cox process процесс (m) Кокса

Cramér–Rao inequality неравенство (n) Крамера–Рао

Cramér–von Mises test критерий (m) Крамера–фон Мизеса

Cramér series ряд (m) Крамера

Cramér theorem теорема (f) Крамера

Cramér transformation преобразование (n) Крамера

Cramér's inequality неравенство (n) Крамера

cribbing encoding кодирование (n) с подглядыванием

criterion, *n.* критерий (m): *average reward* ~ критерий среднего дохода; *Carleman* ~ критерий Карлемана; *entropy* ~ энтропийный критерий; *expected reward* ~ критерий ожидаемого дохода; *Foster* ~ критерий Фостера; *Hannan–Quinn* ~ критерий Хенана–Куинна; *Kesten* ~ *of amenability* критерий аменабильности Кестена; *Mallows* ~ критерий Мэлоуса; *Masset* ~ критерий Массе; *minimax* ~ критерий минимаксности; *Parzen* ~ критерий Парзена; *Prokhorov* ~ критерий Прохорова; *Reynolds* ~ критерий Рейнольдса; *Schwarz–Rissanen* ~ критерий Шварца–Риссанена; *Shibata* ~ критерий Шибаты

critical, *adj.* критический: ~ *branching process* критический ветвящийся процесс; ~ *exponent* критический показатель; ~ *function* критическая функция; ~ *level* критический уровень, наблюдаемый размер; ~ *point* критическая точка; ~ *probability* критическая вероятность; ~ *region* критическая область; ~ *value* критическое значение

cross, *adj.* взаимный, перекрестный: ~-*correlation function* взаимная корреляционная функция; ~-*covariance function*

взаимная ковариационная функция; ~-*covariance operator* взаимный ковариационный оператор, оператор (m) взаимной ковариации; ~-*helicity* кросс-спиральность (f); ~ *intersecting families* взаимно пересекающиеся семейства; ~-*over design* перекрестный план; ~-*phase spectrum* взаимный фазовый спектр; ~-*spectral density* взаимная спектральная плотность; ~-*spectral function* взаимная спектральная функция; ~-*spectrum* взаимный спектр; ~-*validation* перекрестная проверка, кросс-проверка (f)

crossing, *n.* пересечение (n): ~ *time* момент (m) перескока/пересечения/достижения

Crump–Mode–Jagers process процесс (m) Крампа–Моде–Ягерса, общий ветвящийся процесс

cryptosystem криптосистема (f)

cubic graph кубический граф

cuboid, *n.* кубоид (m)

cumulant, *n.* кумулянт (m), семиинвариант (m): ~ *generating function* производящая функция кумулянтов; ~ *spectral density* кумулянтная спектральная плотность; *factorial* ~ факториальный кумулянт/семиинвариант

cumulative, *adj.* кумулятивный, накопленный: ~ *distribution function* функция (f) распределения; ~ *spectral density* кумулятивная спектральная плотность; ~ *spectrum* кумулятивный спектр; ~ *sum* накопленная сумма

curve, *n.* кривая (f), линия (f): *influence* ~ кривая влияния; *Lorentz* ~ кривая Лоренца; *regression* ~ линия/кривая регрессии; *scedastic* ~ скедастическая кривая

curved exponential function искривленное экспоненциальное семейство

curvilinear, *adj.* криволинейный: ~ *correlation* криволинейная корреляция; ~ *regression* криволинейная регрессия

cusum method метод (m) накопленных сумм

cut, *n.* разрез (m): *minimum* ~ минимальный разрез; *modular* ~ модулярный разрез; ~-*off process* обрывающийся процесс

cutset, *n.* разрез (m)

cutting complex разрезающий комплекс

cybernetics кибернетика (f)

cycle, *n.* цикл (m): ~-*space* циклическое пространство; *de Bruijn* ~ цикл де Брейна; *enclosing* ~ окружающий цикл; *Hamilton* ~ гамильтоновый цикл

cyclic, *adj.* циклический, периодический: ~ *code* циклический код; ~ *covering* контурное покрытие; ~ *frequency* цикличе-

ская частота; ~ *Markov chain* цикли-
ческая/периодическая цепь Маркова; ~
permutation циклическая перестановка;
~ *state* циклическое/периодическое состояние

cyclomatic index цикломатический индекс

cyclotomic integer циклотомическое
целое

cylinder, *n.* цилиндр (*m*), цилиндрическое множество

cylindrical, *adj.* цилиндрический: *algebra of ~ sets* алгебра (*f*) цилиндрических множеств; ~ *measure* цилиндрическая мера, квазимера (*f*), промера (*f*);
~ *σ-algebra* цилиндрическая *σ*-алгебра

D

Darling theorem теорема (*f*) Дарлинга

Darmois–Skitovich theorem теорема
(*f*) Дармуа–Скитовича

data, *n.* данные (*pl*): *censored ~* цензурированные данные; ~ *collection* сбор
(*m*) данных; ~ *window* окно (*n*) данных;
doubly censored ~ дважды цензурированные данные; *graphical representation
of ~* графическое представление данных; *grouped ~* сгруппированные данные; *incomplete ~* неполные данные;
missing ~ пропавшие данные

Davis' inequality неравенство (*n*) Дэвиса

de Bruijn cycle цикл (*m*) де Брейна

de Moivre–Laplace theorem теорема
(*f*) Муавра–Лапласа

debut of a set дебют (*m*) множества

decile, *n.* дециль (*f*)

decimation, *n.* децимация (*f*), прореживание (*n*): *cascade ~* каскадная децимация

decision, *n.* решение (*m*), решающий:
admissible ~ function допустимая решающая функция; *Bayes ~ function* бейесовская решающая функция; ~ *function*
решающая функция; ~ *rule* решающее
правило; ~ *theory* теория статистических решений; *empirical Bayes ~ function* эмпирическая бейесовская решающая функция; *invariant ~ function* инвариантная решающая функция; *minimal ~ function* минимальная решающая функция; *minimax ~* минимаксное решение; *optimal ~ function* оптимальная решающая функция; *randomized ~ function* рандомизированная решающая функция; *statistical ~ theory*
теория статистических решений; *unbiased ~ function* несмещенная решающая

функция; *uniformly best ~ function* равномерно лучшая решающая функция

decoding, *n.* декодирование (*n*): *algebraic ~* алгебраическое декодирование;
block ~ блоковое декодирование; *list
~* списочное декодирование; *maximum
likelihood ~* декодирование по максимуму правдоподобия; *probability of error
~* вероятность (*f*) ошибочного декодирования; *quantum ~* квантовое декодирование; *sequential ~* последовательное
декодирование

decomposable, *adj.* разложимый: ~
Markov chain разложимая/приводимая
цепь Маркова; ~ *branching process* разложимый ветвящийся процесс

decomposition, *n.* разложение (*n*):
Doob–Meyer ~ разложение Дуба–
Мейера; *Krickeberg ~* разложение Крикеберга; *Lebesgue ~* разложение Лебега; *Lévy ~* разложение Леви; *Riesz
~* разложение Рисса; *singular ~* сингулярное разложение; *spectral ~ of a matrix* спектральное разложение матрицы;
Wold's ~ разложение Вольда

defect of a random walk дефект (*m*) /
недоскок (*m*) случайного блуждания

deficiency of a test дефект (*m*) критерия

degenerate, *adj.* вырожденный: ~ *distribution* вырожденное распределение; ~
measure вырожденная мера

degraded channel ухудшенный канал

degree of freedom степень (*f*) свободы

delay, *n.* задержка (*f*) / запаздывание
(*n*): ~ *coefficient* коэффициент (*m*) задержки

demodulation, *n.* демодуляция (*f*): *complex ~* комплексная демодуляция

demographic statistics демографическая статистика

demography, *n.* демография (*f*)

dendrogram, *n.* дендрограмма (*f*)

dense, *adj.* плотный: ~ *graph* плотный
граф; ~ *set* плотное множество

density, *n.* плотность (*f*): *asymptotic
~ of a set* асимптотическая плотность
множества; *averaged spectral ~* осредненная спектральная плотность; *bispectral ~* биспектральная плотность; *conditional ~* условная плотность; *cospectral ~* коспектральная плотность; *cross-
spectral ~* взаимная спектральная плот-
ность; *cumulant spectral ~* кумулянтная спектральная плотность; *cumulative spectral ~* кумулятивная спектральная плотность; ~ *operator* оператор
(*m*) плотности; *distribution ~* плотность распределения; *Gibbs ~* плотность Гиббса; *exit ~* плотность вероятности выхода; *frequency-time spectral*

~ частотно-временная спектральная плотность; *generalized spectral* ~ обобщенная спектральная плотность; *information* ~ информационная плотность; *joint probability* ~ совместная плотность вероятности; *kernel* ~ *estimator* ядерная оценка плотности; *moment spectrum* ~ моментная спектральная плотность; *multivariate* ~ многомерная плотность; *multivariate probability* ~ плотность многомерного распределения, многомерная плотность; *nonparametric* ~ *estimator* непараметрическая оценка плотности; *nonparametric estimation of probability* ~ непараметрическое оценивание плотности вероятностей; *phase* ~ фазовая плотность; *polyspectral* ~ полиспектральная плотность; *posterior* ~ апостериорная плотность; *potential* ~ потенциальная плотность; *prior* ~ априорная плотность; *probability* ~ плотность вероятности, плотность распределения вероятностей; *quadrature spectral* ~ квадратурная спектральная плотность; *rational spectral* ~ рациональная спектральная плотность; *semi-invariant spectral* ~ семиинвариантная спектральная плотность; *spectral* ~ спектральная плотность; *transition* ~ переходная плотность, плотность вероятности перехода

denumerable, *adj.* счетный: ~ *Markov chain* счетная цепь Маркова

dependence, *n.* зависимость (*f*)

dependent, *adj.* зависимый: ~ *events* зависимые события; ~ *random variables* зависимые случайные величины

depth-first search поиск (*m*) в глубину

derivative, *n.* производная (*f*): *Fréchet* ~ производная Фреше; *Gateaux* ~ производная Гато; *Malliavin stochastic* ~ стохастическая производная Маллявена; *partial* ~ частная производная; *Radon–Nikodym* ~ производная Радона–Никодима; *Skorokhod stochastic* ~ стохастическая производная Скорохода; *stochastic* ~ стохастическая производная

design, *n.* план (*m*), схема (*f*), планирование (*n*): *asymptotic* ~ асимптотический план; *balanced block* ~ сбалансированный блочный план; *balanced* ~ сбалансированный план; *block* ~ блочный план; *complete block* ~ полный блочный план; *complete factorial* ~ полный факторный план; *cross-over* ~ перекрестный план; ~ *matrix* матрица (*f*) плана; ~ *of discriminating experiments* планирование дискриминирующих экспериментов; ~ *of experiments* планирование эксперимента; ~ *of extremal experiments* планирование экстремальных экспериментов; ~ *of regression experiments* планирование регрессионных экспериментов; ~ *of screening experiment* планирование отсеивающих экспериментов; ~ *of simulation experiments* планирование имитационных экспериментов; *exact* ~ точный план; *experimental* ~ планирование эксперимента; *fractional factorial* ~ дробный факторный план; *generalized block* ~ обобщенный блочный план; *group divisible* ~ схема с делимостью на группы; *incomplete block* ~ неполный блочный план; *matrix of* ~ матрица (*f*) плана; *mutually balanced* ~s взаимно уравновешенные схемы; *nested* ~ гнездовой/вложенный план; *optimum* ~ оптимальный план; *orthogonal* ~ ортогональный план; *Pareto set of* ~s множество планов Парето; *partially balanced* ~ частично уравновешенная схема; *partially balanced block* ~ частично сбалансированный блочный план; *projection of a* ~ статистическая проекция плана; *randomized* ~ рандомизированный план; *resolvable* ~ разрешимая схема; *rigid* ~ жесткая схема; *saturated* ~ насыщенный план; *sequential* ~ *of experiments* последовательное планирование эксперимента; *spectrum of a* ~ спектр (*m*) плана; *statistical* ~ статистический план; *supporting point of a* ~ опорная точка плана, узел (*m*) плана; *switchback* ~ план с повторными включениями; *symmetric* ~ симметричная схема; *ternary* ~ тернарная схема; *twofold* ~ двуслойная схема; *uniformly optimal* ~ равномерно оптимальный план; *universally optimal* ~ универсально оптимальный план; *weighting* ~ план взвешивания

destructive testing разрушающие испытания (*pl*)

determinant, *n.* определитель (*m*), детерминант (*m*): *Vandermonde random* ~ случайный детерминант/определитель Вандермонда

deterministic, *adj.* детерминированный: ~ *channel* детерминированный канал; ~ *chaos theory* теория (*f*) детерминированного хаоса; ~ *tact interval* детерминированный тактовый интервал

deviation, *n.* отклонение (*n*), уклонение (*n*): *absolute* ~ абсолютное отклонение; ~ *function* функция (*f*) уклонений; *large* ~s большие уклонения (*pl*); *studentized* ~ стьюдентизированное отклонение; *zone of moderate* ~s зона умеренных уклонений

diagnosis, *n.* диагноз (*m*)

diagnostics, *n.* диагностика (*f*)

diagram, *n.* диаграмма (*f*): *block-~* блок-схема; *~ expansion technique* диаграммная техника; *~ method* метод (*m*) диаграмм; *influence ~* диаграмма влияния; *Venn ~* диаграмма Венна

die (*pl. dice*), *n.* игральная кость

dichotomy, *n.* дихотомия (*f*)

difference, *n.* разность (*f*), разностный: *backward ~* разность назад, нисходящая разность; *central ~* центральная разность; *~ equation* разностное уравнение; *~ pseudo-moment* разностный псевдомомент; *~ scale* шкала (*f*) разностей; *~ set* разностное множество; *finite ~* конечная разность; *forward ~* разность вперед, восходящая разность

differential, *n.* дифференциал (*m*), дифференциальный: *stochastic ~* стохастический дифференциал; *~ entropy* дифференциальная/относительная энтропия; *~ inclusion* дифференциальное включение; *~ operator* дифференциальный оператор; *~ operator with random coefficients* дифференциальный оператор со случайными коэффициентами

differentiation, *n.* дифференцирование (*n*)

diffuse, *adj.* рассеянный: *~ measure* рассеянная мера

diffusion, *n.* диффузия (*f*), диффузионный (процесс): *~ branching process* ветвящийся диффузионный процесс; *~ coefficient* коэффициент (*m*) диффузии; *~ measure* диффузная мера; *~ process* диффузионный процесс; *~ process with reflection* диффузионный процесс с отражением; *~ vector* вектор (*m*) диффузии; *relative turbulent ~* относительная турбулентная диффузия; *turbulent ~* турбулентная диффузия

digamma function дигамма-функция (*f*)

digraph, *n.* орграф (*m*)/ориентированный граф: *acyclic ~* ациклический орграф; *adamant ~* алмазный орграф; *signed ~* знаковый орграф

digital modulation цифровая модуляция

dimension, *n.* размерность (*f*)

Diophantine approximation диофантово приближение

Dirac delta function дельта-функция (*f*) Дирака

direct product прямое произведение

directed, *adj.* направленный: *~ animal* направленное животное; *~ graph* ориентированный граф; *~ set* направленное множество

directrix, *n.* направляющая (*f*)

Dirichlet distribution распределение

(*n*) Дирихле

Dirichlet form форма (*f*) Дирихле

Dirichlet measure мера (*f*) Дирихле

Dirichlet process процесс (*m*) Дирихле

Dirichlet space пространство (*n*) Дирихле

disconnection of a tree разъединение (*n*) дерева

discounting, *n.* дисконтирование (*n*)/ обесценивание (*n*)

discrete, *adj.* дискретный: *~ distribution* дискретное распределение; *~ distribution function* дискретная функция распределения; *~ ergodic method* дискретный эргодический метод; *~ Fourier transform* дискретное преобразование Фурье; *~ measure* дискретная мера; *~ random variable* дискретная случайная величина; *~ renormalization group* дискретная ренормгруппа; *~ time random process* случайный процесс с дискретным временем; *~ white noise* дискретный белый шум

discretizable random field дискретизируемое случайное поле

discretization problem проблема (*f*) дискретизации

discriminant, *n.* дискриминант (*m*): *~ analysis* дискриминантный анализ; *~ function* дискриминантная функция; *~ model* дискриминантная модель

disjoint, *adj.* разделенный, дизъюнктный: *~ edges* непересекающиеся ребра (*pl*); *~ events* несовместные события (*pl*); *~ family of measures* разделенное семейство мер; *~ spectral type of measures* дизъюнктный спектральный тип мер; *~ spectral types* дизъюнктные спектральные типы

dispersion, *n.* рассеивание (*n*): *~ method in number theory* дисперсионный метод в теории чисел; *~ of a distribution* разброс (*m*) распределения; *~ of a sample* рассеивание выборки

dissection of a polygon разбиение (*n*) многоугольника

dissipation, *n.* диссипация (*f*): *~ rate* диссипация, скорость (*f*) диссипации; *turbulent energy ~* диссипация энергии турбулентности

distance, *n.* расстояние (*n*): *Banach–Mazur ~* расстояние Банаха–Мазура; *Bhattacharya–Rao spherical ~* сферическое расстояние Бхаттачария–Рао; *code ~* кодовое расстояние; *~ -regular graph* дистанционно-регулярный граф; *~ -transitive graph* дистанционно-транзитивный граф; *Euclidean ~* евклидово расстояние; *Hellinger ~* расстояние Хеллингера; *information ~* информационная расстояние; *Kemeny ~*

расстояние Кемени; *Kullback–Leibler information* ∼ информационное расстояние Кульбака–Лейблера; *Lévy* ∼ расстояние Леви; *Lévy–Prokhorov* ∼ расстояние Леви–Прохорова; *Mahalanobis* ∼ расстояние Махаланобиса; *minimum* ∼ *method* метод (*m*) минимального расстояния; *probabilistic* ∼ вероятностное расстояние; *Rao* ∼ расстояние Рао; *Wasserstein* ∼ расстояние Вассерштейна

distortion, *n.* искажение (*n*): ∼ *measure* мера (*f*) искажения

distributed lags model модель (*f*) распределенных лагов/запаздываний

distributed system распределенная система

distribution, *n.* распределение (*n*): *a posteriori* ∼ апостериорное распределение; *a priori* ∼ априорное распределение; *absolute* ∼ абсолютное/безусловное распределение; *absolutely continuous* ∼ абсолютно непрерывное распределение; *accompanying* ∼ сопровождающее распределение; *age* ∼ распределение возраста; *aging* ∼ стареющее распределение; *arcsine* ∼ распределение арксинуса; *asymptotically uniform* ∼ асимптотически равномерное распределение; *atomic* ∼ атомическое распределение; *beneficial aging* ∼ молодеющее распределение; *Bernoulli* ∼ распределение Бернулли; *beta* ∼ бета-распределение; *bimodal* ∼ бимодальное/двувершинное распределение; *Bingham* ∼ распределение Бингхэма; *binomial* ∼ биномиальное распределение; *bivariate* ∼ двумерное распределение; *bivariate normal* ∼ двумерное нормальное распределение; *Boltzmann* ∼ распределение Больцмана; *Borel–Tanner* ∼ распределение Бореля–Таннера; *Bradford* ∼ распределение Бредфорда; *Burr* ∼ распределение Берра; *canonical* ∼ каноническое распределение, распределение Гиббса; *Cantor* ∼ распределение Кантора; *Cauchy* ∼ распределение Коши; *centre of a* ∼ центр распределения; *characterization of a* ∼ характеризация распределения; *Charlier* ∼ распределение Шарлье; *chi* ∼ хи-распределение; *chi square* ∼ хи-квадрат распределение; *complete family of* ∼s полное семейство распределений; *composition of* ∼s композиция (*f*) распределений; *compound Poisson* ∼ обобщенное/сложное распределение Пуассона; *conditional* ∼ условное распределение; *conjugate* ∼ сопряженное распределение; *consistent* ∼s согласованные распределения; *continuous* ∼ непрерывное распределение; *con-*

vergence in ∼ сходимость (*f*) по распределению; *convergence of* ∼s сходимость (*f*) распределений; *cumulative* ∼ *function* функция (*f*) распределения; ∼ *density* плотность (*f*) распределения; ∼ *function* функция (*f*) распределения; ∼ *law* закон (*m*) распределения; ∼ *type* тип распределения; *degenerate* ∼ вырожденное распределение; *Dirichlet* ∼ распределение Дирихле; *discrete* ∼ дискретное распределение; *dispersion of a* ∼ разброс (*m*) распределения; *domain of attraction of a stable* ∼ область (*f*) притяжения устойчивого распределения; *dominated family of* ∼s доминированное семейство распределений; *double exponential* ∼ двустороннее показательное распределение; *Dyson* ∼ распределение Дайсона; *empirical* ∼ эмпирическое распределение; *empirical* ∼ *function* эмпирическая функция распределения; *entrance* ∼ распределение входов; *equilibrium* ∼ равновесное распределение; *Erlang* ∼ распределение Эрланга; *excess of a* ∼ эксцесс распределения; *exponential* ∼ показательное распределение; *exponential family of* ∼s экспоненциальное семейство распределений; *fiducial* ∼ фидуциальное распределение; *finite-dimensional* ∼ конечномерное распределение; *Fisher–Snedecor* ∼ распределение Фишера–Снедекора; *Fisher F-* ∼ *F*-распределение Фишера; *Fisher z-* ∼ *z*-распределение Фишера; *gamma* ∼ гамма-распределение; *Gaussian* ∼ гауссовское/нормальное распределение; *generalized arcsine* ∼ обобщенное распределение арксинуса; *generalized hypergeometric* ∼ обобщенное гипергеометрическое распределение; *generalized hypergeometric series* ∼ обобщенное распределение гипергеометрического ряда; *generalized Wishart* ∼ обобщенное распределение Уишарта; *geometric* ∼ геометрическое распределение; *genus* ∼ распределение по роду; *Gibbs* ∼ распределение Гиббса; *Hotelling* T^2- ∼ T^2-распределение Хотеллинга; *hypergeometric* ∼ гипергеометрическое распределение; *hypergeometric series* ∼ распределение гипергеометрического ряда; *improper* ∼ несобственное распределение; *indecomposable* ∼ неразложимое распределение; *index of a* ∼ индекс (*m*) распределения; *infinitely divisible* ∼ безгранично делимое распределение; *initial* ∼ начальное распределение; *invariant* ∼ инвариантное распределение; *isotropic* ∼ изотропное распределение; *Jeffreys prior* ∼ априорное распределение Джеффриса; *joint* ∼ совместное распределение; *joint ~ function* совместная функция распределения; *joint probability ~* совместное распределение вероятностей; *Lagrange ~* распределение Лагранжа; *lattice ~* решетчатое распределение; *least favourable ~* наименее благоприятное распределение; *left Palm ~* левое распределение Пальма; *lifetime ~* распределение времени жизни; *limit ~* предельное распределение; *logarithmic series ~* распределение логарифмического ряда; *logistic ~* логистическое распределение; *lognormal ~* логарифмически нормальное (логнормальное) распределение; *Kapteyn ~* распределение Кептейна; *Kolmogorov ~* распределение Колмогорова; *Laplace ~* распределение Лапласа; *Lévy–Pareto ~* распределение Леви–Парето; *marginal ~* маргинальное/частное распределение; *marginal ~ function* маргинальная функция распределения; *Maxwell ~* распределение Максвелла; *microcanonical ~* микроканоническое распределение; *mixture of ~s* смесь (f) распределений; *mode of a ~* мода (f) / вершина (f) распределения; *monotone ~* монотонное распределение; *multimodal ~* многовершинное/мультимодальное распределение; *multinomial ~* полиномиальное распределение; *multivariate beta ~* многомерное бета-распределение; *multivariate ~* многомерное распределение; *multivariate normal ~* многомерное нормальное распределение; *negative binomial ~* отрицательное биномиальное распределение; *negative hypergeometric ~* отрицательное гипергеометрическое распределение; *negative multinomial ~* отрицательное полиномиальное распределение; *net of ~s* сеть (f) распределений; *nonatomic ~* неатомическое распределение; *noncentral chi square ~* нецентральное хи-квадрат распределение; *noncentral F-~* нецентральное F-распределение Фишера; *nondegenerate ~* невырожденное распределение; *normal ~* нормальное распределение; *offspring ~* распределение числа непосредственных потомков; *omega square ~* омега-квадрат распределение; *one-sided infinitely divisible ~* одностороннее безгранично делимое распределение; *operator stable ~* операторно устойчивое распределение; *Palm ~* распределение Пальма; *Pareto ~* распределение Парето; *Pascal ~* распределение Паскаля; *Pearson ~* распределение Пирсона; *Planck ~* распределение Планка; *Poisson ~* распределение Пуассона; *Pólya ~* распределение Пойа; *pos-*

terior ~ апостериорное распределение; *power series ~* распределение степенного ряда; *prior ~* априорное распределение; *probability ~* вероятностное распределение, распределение вероятностей; *proper ~* собственное распределение; *quasi-symmetric ~* квазисимметричное распределение; *Rayleigh ~* распределение Рэлея; *rectangular ~* прямоугольное распределение; *relatively weak compact family of ~s* слабо относительно компактное семейство распределений; *Rényi ~ function* функция (f) распределения Реньи; *sample ~* выборочное/эмпирическое распределение; *scaling limit of a ~* автомодельный предел распределения; *self-decomposable ~* саморазложимое распределение; *self-similar ~* автомодельное распределение; *semistable ~* полуустойчивое распределение; *Sherman ~* распределение Шермана; *Simpson ~* распределение Симпсона, треугольное распределение; *singular ~* сингулярное распределение; *skewness of a ~* асимметрия (f) распределения; *Smirnov ~* распределение Смирнова; *smoothing ~* сглаживающее неравенство; *Snedecor ~* распределение Снедекора; *span of a ~* (максимальный) шаг (m) распределения; *stable ~* устойчивое распределение; *standard normal ~* стандартное нормальное распределение; *stationary ~* стационарное распределение; *steady-state ~* стационарное распределение; *strictly stable ~* строго устойчивое распределение; *strictly unimodal ~* сильно одновершинное/унимодальное распределение; *Student ~* распределение Стьюдента; *symmetric ~* симметричное распределение; *tail of a ~* хвост (m) распределения; *triangular ~* треугольное распределение; *trinomial ~* триномиальное распределение; *truncated ~* усеченное распределение; *unconditional ~* безусловное распределение; *uniform ~* равномерное распределение; *unimodal ~* унимодальное/одновершинное распределение; *variance ratio ~* распределение дисперсионного отношения; *weak ~* слабое распределение, цилиндрическая вероятность; *Weibull ~* распределение Вейбулла; *Wigner ~* распределение Вигнера; *Wilks ~* распределение Уилкса; *Wishart ~* распределение Уишарта; *worst ~* наихудшее распределение

divergent, *adj.* расходящийся: *~ sequence* расходящаяся последовательность; *~ series* расходящийся ряд

divide-and-conquer algorithm алгоритм (m) "разделяй и властвуй"

dodecagon, *n.* десятиугольник (*m*)

Dodge plan план (*m*) Доджа

Doeblin condition условие (*n*) Деблина

Doeblin theorem теорема (*f*) Деблина

Doeblin universal law универсальный закон Деблина

domain, *n.* область (*f*): ∼ *of attraction of a stable distribution* область притяжения устойчивого распределения; ∼ *of normal attraction of a stable law* область нормального притяжения устойчивого закона; ∼ *of partial attraction of an infinitely divisible law* область частичного притяжения безгранично делимого закона

domatic number доматическое число

dominated family of distributions доминированное семейство распределений

dominating, *adj.* доминирующий: ∼ *set* доминирующее множество; ∼ *vector* доминирующий вектор

domination, *n.* доминирование (*n*)

Donsker–Prokhorov invariance principle принцип (*m*) инвариантности Донскера–Прохорова

Doob–Meyer decomposition разложение (*n*) Дуба–Мейера

Doob's centering constants центрирующие постоянные (*pl*) Дуба

Doob's inequality неравенство (*n*) Дуба

double, *adj.* двойной: ∼ *exponential distribution* двустороннее показательное распределение; ∼ *selection problem* задача (*f*) о двойном выборе

doubly censored data дважды цензурированные данные (*pl*)

doubly stochastic matrix дважды стохастическая матрица

downset, *n.* тень (*f*)

drift, *n.* снос (*m*): ∼ *coefficient* коэффициент (*m*) сноса; ∼ *vector* вектор (*m*) сноса

dual, *adj.* двойственный, сопряженный: ∼ *Markov process* двойственный марковский процесс; ∼ *transfer problem* сопряженная задача переноса

duality, *n.* двойственность (*f*): ∼ *of infinitely divisible distributions* двойственность безгранично делимых распределений

Dudley metric метрика (*f*) Дадли

Dudley's condition условие (*n*) Дадли

durability, *n.* долговечность (*f*): ∼ *testing* проверка (*f*) долговечности

Durbin–Watson test критерий (*m*) Дурбина–Уотсона/Ватсона

Dvoretzky–Rodgers theorem теорема (*f*) Дворецкого–Роджерса

Dvoretzky procedure процедура (*f*) Дворецкого

dyadic process диадический процесс

dynamic programming динамическое программирование: *sensitive criteria in* ∼ чувствительные критерии в динамическом программировании; *stochastic* ∼ стохастическое динамическое программирование

dynamical system динамическая система: ∼ *with pure point spectrum* динамическая система с чисто точечным спектром; *entropy of a* ∼ энтропия (*f*) динамической системы; *equilibrium* ∼ равновесная динамическая система; *quotient of a* ∼ фактор–система (*f*) динамической системы; *small stochastic perturbations of a* ∼ малые стохастические возмущения динамической системы; *topological entropy of a* ∼ топологическая энтропия динамической системы; *weakly isomorphic* ∼*s* слабо изоморфные динамические системы

E

econometrics, *n.* эконометрика (*f*)

Eden cluster кластер (*m*) Идена

EDF (empirical distribution function) эмпирическая функция распределения

edge, *n.* ребро (*n*), реберный: *contractible* ∼ сжимаемое ребро; *disjoint* ∼*s* непересекающиеся ребра; ∼ *coloring* реберная раскраска; ∼ *connectivity* реберная связность; ∼ *covering number* число (*n*) реберного покрытия; ∼ *density* реберная плотность; ∼ *independence number* число (*n*) реберной независимости; ∼ *packing* реберная упаковка

Edgeworth–Cramér expansion разложение (*n*) Эджворта–Крамера

effect, *n.* эффект (*m*): *Slutsky–Yule* ∼ эффект Слуцкого–Юла

efficiency, *n.* эффективность (*f*): *asymptotic* ∼ асимптотическая эффективность; *asymptotic relative* ∼ асимптотическая относительная эффективность; *Bahadur* ∼ эффективность по Бахадуру; ∼ *of a statistical procedure* эффективность статистической процедуры; *Pitman* ∼ эффективность по Питмену; *relative* ∼ относительная эффективность; *resource* ∼ эффективность ресурса; ∼ *preservation index* коэффициент (*m*) сохранения эффективности

efficient, *adj.* эффективный: ∼ *estimator* эффективная оценка; *second order* ∼ *estimator* эффективная оценка второго порядка

eigenvalue, *n.* собственное число/значение

eigenvector, *n.* собственный вектор

Einstein–Smoluchowski model модель

(*f*) Эйнштейна–Смолуховского

Ekman layer слой (*m*) Экмана

Ekman spyral спираль (*f*) Экмана

element, *n.* элемент (*m*): *random ~* случайный элемент; *Gaussian random ~* гауссовский случайный элемент

elementary, *adj.* элементарный: *~ event* элементарное событие; *~ measure* элементарная мера; *~ probability* элементарная вероятность; *~ set* элементарное множество; *space of ~ events* пространство (*n*) элементарных событий

Elfing equivalence theorem теорема (*f*) эквивалентности Элфинга

elimination, *n.* исключение (*n*): *perfect ~* совершенное исключение; *semiperfect ~* полусовершенное исключение

ellipsoid of concentration эллипсоид (*m*) рассеяния

elliptic, *adj.* эллиптический: *~ equation* эллиптическое уравнение; *~ law* эллиптический закон

embedded, *adj.* вложенный: *~ branching process* вложенный ветвящийся процесс; *~ Markov chain* вложенная цепь Маркова; *~ process* вложенный процесс

embedding, *n.* вложение (*n*)

emigration, *n.* эмиграция (*f*)

empirical, *adj.* эмпирический: *~ Bayes approach* эмпирический бейесовский подход; *~ Bayes decision function* эмпирическая бейесовская решающая функция; *~ Bayes estimator* эмпирическая бейесовская оценка; *~ covariance matrix* эмпирическая ковариационная матрица; *~ distribution* эмпирическое распределение; *~ distribution function* эмпирическая функция распределения; *~ influence function* эмпирическая функция влияния; *~ measure* эмпирическая мера; *~ moment* эмпирический/выборочный момент; *~ orthogonal functions* эмпирические ортогональные функции; *~ process* эмпирический процесс; *~ quantile function* эмпирическая квантильная функция; *~ regression line* эмпирическая линия регрессии

enclosing cycle окружающий цикл

encoding, *n.* кодирование (*n*): *combinatorial ~* комбинаторное кодирование; *cribbing ~* кодирование с подглядыванием; *source ~ with side information* кодирование источника с дополнительной информацией; *stochastic ~* вероятностное кодирование; *universal ~* универсальное кодирование

end vertex концевая вершина

endomorphism, *n.* эндоморфизм (*m*): *Bernoulli ~* эндоморфизм Бернулли; *~ of a measure space* эндоморфизм пространства с мерой; *exact ~* точный эн-

доморфизм

energy, *n.* энергия (*f*): *~ level* уровень (*m*) энергии; *~ spectrum* энергетический спектр; *free ~* свободная энергия; *turbulent ~ dissipation* диссипация (*f*) энергии турбулентности; *turbulent ~ equation* уравнение (*n*) энергии турбулентности

Engset formula формула (*f*) Энгсета

ensemble, *n.* ансамбль (*m*): *canonical ~* канонический ансамбль; *grand canonical ~* большой канонический ансамбль; *Wigner ~* ансамбль Вигнера

enstrophy, *n.* энстрофия (*f*): *potential ~* потенциальная энстрофия

entrance, *n.* вход (*m*), входной: *~ boundary* граница-вход (*f*); *~ distribution* распределение (*n*) входов; *~ law* закон (*m*) входа

entropy, *n.* энтропия (*f*): *algorithmic ~* алгоритмическая энтропия; *conditional ~* условная энтропия; *differential ~* дифференциальная/относительная энтропия; *~ criterion* энтропийный критерий; *~ of a dynamical system* энтропия динамической системы; *~ of a partition* энтропия разбиения; *~ power* энтропийная мощность; *epsilon-~* эпсилон-энтропия; *Hardy ~* энтропия Харди; *metric ~* метрическая энтропия; *prefix ~* префиксная энтропия; *relative ~* относительная энтропия; *Rényi ~* энтропия Реньи; *Shannon ~* энтропия Шеннона; *thermodynamical ~* термодинамическая энтропия; *topological ~ of a dynamical system* топологическая энтропия динамической системы

enumeration, *n.* перечисление (*n*): *binomial ~* биномиальное перечисление; *~ algorithm* перечислительный алгоритм; *~ theory* теория (*f*) перечислений

enumerative problem перечислительная задача

envelope, *n.* огибающая (*f*): *~ of a power function* огибающая функции мощности; *~ of a random process* огибающая случайного процесса; *signal ~* огибающая сигнала; *~ delay* групповая задержка

equalizing strategy уравнивающая стратегия

equation, *n.* уравнение (*n*): *algebraic random ~* алгебраическое случайное уравнение; *backward Kolmogorov ~* обратное уравнение Колмогорова; *Bellman ~* уравнение Беллмана; *Boltzmann ~* уравнение Больцмана; *Burgers ~* уравнение Бюргерса; *correlation ~* корреляционное уравнение; *difference ~* разностное уравнение; *elliptic ~* эллиптическое уравнение; *filtering* ∼ уравнение фильтрации; *Fokker–Planck* ∼ уравнение Фоккера–Планка; *forward Kolmogorov* ∼ прямое уравнение Колмогорова; *Friedmann–Keller equations* уравнения Фридмана–Келлера; *heat* ∼ уравнение теплопроводности; *Hopf* ∼ уравнение Хопфа; *hydrodynamics equations* уравнения гидродинамики; *Karman–Howarth* ∼ уравнение Кармана–Ховарта; *kinetic transfer* ∼ кинетическое уравнение переноса; *Kolmogorov backward* ∼ обратное уравнение Колмогорова; *Kolmogorov–Chapman* ∼ уравнение Колмогорова–Чепмена; *Kolmogorov* ∼ *power series* степенной ряд уравнения Колмогорова; *Lagrange* ∼ уравнение Лагранжа; *Langevin* ∼ уравнение Ланжевена; *likelihood* ∼ уравнение правдоподобия; *linear stochastic differential* ∼ линейное стохастическое дифференциальное уравнение; *linear stochastic parabolic* ∼ линейное стохастическое параболическое уравнение; *Liouville stochastic differential* ∼ стохастическое дифференциальное уравнение Лиувилля; *logistic* ∼ логистическое уравнение; *Markov renewal* ∼ уравнение марковского восстановления; *Navier-Stokes stochastic differential* ∼ стохастическое дифференциальное уравнение Навье–Стокса; *nonlinear* ∼ нелинейное уравнение; *operator stochastic differential* ∼ операторное стохастическое дифференциальное уравнение; *Orr–Sommerfeld* ∼ уравнение Орра–Зоммерфельда; *Palm–Khinchin* ∼*s* уравнения Пальма–Хинчина; *partial differential* ∼ уравнение в частных производных; *Peierls* ∼ уравнение Пайерлса; *quantum stochastic differential* ∼ квантовое стохастическое дифференциальное уравнение; *random algebraic* ∼ случайное алгебраическое уравнение; *regression* ∼ уравнение регрессии; *renewal* ∼ уравнение восстановления; *resolvent* ∼ резольвентное уравнение; *Reynolds* ∼*s* уравнения Рейнольдса; *Schrödinger* ∼ уравнение Шредингера; *self-similarity* ∼*s* уравнения автомодельности; *stochastic differential* ∼ стохастическое дифференциальное уравнение; *stochastic partial differential* ∼ стохастическое дифференциальное уравнение с частными производными; *symmetric stochastic differential* ∼ симметрическое стохастическое дифференциальное уравнение, стохастическое дифференциальное уравнение в форме Стратоновича; *system of normal* ∼*s* система нормальных уравнений; *transfer kinetic* ∼ кинетиче-

ское уравнение переноса; *turbulent energy* ∼ уравнение энергии турбулентности; *Vlasov* ∼ уравнение Власова; *wave* ∼ волновое уравнение; *Wiener–Hopf* ∼ уравнение Винера–Хопфа; *Yule–Walker* ∼ уравнение Юла–Уокера

equilibrium, *n.* равновесие (*n*), равновесный: ∼ *distribution* равновесное распределение; ∼ *potential* равновесный потенциал; ∼ *statistical mechanics* равновесная статистическая механика; ∼ *dynamical system* равновесная динамическая система

equivalent, *adj.* эквивалентный: ∼ *measures* эквивалентные меры (*pl*); ∼ *partitions* эквивалентные разбиения (*pl*)

equivariant estimator эквивариантная оценка

Erdös–Rényi law of large numbers закон (*m*) больших чисел Эрдеша–Реньи

ergodic, *adj.* эргодический: *abstract* ∼ *theorem* абстрактная эргодическая теорема; *Birkhoff–Khinchin* ∼ *theorem* эргодическая теорема Биркгофа–Хинчина; ∼ *Markov chain* эргодическая цепь Маркова; ∼ *random process* эргодический случайный процесс; ∼ *set* эргодический класс (состояний); ∼ *theorem* эргодическая теорема; ∼ *theory* эргодическая теория; *individual* ∼ *theorem* индивидуальная эргодическая теорема; *subadditive* ∼ *theorem* субаддитивная эргодическая теорема

ergodicity, *n.* эргодичность (*f*): ∼ *condition* условие (*n*) эргодичности

Erlang distribution распределение (*n*) Эрланга

Erlang formula формула (*f*) Эрланга

erosion, *n.* эрозия (*f*)

error, *n.* ошибка (*f*): ∼ *-correcting code* исправляющий ошибки код; ∼ *of experiment* ошибка эксперимента; *experiment* ∼ ошибка эксперимента; *first kind* ∼ ошибка первого рода; *gross* ∼ *sensitivity* чувствительность (*f*) к большим ошибкам; *mean square root* ∼ среднеквадратичная ошибка; *mean squared* ∼ квадратичная ошибка; *measurement* ∼ ошибка измерения; *observation* ∼ ошибка наблюдения; *prediction* ∼ ошибка предсказания/прогноза; *probable* ∼ вероятное/срединное отклонение; *quadratic* ∼ квадратичная ошибка; *random* ∼ случайная ошибка; *rounding* ∼ ошибка округления; *second kind* ∼ ошибка второго рода; *standard* ∼ стандартное/среднеквадратичное отклонение; *systematic* ∼ систематическая ошибка; *theory of* ∼*s* теория (*f*) ошибок; *type I* ∼ ошибка первого рода; *type II* ∼ ошибка второго рода; *vector of* ∼*s* вектор (*m*) ошибок

Esseen theorem теорема (*f*) Эссеена

essential, *adj.* существенный: ~ *completeness* существенная полнота; ~ *state* существенное состояние

essentially complete class of tests существенно полный класс критериев

estimable function функция (*f*), допускающая несмещенную оценку

estimate, *n.* оценка (*f*) (см. estimator)

estimation, *n.* оценивание (*n*): *adaptive* ~ адаптивное оценивание; *asymptotic theory of* ~ асимптотическая теория оценивания; *constrained* ~ оценивание при наличии ограничений; ~ *from observations* оценивание по наблюдениям; *interval* ~ интервальное/доверительное оценивание; *nonparametric* ~ *of probability density* непараметрическое оценивание плотности вероятностей; *parameter* ~ оценивание параметра; *recursive* ~ рекуррентное оценивание; *robust* ~ робастное оценивание; *sequential* ~ последовательное оценивание; *statistical* ~ статистическое оценивание; *uniformly consistent* ~ равномерно состоятельное оценивание

estimator, *n.* оценка (*f*): *adaptive* ~ адаптивная оценка; *admissible* ~ допустимая оценка; *asymptotically Bayes* ~ асимптотически бейесовская оценка; *asymptotically efficient* ~ асимптотически эффективная оценка; *asymptotically minimax* ~ асимптотически минимаксная оценка; *asymptotically normal* ~ асимптотически нормальная оценка; *asymptotically unbiased* ~ асимптотически несмещенная оценка; *autoregressive spectral* ~ авторегрессионная спектральная оценка; *BAN (best asymptotically normal)* ~ наилучшая асимптотически нормальная оценка; *Bartlett* ~ оценка Бартлетта; *Bayes* ~ бейесовская оценка; *best invariant* ~ наилучшая инвариантная оценка; *best linear unbiased* ~ наилучшая линейная несмещенная оценка; *bias of an* ~ смещение (*n*) оценки; *biased* ~ смещенная оценка; *Chentsov distribution density* ~ оценка плотности распределения Ченцова; *consistent* ~ состоятельная оценка; ~ *of location (scale) parameter* оценка параметра сдвига (масштаба); *efficient* ~ эффективная оценка; *empirical Bayes* ~ эмпирическая бейесовская оценка; *equivariant* ~ эквивариантная оценка; *generalized Bayes* ~ обобщенная бейесовская оценка; *Hodges* ~ оценка Ходжеса; *Huber* ~ оценка Хьюбера; *inadmissible* ~ недопустимая оценка; *inconsistent* ~ несо-

стоятельная оценка; *interval* ~ интервальная оценка; *invariant* ~ инвариантная оценка; *James–Stein* ~ оценка Джеймса–Стейна; *Kaplan–Meier* ~ оценка Каплана–Мейера, множительная оценка функции распределения; *kernel density* ~ ядерная оценка плотности; *kernel* ~ ядерная оценка; *L-estimator* L-оценка; *linear* ~ линейная оценка; *linear minimum variance* ~ линейная оценка с наименьшей дисперсией; *M-estimator* М-оценка; *maximum entropy spectral* ~ спектральная оценка максимальной энтропии; *maximum likelihood* ~ оценка максимального правдоподобия; *maximum likelihood spectral* ~ спектральная оценка максимального правдоподобия; *median-unbiased* ~ медианно несмещенная оценка; *minimax* ~ минимаксная оценка; *minimum distance* ~ оценка минимального расстояния; *minimum variance* ~ оценка с минимальной дисперсией; *minimum variance unbiased* ~ несмещенная оценка с минимальной дисперсией; *mode-unbiased* ~ модально несмещенная оценка; *moment method* ~ оценка по методу моментов; *MVU (minimum variance unbiased)* ~ несмещенная оценка с минимальной дисперсией; *Nadaraya–Watson* ~ оценка Надарая–Ватсона; *nonlinear* ~ нелинейная оценка; *nonparametric density* ~ непараметрическая оценка плотности; *nonparametric* ~ *of spectral density* непараметрическая оценка спектральной плотности; *nonparametric* ~ непараметрическая оценка; *orthogonal series* ~ проективная оценка; *parametric spectral* ~ параметрическая спектральная оценка; *Parzen* ~ оценка Парзена; *Pisarenko spectral* ~ спектральная оценка Писаренко; *Pitman* ~ оценка Питмена; *point* ~ точечная оценка; *product-limit* ~ множительная оценка функции распределения; *proper* ~ правильная оценка; *R-*~ R-оценка; *randomized* ~ рандомизированная оценка; *recursive* ~ рекуррентная оценка; *regression* ~ оценка регрессии; *ridge* ~ гребневая/хребтовая оценка; *risk unbiased* ~ несмещенная по риску оценка; *robust* ~ робастная оценка; *Rosenblatt–Parzen* ~ оценка Розенблатта–Парзена; *second order efficient* ~ эффективная второго порядка оценка; *sequent* ~ последующая оценка; *sequential* ~ последовательная оценка; *Shorack* ~ оценка Шорака; *shrinkage* ~ сжимающая оценка; *spectrograph* ~ статистика (*f*) типа Гренандера–Розенблатта; *spline* ~ сплайн-оценка; *stable* ~

устойчивая/стабильная оценка; *sufficient* ~ достаточная оценка; *super-efficient* ~ сверхэффективная/суперэффективная оценка; *Tukey–Henning* ~ оценка Тьюки–Хеннинга; *unbiased* ~ несмещенная оценка; *unbiased linear* ~ несмещенная линейная оценка; *Yule–Walker* ~ оценка Юла–Уокера

Euclidean approach евклидов подход (m)

Euclidean distance евклидово расстояние (n)

Euclidean quantum field theory евклидова квантовая теория поля

Euclidean shape евклидов шейп (m)

eugenics евгеника (f)

Euler–Maclaurin expansion разложение (n) Эйлера–Маклорена

Euler number число (n) Эйлера

Euler polynomial полином (m) Эйлера

event, *n.* событие (n): *algebra of* ~s алгебра (f) событий; *certain* ~ достоверное событие; *complement of an* ~ дополнительное/противоположное событие; *complementary* ~ дополнительное событие; *conjunction of events* совмещение (n) событий; *dependent* ~s зависимые события; *disjoint* ~s несовместные события; *elementary* ~ элементарное событие; *favourable* ~ благоприятное событие; *frequency of a random* ~ частота (f) случайного события; *impossible* ~ невозможное событие; *independent* ~s независимые события; *indicator of an* ~ индикатор (m) события; *intersection of events* пересечение (n) событий; *mutually exclusive* ~s несовместные события; *negation of an* ~ противоположное событие; *random* ~ случайное событие; *recurrent* ~ рекуррентное/возвратное событие; *remote* ~ остаточное событие; *renovating* ~ обновляющее событие; *space of elementary* ~s пространство (n) элементарных событий/исходов; *sum of* ~s сумма (f) / объединение (n) событий; *union of* ~s объединение (n) / сумма (f) событий

evolutional stochastic differential equation эволюционное стохастическое дифференциальное уравнение

evolutionary, *adj.* эволюционирующий: ~ *spectral function* эволюционирующая спектральная функция; ~ *spectral measure* эволюционирующая спектральная мера; ~ *spectral representation* эволюционирующее спектральное представление

exact, *adj.* точный: ~ *algorithm* точный алгоритм; ~ *band* точная полоса; ~ *design* точный план; ~ *endomorphism* точный эндоморфизм; ~ *test* точный крите-

рий

excess, *n.* эксцесс (m), перескок (m) (блуждания): *coefficient of* ~ коэффициент (m) эксцесса; ~ *of a distribution* эксцесс распределения; ~ *of a random walk* эксцесс/перескок случайного блуждания

excessive, *adj.* эксцессивный: ~ *function* эксцессивная функция; ~ *measure* эксцессивная мера

exchangeable random variables перестановочные случайные величины (pl)

exchangeability, *n.* перестановочность (f)

exclusion method метод (m) исключения

excursion, *n.* экскурсия (f) / выброс (m): *Brownian* ~ броуновская экскурсия; *shifted* ~ сдвинутая экскурсия

exit, *n.* выход (m): ~ *boundary* граница-выход (f); ~ *density* плотность (f) вероятности выхода; ~ *rate* интенсивность (f) выхода, плотность (f) вероятности выхода

expander, *n.* расширитель (m)

expansion, *n.* разложение (n): *Edgeworth–Cramér* ~ разложение Эджворта–Крамера; *Euler–Maclaurin* ~ разложение Эйлера–Маклорена; ~ *into orthogonal series* разложение в ортогональный ряд; ~ *with respect to a small parameter* разложение по малому параметру; *high temperature* ~ высокотемпературное разложение; *Karhunen–Loéve* ~ разложение Карунена–Лоэва; *Mayer* ~ разложение Майера; *orthogonal* ~ *of a random process* ортогональное разложение случайного процесса; *virial* ~ вириальное разложение

expectation, *n.* математическое ожидание, среднее значение: *conditional* ~ условное математическое ожидание

expected, *adj.* средний, ожидаемый: ~ *recurrence time* среднее время возвращения; ~ *reward criterion* критерий (m) ожидаемого дохода; ~ *utility* ожидаемая полезность; ~ *value* математическое ожидание, среднее значение

experiment, *n.* эксперимент (m), опыт (m): *design of extremal* ~s планирование (n) экстремальных экспериментов; ~ *error* ошибка (f) эксперимента; *factorial* ~ факторный эксперимент; *filtered* ~ эксперимент с фильтрацией; *fractional factorial* ~ дробный факторный эксперимент; *regression* ~ регрессионный эксперимент; *symmetric factorial* ~ симметричный факторный эксперимент

experimental design планирование (n) эксперимента

explicit, *adj.* явный: ~ *formula* явная

формула

exploratory data analysis разведочный статистический анализ данных

exponent, *n.* показатель (*m*): ∼ *of a stable distribution* показатель устойчивого распределения

exponential, *adj.* экспоненциальный, показательный; экспонента (*f*), показательная функция: ∼ *autoregressive model* экспоненциальная авторегрессионная модель; ∼ *autoregressive process* экспоненциальный авторегрессионный процесс; ∼ *distribution* показательное/экспоненциальное распределение; ∼ *family* экспоненциальное семейство; ∼ *generating function* экспоненциальная производящая функция

extendable plane расширяемая плоскость

extended, *adj.* расширенный, продолженный: ∼ *stochastic integral* расширенный стохастический интеграл

extension, *n.* расширение (*n*), продолжение (*n*): ∼ *of a Markov process* продолжение марковского процесса; *quadratic* ∼ квадратичное расширение

external, *adj.* внешний: ∼ *magnetic field* внешнее магнитное поле

extinction, *n.* вырождение (*n*): ∼ *of a branching process* вырождение ветвящегося процесса; ∼ *probability* вероятность (*f*) вырождения (ветвящегося процесса)

extrapolation, *n.* экстраполяция (*f*), прогноз (*m*): ∼ *of a random process* экстраполяция/прогнозирование случайного процесса

extremal, *n.* экстремальный: ∼ *problem* экстремальная задача; ∼ *statistical problem* экстремальная статистическая задача

F

face, *n.* грань (*f*)

facet, *n.* фасета (*f*), грань (*f*)

factor, *n.* фактор (*m*), множитель (*m*): ∼ *analysis* факторный анализ; ∼ *matroid* матроид (*m*) факторов; *interaction of* ∼*s* взаимодействие (*n*) факторов; *main effect of a* ∼ главный эффект фактора; *step* ∼ шаговый множитель

factorial факторный, факториальный, факториал (*m*): ∼ *cumulant* факториальный кумулянт/семиинвариант; ∼ *experiment* факторный эксперимент; ∼ *model* факторная модель; ∼ *moment* факториальный момент; ∼ *semiinvariant* факториальный семиинвари-

ант/кумулянт; *rotation of* ∼ *axes* вращение (*n*) факторных осей

factorization, *n.* факторизация (*f*): ∼ *identity* факторизационное тождество; ∼ *method* метод (*m*) факторизации; ∼ *theorem* факторизационная теорема

fading, *n.* затухание (*n*) / замирание (*n*): *Rayleigh* ∼ рэлеевское замирание; *slow* ∼ медленное замирание; *time-selective* ∼ время-селективное затухание

failure, *n.* отказ (*m*): ∼ *rate function* функция интенсивности отказа

false alarm ложная тревога

family, *n.* семейство (*n*): *cross intersecting families* взаимно пересекающиеся семейства (*pl*); *curved exponential* ∼ искривленное экспоненциальное семейство; *dominated* ∼ *of distributions* доминированное семейство распределений; *exponential* ∼ *of distributions* экспоненциальное семейство распределений; ∼ *of distributions* семейство распределений; *group* ∼ групповое семейство; *shift compact* ∼ сдвиг-компактное семейство; *Sperner* ∼ шпернерово семейство

Fano algorithm алгоритм (*m*) Фано

Fano inequality неравенство (*n*) Фано

farthest neighbor algorithm алгоритм (*m*) "дальнего соседа"

fast, *adj.* быстрый: ∼ *algorithm* быстрый алгоритм; ∼ *Fourier transform* быстрое преобразование Фурье

fatigue, *n.* усталость (*f*), усталостный

fault tree дерево (*n*) отказов

fault-tolerance нечувствительность (*f*) к отказам

favorable event благоприятное событие

feedback, *n.* обратная связь: ∼ *arc* дуга (*f*) обратной связи

Feller Markov chain феллеровская цепь Маркова

Feller process феллеровский процесс

Feller semigroup феллеровская полугруппа

Feller transition function феллеровская переходная функция

Fermi–Dirac statistics статистика (*f*) Ферми–Дирака

fermion space фермионное пространство

Fernique theorem теорема (*f*) Ферника

ferromagnetic model ферромагнитная модель

Feynman graph граф (*m*) Фейнмана

Feynman–Kac formula формула (*f*) Фейнмана-Каца

fiber process процесс (*m*) волокон

Fibonacci sequence последовательность (*f*) Фибоначчи

Fibonacci number число (*n*) Фибоначчи

Fibonacci tree дерево (*n*) Фибоначчи

fictitious state фиктивное состояние

fiducial, *adj.* фидуциальный: ~ *distribution* фидуциальное распределение; ~ *interval* фидуциальный интервал

field, *n.* поле (*n*): *Borel* ~ борелевское поле; *branching random* ~ ветвящееся случайное поле; *constructive quantum* ~ *theory* конструктивная квантовая теория поля; *discretizable random* ~ дискретизируемое случайное поле; *Euclidean* ~ евклидово поле; *external magnetic* ~ внешнее магнитное поле; ~ *trials* полевые испытания; *free Markov* ~ свободное марковское поле; *free* ~ свободное поле; *generalized random* ~ обобщенное случайное поле; *Gibbs random* ~ гиббсовское случайное поле; *Gibbs* ~ *potential* потенциал (*m*) гиббсовского поля; *harmonizable random* ~ гармонизуемое случайное поле; *homogeneous random* ~ однородное случайное поле; *isotropic random* ~ изотропное случайное поле; *Lévy* ~ поле Леви, многопараметрическое броуновское движение; *locally homogeneous random* ~ локально однородное случайное поле; *locally isotropic random* ~ локально изотропное случайное поле; *Markov random* ~ марковское случайное поле; *Nelson* ~ поле Нельсона; *ordering* ~ поле упорядочения/предпочтения; *point random* ~ точечное случайное поле; *Poisson random* ~ пуассоновское случайное поле; *quantum Euclidean* ~ квантовое евклидово поле; *random* ~ случайное поле; *random* ~ *with homogeneous increments* случайное поле с однородными приращениями; *random* ~ *with isotropic increments* случайное поле с изотропными приращениями; *Wiener* ~ винеровское поле; *Yang–Mills* ~ поле Янга-Миллса

FIFO (**first-in-first-out**) дисциплина (*f*) "первым пришел — первым обслуживается"

figurate number фигурное число

filling, *n.* заполнение (*n*)

filter, *n.* фильтр (*m*): ~ *phase* фаза (*f*) фильтра; *FIR)finite impulse response)* ~ фильтр с конечным импульсным откликом; *gain of a* ~ коэффициент (*m*) усиления фильтра; *IIR* (*infinite impulse response*) ~ фильтр с бесконечным импульсным откликом; *Kalman* ~ фильтр Калмана; *linear* ~ линейный фильтр; *response of a* ~ функция (*f*) отклика фильтра; *time response of a* ~ временная характеристика фильтра

filtered experiment эксперимент (*m*) с фильтрацией

filtering, *n.* фильтрация (*f*): ~ *equation* уравнение (*n*) фильтрации; ~ *of a random process* фильтрация случайного процесса; *nonlinear* ~ *of a random process* нелинейная фильтрация случайного процесса; *signal* ~ фильтрация сигнала

filtration, *n.* фильтрация (*f*), поток (*m*) (σ-алгебр)

final, *adj.* финальный, окончательный: ~ *probability* финальная вероятность; ~ *reward* финальная плата; ~ *type* финальный тип

fingerprint, *n.* отпечаток (*m*) пальца

finite, *adj.* конечный: ~ *difference approximation* конечноразностная аппроксимация; ~ *-dimensional distribution* конечномерное распределение; ~ *Markov chain* конечная цепь Маркова; ~ *measure* конечная мера; ~ *-memory channel* канал (*m*) с конечной памятью; ~ *partition* конечное разбиение; ~ *population* конечная совокупность; ~ *probabilistic automaton* конечный вероятностный автомат; ~ *-range potential* финитный потенциал

finitely additive set function конечно-аддитивная функция множеств

FIR (**finite impulse response**) **filter** фильтр (*m*) с конечным импульсным откликом

first, *adj.* первый: ~ *arrival time* момент (*m*) первого достижения/попадания; ~ *kind error* ошибка (*f*) первого рода; ~ *passage time* момент (*m*) / время (*n*) первого достижения/попадания/пересечения; ~ *return time* момент (*m*) первого возвращения

Fisher approximation фишеровская аппроксимация

Fisher exact test точный критерий Фишера

Fisher *F*-distribution *F*-распределение (*n*) Фишера

Fisher inequality неравенство (*n*) Фишера

Fisher information информация (*f*) Фишера

Fisher–Irwin test критерий (*m*) Фишера-Ирвина (Фишера-Иэйтиса)

Fisher–Snedecor distribution распределение (*n*) Фишера-Снедекора

Fisher transformation преобразование (*n*) Фишера

Fisher–Yates test критерий (*m*) Фишера-Иэйтиса (Фишера-Ирвина)

Fisher *z*-distribution *z*-распределение (*n*) Фишера

Fisk integral интеграл (*m*) Фиска

fixed-effects model модель (*f*) с фиксированными эффектами

fixed point неподвижная точка

FKG-inequality ФКЖ-неравенство (*n*)

flat regression плоская регрессия

flatly concentrated family of probability measures плоско концентрированное семейство вероятностных мер

flock, *n*. пучок (*m*), флок (*m*)

flow, *n*. поток (*m*): *Bernoulli* ∼ поток Бернулли; *continuous* ∼ непрерывный поток; *input* ∼ входной/входящий поток; *measurable* ∼ измеримый поток; *multicommodity* ∼ многопродуктовый поток; *Poisson* ∼ пуассоновский поток

Fock representation представление (*n*) Фока

Fock space пространство (*n*) Фока

Fokker–Planck equation уравнение (*n*) Фоккера–Планка

forbidden, *adj.* запрещенный: ∼ *minor* запрещенный минор; ∼ *subgraph* запрещенный подграф

forecast, *n*. прогноз (*m*): *alternating meteorological* ∼ альтернативный метеорологический прогноз; *statistical weather* ∼ статистический прогноз погоды

forest, *n*. лес (*m*): *random* ∼ случайный лес

form, *n*. форма (*f*): *bilinear* ∼ билинейная форма; *linear* ∼ линейная форма; *quadratic* ∼ квадратичная форма; *Wick* ∼ форма Вика

formula (*pl. formulae, formulas*), *n*. формула (*f*): *asymptotic* ∼ асимптотическая формула; *Bayes* ∼ формула Бейеса; *Clark* ∼ формула Кларка; *Dynkin* ∼ формула Дынкина; *Engset* ∼ формула Энгсета; *Erlang* ∼ формула Эрланга; *explicit* ∼ явная формула; *Feynman–Kac* ∼ формула Фейнмана-Каца; *Heisenberg* ∼ формула Гейзенберга; *inversion* ∼ формула обращения; *Itô* ∼ формула Ито; *Karman* ∼ формула Кармана; *Khinchin* ∼ формула Хинчина; *Kolmogorov* ∼ формула Колмогорова; *Kotel'nikov–Shannon* ∼ формула Котельникова–Шеннона; *Little* ∼ формула Литтла; *Palm* ∼ формула Пальма; *Pao* ∼ формула Пао; *Pollaczek–Khinchin* ∼ формула Поллачека–Хинчина; *quadrature* ∼ квадратурная формула; *quadrature* ∼ *with random nodes* квадратурная формула со случайными узлами; *random quadrature* ∼ случайная квадратурная формула; *reciprocal* ∼ формула обращения; *Shannon* ∼ формула Шеннона; *Stirling* ∼ формула Стирлинга; *stochastic Taylor* ∼ стохастическая формула Тэйлора; *total probability* ∼ формула полной вероятности; *Weyl* ∼ формула Вейля

Forsythe algorithm алгоритм (*m*) Форсайта

Forsythe method метод (*m*) / алгоритм (*m*) Форсайта

Forsythe relation соотношение (*n*) Форсайта

Fortet–Kac theorem теорема (*f*) Форте–Каца

Fortet–Kharkevich–Rozanov spectrum спектр (*m*) Форте–Харкевича–Розанова

Fortet–Mourier metric метрика (*f*) Форте–Мурье

forward difference разность (*f*) вперед, прямая разность

forwarding index индекс (*m*) ускорения

Foster criterion критерий (*m*) Фостера

four-fifth rule правило (*n*) четырех пятых

four-thirds law закон (*m*) четырех третей (Ричардсона)

Fourier series ряд (*m*) Фурье

Fourier–Stieltjes transform преобразование (*n*) Фурье–Стилтьеса

Fourier transform преобразование (*n*) Фурье

fractal, *n*. фрактал (*m*)

fraction, *n*. дробь (*f*): *continued* ∼ непрерывная дробь

fractional, *adj.* дробный: ∼ *Brownian motion* дробное броуновское движение; ∼ *factorial design* дробный факторный план; ∼ *factorial experiment* дробный факторный эксперимент; ∼ *white noise* дробный белый шум

frame of reference система (*f*) отсчета

Fréchet derivative производная (*f*) Фреше

free, *adj.* свободный: ∼ *Markov field* свободное марковское поле; ∼ *energy* свободная энергия; ∼ *field* свободное поле; ∼ *gas* свободный газ

frequency, *n*. частота (*f*): *absolute* ∼ абсолютная частота; *angular* ∼ угловая частота; *block* ∼ блоковая частота; *Brent–Vaissala* ∼ частота Вяйссела–Брента; *cyclic* ∼ циклическая частота; ∼ *interpretation of probability* частотная интерпретация вероятности; ∼ *modulation* частотная модуляция; ∼ *-modulated oscillation* частотно-модулированное колебание; ∼ *of a random event* частота случайного события; ∼ *-time spectral density* частотно-временная спектральная плотность; *Nyquist* ∼ частота Найквиста; *phase* ∼ *characteristic* фазовая частотная характеристика; *relative* ∼ относительная частота; *sample* ∼ выборочная частота; *side* ∼ боковая частота, спутник (*m*); *statistical stability of frequencies* статистическая устойчивость частот

Friedmann–Keller equations уравнения (*pl*) Фридмана-Келлера

Frobenius partition разбиение (*n*) Фробениуса

Fubini theorem теорема (*f*) Фубини

fully accessible queueing system полнодоступная система обслуживания

function, *n.* функция (*f*): *additive* ~ аддитивная функция; *additive set* ~ аддитивная функция множеств; *admissible decision* ~ допустимая решающая функция; *alpha-excessive* ~ альфа-эксцессивная функция; *almost Borel* ~ почти борелевская функция; *autocorrelation* ~ автокорреляционная/корреляционная функция; *autocovariance* ~ автоковариационная/ковариационная функция; *averaged spectral* ~ осредненная спектральная функция; *Bayes decision* ~ бейесовская решающая функция; *Bessel* ~ функция Бесселя; *beta* ~ бета-функция; *bispectral* ~ биспектральная функция; *Borel* ~ борелевская функция; *cadlag* ~ кадлаг функция (непрерывная справа и имеющая конечные пределы слева); *characteristic* ~ характеристическая функция; *completely additive set* ~ вполне аддитивная функция множеств; *concave* ~ вогнутая функция; *concentration* ~ функция концентрации; *conditional distribution* ~ условная функция распределения; *conditional likelihood* ~ условная функция правдоподобия; *convex* ~ выпуклая функция; *correlation* ~ корреляционная функция; *cospectral* ~ коспектральная функция; *countably additive set* ~ счетно-аддитивная функция множеств; *covariance* ~ ковариационная функция; *critical* ~ критическая функция; *cross correlation* ~ взаимная корреляционная функция; *cross covariance* ~ взаимная ковариационная функция; *cross-spectral* ~ взаимная спектральная функция; *cumulant generating* ~ производящая функция кумулянтов; *cumulative distribution* ~ функция распределения; *cumulative spectral* ~ кумулятивная спектральная функция; *decision* ~ решающая функция; *deviation* ~ функция уклонений; *digamma* ~ дигамма-функция; *Dirac delta* ~ дельта-функция Дирака; *discrete distribution* ~ дискретное распределение; *discriminant* ~ дискриминантная функция; *distribution* ~ функция распределения; *empirical distribution* ~ эмпирическая функция распределения; *empirical influence* ~ эмпирическая функция влияния; *empirical orthogonal* ~*s* эмпирические ортогональные функции; *empirical quantile* ~ эмпирическая квантильная функция; *envelope of a power*

~ огибающая функции мощности; *estimable* ~ функция, допускающая несмещенную оценку; *evolutionary spectral* ~ эволюционирующая спектральная функция; *excessive* ~ эксцессивная функция; *exponential generating* ~ экспоненциальная производящая функция; *F-adapted* ~ *F*-адаптированная (*F*-согласованная) функция; *failure rate* ~ функция интенсивности отказа; *Feller transition* ~ феллеровская переходная функция; *finitely additive set* ~ конечно-аддитивная функция множеств; *gain* ~ функция выигрыша; *Gallager* ~ функция Галлагера; *gamma* ~ гамма-функция; *Gaussian random* ~ гауссовская случайная функция; *generalized correlation* ~ обобщенная корреляционная функция; *generalized* ~ обобщенная функция; *generating* ~ производящая функция; *Green* ~ функция Грина; *Haar* ~ функция Хаара; *Hankel* ~ функция Ганкеля; *harmonic* ~ гармоническая функция; *harmonizable correlation* ~ гармонизуемая корреляционная функция; *hazard* ~ функция интенсивности отказа; *hazard rate* ~ функция интенсивности отказа; *Hilbert random* ~ гильбертова случайная функция; *homogeneous correlation* ~ однородная корреляционная функция; *homogeneous isotropic correlation* ~ однородная изотропная корреляционная функция; *homogeneous transition* ~ однородная/стационарная переходная функция; *hyperbolic* ~ гиперболическая функция; *impulse response* ~ импульсная переходная функция; *incomplete gamma* ~ неполная гамма-функция; *influence* ~ функция влияния; *invariant decision* ~ инвариантная решающая функция; *joint distribution* ~ совместная функция распределения; *leading* ~ ведущая функция; *leading* ~ *of a point process* ведущая функция точечного процесса; *Lévy spectral* ~ спектральная функция Леви; *likelihood* ~ функция правдоподобия; *load* ~ функция загрузки; *log-concave* ~ логарифмически вогнутая функция; *log-convex* ~ логарифмически выпуклая функция; *log-likelihood* ~ логарифмическая функция правдоподобия; *logarithmic likelihood* ~ логарифмическая функция правдоподобия; *longitudinal correlation* ~ продольная корреляционная функция; *loss* ~ функция потерь; *lower* ~ нижняя функция; *Lyapunov stochastic* ~ стохастическая функция Ляпунова; *marginal distribution* ~ маргинальная функция распределения; *marginal likelihood* ~ маргинальная функция правдоподобия; *measurable* ~ измеримая функция; *membership* ~ функция принадлежности (нечеткому множеству); *minimal decision* ~ минимальная решающая функция; *minimal excessive* ~ минимальная эксцессивная функция; *modified Bessel* ~ модифицированная функция Бесселя; *Möbius* ~ функция Мебиуса; *moment* ~ функция моментов; *multiplicative* ~ мультипликативная функция; *negative definite* ~ отрицательно определенная функция; *nonanticipating* ~ неупреждающая функция; *normal transition* ~ нормальная переходная функция; *objective* ~ целевая функция; *optimal decision* ~ оптимальная решающая функция; *orthogonal* ~s ортогональные функции; *Palm* ~ функция Пальма; *partial autocorrelation* ~ функция частной автокорреляции; *partial autocovariance* ~ функция частной автоковариации; *partial correlation* ~ частная корреляционная функция; *partial covariance* ~ функция частной ковариации; *penalty* ~ штрафная функция; *polar correlation* ~ полярная корреляционная функция; *polygamma* ~ полигамма функция; *polyspectral* ~ полиспектральная функция; *positive definite* ~ положительно определенная функция; *positive semidefinite* ~ неотрицательно определенная функция; *potential* ~ потенциальная функция; *power* ~ *of a test* функция мощности критерия; *primordial* ~ фундаментальная функция; *probabilistic generating* ~ вероятностная производящая функция; *quadratic loss* ~ квадратическая функция потерь; *quadrature spectral* ~ квадратурная спектральная функция; *quasilikelihood* ~ функция квазиправдоподобия; *Rademacher* ~ функция Радемахера; *random Boolean* ~ случайная булева функция; *random* ~ случайная функция; *randomized decision* ~ рандомизированная решающая функция; *rate-distortion* ~ скорость создания сообщений; *regression* ~ функция регрессии; *relay correlation* ~ релейная корреляционная функция; *relay cross correlation* ~ релейная взаимная корреляционная функция; *reliability* ~ функция надежности; *renewal* ~ функция восстановления; *Rényi distribution* ~ функция распределения Реньи; *response* ~ функция отклика; *reward* ~ текущая плата; *ridge* ~ гребневая/хребтовая функция; *risk* ~ функция риска; *sample correlation* ~ выборочная корреляционная функция; *sample covariance* ~ выборочная ковариационная функция; *sam-*

ple ~ выборочная функция, траектория, реализация; *Schwinger* ~ функция Швингера; *score* ~ функция меток; *sign correlation* ~ знаковая корреляционная функция; *slowly varying* ~ медленно меняющаяся функция; *spectral* ~ спектральная функция; *stationary correlation* ~ стационарная корреляционная функция; *stationary transition* ~ стационарная переходная функция; *step* ~ ступенчатая функция; *stochastically continuous transition* ~ стохастически непрерывная переходная функция; *strictly convex* ~ строго выпуклая функция; *strong Feller transition* ~ сильно феллеровская переходная функция; *structure* ~ структурная функция; *submodular* ~ субмодулярная функция; *supermodular* ~ супермодулярная функция; *temperature Green* ~ температурная функция Грина; *terminal decision* ~ функция заключительного решения; *transcendental* ~ трансцендентная функция; *transfer* ~ передаточная функция; *transition* ~ переходная функция; *transverse correlation* ~ поперечная корреляционная функция; *trial* ~ пробная функция; *U-estimable* ~ функция, допускающая несмещенную оценку; *U-estimable linear* ~ линейная функция, допускающая несмещенную оценку; *unbiased decision* ~ несмещенная решающая функция; *uniformly best decision* ~ равномерно лучшая решающая функция; *upper* ~ верхняя функция; *Ursell* ~ функция Урселла; *utility* ~ функция полезностей; *value* ~ функция ценности; *Walsh* ~ функция Уолша; *weight* ~ весовая функция; *Wightman* ~ функция Уайтмана

functional, *n.* функционал (*m*): *action* ~ функционал действия; *additive* ~ аддитивный функционал; *associated* ~ сопровождающий функционал (случайного множества); *boundary* ~ граничный функционал; *boundary* ~ *of a random walk* граничный функционал от случайного блуждания; *characteristic* ~ характеристический функционал; *correlation* ~ корреляционный функционал; ~ *of a Markov process* функционал от марковского процесса; *lower boundary* ~ нижний граничный функционал; *minimum distance* ~ функционал минимального расстояния; *Minkowski* ~ функционал Минковского; *multiplicative* ~ мультипликативный функционал; *totally discontinuous* ~ вполне разрывный функционал; *upper boundary* ~ верхний граничный функционал; *Wiener* ~ винеровский функционал

fundamental, *adj.* фундаментальный: ~

lemma of mathematical statistics фундаментальная лемма математической статистики (лемма (f) Неймана–Пирсона); ~ *matrix* фундаментальная матрица

G

gain, *n.* выигрыш (m), коэффициент (m) усиления: ~ *of a filter* коэффициент усиления фильтра; ~ *function* функция (f) выигрыша

Gallager function функция (f) Галлагера

Galton–Watson process процесс (m) Гальтона–Ватсона

Galerkin's approximation приближение (n) Галеркина

gambler's ruin problem задача (f) о разорении (игрока)

game, *n.* игра (f): *cooperative* ~ кооперативная игра; *lower value of a* ~ нижняя цена игры; *mixed* ~ смешанная/рандомизированная игра; *noncooperative* ~ некооперативная игра; *pebble* ~ фишечная игра; *randomized* ~ рандомизированная игра; *statistical* ~ статистическая игра; *two-person* ~ игра двух лиц; *upper value of a* ~ верхняя цена игры

gamma approximation гамма-аппроксимация (f)

gamma distribution гамма-распределение (f)

gamma function гамма-функция (f)

gamma-percentile operating time to failure гамма-процентная наработка

Garcia–Wachs algorithm алгоритм (m) Гарсиа–Уокса

Gateaux derivative производная (m) Гато

gauge model калибровочная модель

Gauss–Markov theorem теорема (f) Гаусса–Маркова

Gauss inequality неравенство (n) Гаусса

Gauss transform преобразование (n) Гаусса

Gaussian гауссовский: ~ *channel* гауссовский канал; ~ *covariance* гауссовская ковариация; ~ *cylindrical measure* гауссовская цилиндрическая мера; ~ *distribution* гауссовское/нормальное распределение; ~ *dynamical system* гауссовская динамическая система; ~ *law* гауссовский/нормальный закон; ~ *Markov process* гауссовский марковский процесс; ~ *measure* гауссовская мера; ~ *process* гауссовский процесс; ~ *random element* гауссовский случайный элемент; ~ *random function* гауссовская случайная функция; ~ *random matrix* гауссовская случайная матрица; ~ *random set* гауссовское случайное множество; ~ *random variable* гауссовская случайная величина; ~ *semimartingale* гауссовский семимартингал; ~ *state* гауссовское состояние; ~ *stationary process* гауссовский стационарный процесс; ~ *white noise* гауссовский белый шум

Gelfand integral интеграл (m) Гельфанда

general branching process общий ветвящийся процесс, процесс Крампа–Моде–Ягерса

general linear model общая линейная модель

general population генеральная совокупность

generalized, *adj.* обобщенный: ~ *arcsine distribution* обобщенное распределение арксинуса; ~ *Bayes estimator* обобщенная бейесовская оценка; ~ *block design* обобщенный блочный план; ~ *correlation function* обобщенная корреляционная функция; ~ *function* обобщенная функция; ~ *hypergeometric distribution* обобщенное гипергеометрическое распределение; ~ *hypergeometric series distribution* обобщенное распределение гипергеометрического ряда; ~ *measure* обобщенная/знакопеременная мера, заряд (m); ~ *random field* обобщенное случайное поле; ~ *random process* обобщенный случайный процесс; ~ *regression experiment* обобщенный регрессионный эксперимент; ~ *spectral density* обобщенная спектральная плотность; ~ *stationary process* обобщенный стационарный процесс; ~ *stochastic convolution* обобщенная стохастическая свертка; ~ *variance* обобщенная дисперсия; ~ *Wishart distribution* обобщенное распределение Уишарта

generating function производящая функция: ~ *of a random variable* производящая функция случайной величины; *moment* ~ производящая функция моментов; *probability* ~ вероятностная производящая функция

generator, *n.* производящий/инфинитезимальный оператор, образующая (f), генератор (m): *congruential* ~ конгруэнтный генератор (случайных чисел); ~ *of random numbers* датчик (m) / генератор (m) случайных чисел

generatrix, *n.* образующая (f) (линия)

genetics, *n.* генетика (f): *populational* ~ популяционная генетика

genus distribution распределение (n) по роду

genus of a graph род (*m*) графа

geodetic block геодезический блок

geometric, *adj.* геометрический: ~ *distribution* геометрическое распределение; ~ *graph* геометрический граф; ~ *process* геометрический процесс

geometry, *n.* геометрия (*f*): *integral* ~ интегральная геометрия; *stochastic differential* ~ стохастическая дифференциальная геометрия; *stochastic* ~ стохастическая геометрия

geophysical turbulence геофизическая турбулентность

geostrophic turbulence геострофическая турбулентность

Gibbs density плотность (*f*) Гиббса

Gibbs distribution распределение (*n*) Гиббса

Gibbs effect явление (*n*) Гиббса

Gibbs finite state конечное состояние Гиббса

Gibbs postulate постулат (*m*) Гиббса

Gibbs random field гиббсовское случайное поле

Gleason theorem теорема (*f*) Глисона

Glivenko–Cantelli theorem теорема (*f*) Гливенко-Кантелли

Glivenko theorem теорема (*f*) Гливенко

Gnedenko theorem теорема (*f*) Гнеденко

goodness-of-fit test критерий (*m*) согласия

Goursat stochastic problem стохастическая задача Гурса

Gram–Schmidt orthogonalization ортогонализация (*f*) Грама–Шмидта

grand canonical ensemble большой канонический ансамбль

granulometry, *n.* гранулометрия (*f*)

graph, *n.* граф (*m*): *antipodal* ~ антиподальный граф; *biconnected* ~ двусвязный граф; *bicyclic* ~ бициклический граф; *bidirected* ~ двунаправленный граф; *binding number of a* ~ число (*n*) связности графа; *bipartite* ~ двудольный граф; *biplanar* ~ бипланарный граф; *bipolarizable* ~ биполяризуемый граф; *bridged* ~ мостовой граф; *Cayley* ~ граф Кэли; *circumference of a* ~ окружность (*f*) графа; *close-packed* ~ точно упакованный граф; *chord* ~ граф хорд; *chordal* ~ хордовый граф; *circulant* ~ цикловый граф; *cochromatic* ~ кохроматический граф; *color-critical* ~ критический по цвету граф; *complete* ~ полный граф; *connected* ~ связный граф; *contracted* ~ сжатый граф; *contraction-critical* ~ критически стягиваемый граф; *convex* ~ выпуклый граф; *co-strongly perfect*

~ косильно-совершенный граф; *cubic* ~ кубический граф; *dense* ~ плотный граф; *directed* ~ ориентированный граф; *distance-regular* ~ дистанционно-регулярный граф; *distance-transitive* ~ дистанционно-транзитивный граф; *eigenvalue of a* ~ собственное значение графа; *extension of a* ~ расширение графа; *Feynman* ~ граф Фейнмана; *genus of a* ~ род (*m*) графа; *geometric* ~ геометрический граф; ~ *coloring* раскраска (*f*) графа; ~ *of finite genus* граф конечного рода; ~ *rewrite system* система (*f*) переписи графов; *grid* ~ решетчатый граф; *hallian* ~ галлиновый граф; *hereditary modular* ~ наследственно модулярный граф; *interchange* ~ граф замен; *interval containment* ~ граф вложения интервалов; *interval* ~ интервальный граф; *join of graphs* соединение (*n*) графов; *labelling of a* ~ разметка (*f*) графа; *minimal cut of a* ~ минимальный разрез графа; *multipartite* ~ многодольный граф; *n-partite* ~ *n*-дольный граф; *niche* ~ граф-ниша (*f*); *node-weighted* ~ граф со взвешенными узлами; *non-Hamiltonian* ~ негамильтонов граф; *nonoriented* ~ неориентированный граф; *opposition* ~ оппозиционный граф; *outerplanar* ~ внешнепланарный граф; *pancyclic* ~ панциклический граф; *path-like* ~ цепной граф; *perceptual* ~ перцептуальный граф; *perfect* ~ совершенный граф; *permutation* ~ граф перестановки; *planar* ~ планарный граф; *polytopic* ~ политопный граф; *prime distance* ~ граф простых расстояний; *quasi-parity* ~ квазичетный граф; *random* ~ случайный граф; *rooted* ~ корневой граф; *self-complementary* ~ самодополнительный граф; *signal flow* ~ сигнальный граф; *slim* ~ стройный граф; *sparse* ~ разреженный граф; *strict quasi-parity* ~ строгий квазичетный граф; *strongly connected* ~ сильно связный граф; *strongly regular* ~ сильно регулярный граф; *theta* ~ тэта-граф; *Turan* ~ турановский граф; *undirected* ~ неориентированный граф; *unicyclic* ~ унициклический граф; *vertex-transitive* ~ вершинно-транзитивный граф; *visibility* ~ граф видимости; *weak bipolarizable* ~ слабо биполяризуемый граф

graphical representation of data графическое представление данных

greatest common subgraphs наибольшие общие подграфы (*pl*)

greedoid, *n.* гридоид (*m*)

greedy set жадное множество

Greek-Latin греко-латинский: ~ *cube*

греко-латинский куб; ~ *square* греко-латинский квадрат

Green function функция (*f*) Грина

grid, *n.* решетка (*f*): ~ *graph* решетчатый граф

Griffiths inequality неравенство (*n*) Гриффитса

Gross topology топология (*f*) Гросса

gross-error sensitivity чувствительность (*f*) к большим ошибкам

ground state основное состояние

group, *n.* группа (*f*): *discrete renormalization* ~ дискретная ренормгруппа; ~ *allocation of particles* размещение (*n*) частиц комплектами; ~ *code* групповой код; ~ *delay* групповая задержка; ~ *divisible design* схема (*f*) с делимостью на группы; *Korvin* ~ группа Корвина; *Lie* ~ группа Ли; *measurable* ~ измеримая группа; *Moore* ~ группа Мура; *random walk on a* ~ случайное блуждание на группе; *renormalization* ~ ренормализационная группа; *root-compact* ~ корнекомпактная группа; *statistical* ~ *theory* статистическая теория групп; *stochastic* ~ стохастическая группа

grouped data сгруппированные данные (*pl*)

grouping, *n.* группировка (*f*): *correction for* ~ поправка (*f*) на группировку

H

Haar function функция (*f*) Хаара

Haar measure мера (*f*) Хаара

Hadamard matrix матрица (*f*) Адамара

Hahn theorem теорема (*f*) Хана

Hall theorem теорема (*f*) Холла

hallian graph галлиновый граф

Hamburger theorem теорема (*f*) Гамбургера

Hamiltonian cycle гамильтонов цикл

Hamiltonian path гамильтонов путь

Hamiltonian strategy гамильтонова стратегия

Hankel function функция (*f*) Ганкеля

Hannan–Quinn criterion критерий (*m*) Хенана–Куинна

Hardy entropy энтропия (*f*) Харди

harmonic, *adj.* гармонический: ~ *averaging* гармоническое усреднение; ~ *function* гармоническая функция; ~ *interpolation* гармоническая интерполяция

harmonizable, *adj.* гармонизуемый: ~ *correlation function* гармонизуемая корреляционная функция; ~ *random field* гармонизуемое случайное поле; ~ *ran-*

dom process гармонизуемый случайный процесс

Harris recurrent Markov chain возвратная по Харрису цепь Маркова

hashing, *n.* хеширование (*n*), смешивание (*n*): ~ *scheme* схема (*f*) смешивания

Hausdorff theorem теорема (*f*) Хаусдорфа

hazard function функция (*f*) интенсивности отказа

hazard rate function функция (*f*) интенсивности отказа

heavy traffic большая нагрузка

Heisenberg formula формула (*f*) Гейзенберга

Heisenberg model модель (*f*) Гейзенберга

helical turbulence спиральная турбулентность

helicity, *n.* спиральность (*f*): *mean* ~ средняя спиральность

Hellinger distance расстояние (*n*) Хеллингера

Hellinger integral интеграл (*m*) Хеллингера

Hellinger metric метрика (*f*) Хеллингера

Hellinger process процесс (*m*) Хеллингера

Helly theorem теорема (*f*) Хелли

hereditary, *adj.* наследственный: ~ *system* наследственная система; ~ *modular graph* наследственно-модулярный граф

heritability, *n.* наследственность (*f*)

Hermite polynomial полином (*m*) Эрмита

Hermitian matrix эрмитова матрица

Hermitian random matrix эрмитова случайная матрица

heterogeneity, *n.* неоднородность (*f*)

heteroscedasticity, *n.* гетероскедастичность (*f*) (неоднородность дисперсий)

heteroscedastic regression гетероскедастическая регрессия

heuristic algorithm эвристический алгоритм

hexagon, *n.* шестиугольник (*m*)

hierarchical classification procedure процедура иерархической классификации

hierarchical model иерархическая модель

hierarchy, *n.* иерархия (*f*)

Higgs model модель (*f*) Хиггса

high-order Markov chain сложная цепь Маркова

high temperature expansion высокотемпературное разложение

Hilbert random function гильбертова случайная функция

Hille–Iosida theorem теорема (*f*)

Хилле–Иосида

histogram, *n.* гистограмма (*f*)

Hitsuda–Skorokhod construction конструкция (*f*) Хитсуды–Скорохода (расширенного стохастического интеграла)

hitting time момент (*m*) первого достижения/попадания/пересечения

Hodges estimator оценка (*f*) Ходжеса

Hoeffding test критерий (*m*) Хефдинга

Hölder's inequality неравенство (*n*) Гельдера

Holt–Winters model модель (*f*) Хольта–Уинтерса

homogeneity, *n.* однородность (*f*)

homogeneous, *adj.* однородный: ~ *channel* однородный канал; ~ *chaos* однородный хаос; ~ *geometric process* однородный геометрический процесс; ~ *isotropic correlation function* однородная изотропная корреляционная функция; ~ *Markov chain* однородная цепь Маркова; ~ *Markov process* однородный марковский процесс; ~ *measure* однородная мера; ~ *random field* однородное случайное поле; ~ *space* равномерное пространство; ~ *transition function* однородная/стационарная переходная функция

homogenization of a stochastic differential equation усреднение (*n*) стохастического дифференциального уравнения

homoscedastic regression гомоскедастическая регрессия

homoscedasticity, *n.* гомоскедастичность (*f*) (однородность дисперсий)

honeycomb lattice сотовая решетка

hook-free coloring бескрюковая раскраска

Hopf equation уравнение (*n*) Хопфа

horizon of a model горизонт (*m*) модели

Hotelling T^2-distribution T^2-распределение (*n*) Хотеллинга

Hotelling test критерий (*m*) Хотеллинга, T^2-критерий (*m*)

Huber estimator оценка (*f*) Хьюбера

hull, *n.* оболочка (*f*): *convex* ~ выпуклая оболочка; *linear* ~ линейная оболочка

Hunt process процесс (*m*) Ханта

Hurst effect явление (*n*) Херста

hydrodynamic limit гидродинамический предел

hydrodynamics equations уравнения (*pl*) гидродинамики

hydromagnetic turbulence гидромагнитная / магнитогидродинамическая турбулентность

hyper, *n.* гипер (*m*)

hyper-Greek-Latin cube (square) гипергреко-латинский куб (квадрат)

hyperbolic function гиперболическая функция

hyperclaw, *n.* гиперкоготь (*m*)

hypercube, *n.* гиперкуб (*m*)

hypergeometric distribution гипергеометрическое распределение

hypergeometric series гипергеометрический ряд

hypergeometric series distribution распределение (*n*) гипергеометрического ряда

hypergraph, *n.* гиперграф (*m*): *attributed* ~ приписанный гиперграф

hypergroup, *n.* гипергруппа (*f*)

hyperoval, *n.* гиперовал (*m*)

hyperplane, *n.* гиперплоскость (*f*)

hypomorphism, *n.* гипоморфизм (*m*)

hypothesis (*pl. hypotheses*), *n.* гипотеза (*f*): *close hypotheses* близкие/сближающиеся гипотезы (*pl*); *composite* ~ сложная гипотеза; ~ *of the local kinematic self-similarity of turbulence* гипотеза локального кинематического подобия турбулентности; ~ *testing* проверка (*f*) гипотезы; *Kolmogorov's similarity* ~ гипотеза подобия Колмогорова; *linear* ~ линейная гипотеза; *null* ~ нулевая/основная гипотеза; *one-sided* ~ односторонняя гипотеза; *sequential hypotheses testing* последовательная проверка гипотез; *simple* ~ простая гипотеза; *testing of statistical* ~ проверка (*f*) статистической гипотезы

I

ideal, *adj.* идеальный: ~ *gas* идеальный газ; ~ *metric* идеальная метрика

idempotent measure идемпотентная мера

identical, *adj.* тождественный, одинаковый

identically distributed (i.d.) одинаково распределенные

identifiability, *n.* идентифицируемость (*f*) (параметров)

identifiable parameter идентифицируемый параметр

identity, *n.* тождество (*n*): *combinatorial* ~ комбинаторное тождество; *factorization* ~ факторизационное тождество; ~ *preserving transformation* преобразование (*n*), сохраняющее тождество; *resolvent* ~ резольвентное тождество; *Riordan* ~ тождество Риордана; *Plancherel* ~ тождество Планшереля; *Pollaczek–Spitzer* ~ тождество Поллачека–Спитцера; *Spitzer–Rogozin* ~ тождество Спитцера–Рогозина; *Wald* ~ тождество Вальда

IIR (infinite impulse response) filter

фильтр (m) с бесконечным импульсным откликом

image analysis анализ (m) изображения

image processing обработка (f) изображения

immigration иммиграция (f) (в ветвящемся процессе)

impossible event невозможное событие

improper, *adj.* несобственный: ~ *distribution* несобственное распределение

impulse, *n.* импульс (m): ~ *noise* импульсная помеха, импульсный шум; ~ *Poisson process* импульсный пуассоновский процесс; ~ *random process* импульсный случайный процесс; ~ *response function* импульсная функция отклика

inadmissible estimator недопустимая оценка

incidence, *n.* инцидентность (f)

inclusion, *n.* включение (n): *differential* ~ дифференциальное включение; ~-*exclusion method* метод (m) включения и исключения

incompatible observables несовместимые наблюдаемые (pl)

incomplete, *adj.* неполный: ~ *block design* неполный блочный план; ~ *data* неполные данные (pl); ~ *gamma function* неполная гамма-функция; ~ *information* неполная информация; ~ *Latin square* неполный латинский квадрат

inconsistent estimator несостоятельная оценка

increasing random process возрастающий случайный процесс

increment, *n.* приращение (n)

indecomposable, *adj.* неразложимый: ~ *branching process* неразложимый ветвящийся процесс; ~ *distribution* неразложимое распределение; ~ *Markov chain* неразложимая/неприводимая цепь Маркова

independence, *n.* независимость (f): ~ *number* число (n) независимости; *mutual* ~ взаимная независимость; *pairwise* ~ попарная независимость; *test of* ~ критерий (m) независимости

independent, *adj.* независимый: ~ *events* независимые события (pl); ~ *random variables* независимые случайные величины (pl); ~ *trials* независимые испытания (pl)

index (*pl. indices, indexes*), *n.* индекс (m): *forwarding* ~ индекс ускорения; ~ *of a distribution* индекс распределения; *ladder* ~ лестничный индекс

indicator, *n.* индикатор (m): ~ *metric* индикаторная метрика; ~ *of an event* индикатор события

indifference part безразличная доля

indifference zone зона (f) безразличия

individual ergodic theorem индивидуальная эргодическая теорема

induced subgraph порожденный/индуцированный подграф

inequality, *n.* неравенство (n): *Anderson's* ~ неравенство Андерсона; *Bernstein's* ~ неравенство Бернштейна; *Bernstein–Kolmogorov* ~ неравенство Бернштейна–Колмогорова; *Berry–Esseen* ~ неравенство Берри–Эссеена; *Bienaime–Chebyshev* ~ неравенство Бьенеме–Чебышева; *Bonferroni's* ~ неравенство Бонферрони; *Bunyakovsky/Bunyakowskii's* ~ неравенство Буняковского; *Burkhölder–Gundy–Davis* ~ неравенство Буркхольдера–Ганди–Дэвиса; *Burling's* ~ неравенство Берлинга; *Cauchy–Bunjakovsky* ~ неравенство Коши–Буняковского; *Chebyshev's* ~ неравенство Чебышева; *correlation* ~ корреляционное неравенство; *Cramér's* ~ неравенство Крамера; *Cramér–Rao* ~ неравенство Крамера–Рао; *Davis'* ~ неравенство Дэвиса; *Doob's* ~ неравенство Дуба; *exponential* ~ экспоненциальное неравенство; *Fano's* ~ неравенство Фано; *Fefferman's* ~ неравенство Феффермана; *Fisher* ~ неравенство Фишера; *FKG-* ~ ФКЖ-неравенство; *Gauss'* ~ неравенство Гаусса; *Griffiths'* ~ неравенство Гриффитса; *Hölder's* ~ неравенство Гельдера; *Jensen's* ~ неравенство Йенсена; *Khinchin's* ~ неравенство Хинчина; *Kolmogorov's* ~ неравенство Колмогорова; *Kolmogorov–Doob* ~ неравенство Колмогорова–Дуба; *Kraft–McMillan* ~ неравенство Крафта–Макмиллана; *Kunita–Watanabe* ~ неравенство Кунита–Ватанабэ; *Lebowitz'* ~ неравенство Лебовица; *Lévy's* ~ неравенство Леви; *Lyapunov's* ~ неравенство Ляпунова; *Markov's* ~ неравенство Маркова; *Minkowski's* ~ неравенство Минковского; *Mises'* ~ неравенство Мизеса; *quasi-variational* ~ квазивариационное неравенство; *Rao–Blackwell* ~ неравенство Рао–Блекуэлла; *Rao–Cramér–Wolfowitz* ~ неравенство Рао–Крамера–Вольфовица; *Rosenthal* ~ неравенство Розенталя; *Sanov* ~ неравенство Санова; *Schwartz'* ~ неравенство Шварца; *Slepian's* ~ неравенство Слепяна; *smoothing* ~ неравенство сглаживания; *variational* ~ вариационное неравенство; *Varshamov–Hilbert* ~ неравенство Варшамова–Гильберта; *Wald–Hoeffding* ~ неравенство Вальда–Хефдинга

inertia, *n.* инерция (f): ~ *of meteorological instruments* инерция метеорологических приборов; ~ *range of scales* инерционный интервал масштабов

infant mortality младенческая смертность

inference, *n.* статистические выводы (*pl*): *nonparametric* ~ непараметрические статистические выводы (*pl*)

infinite, *adj.* бесконечный: ~ *divisibility* безграничная делимость; ~ *Latin square* бесконечный латинский квадрат

infinitely divisible безгранично делимый: *duality of* ~ *distributions* двойственность (*f*) безгранично делимых распределений; ~ *distribution* безгранично делимое распределение; ~ *point process* безгранично делимый точечный процесс; ~ *random process* безгранично делимый случайный процесс; ~ *random set* безгранично делимое случайное множество; *mixture of* ~ *distributions* смесь (*f*) безгранично делимых распределений

infinitesimal, *adj.* инфинитезимальный: ~ *matrix* инфинитезимальная матрица; ~ *operator* инфинитезимальный оператор; ~ *system of measures* инфинитезимальная система мер

influence, *n.* влияние (*n*): ~ *curve* кривая (*f*) влияния; ~ *diagram* диаграмма (*f*) влияния; ~ *function* функция (*f*) влияния

information, *n.* информация (*f*), количество (*n*) информации: *a priori* ~ априорная информация; *amount of* ~ количество информации; *conditional* ~ условное количество информации; *incomplete* ~ неполная информация; ~ *density* информационная плотность; ~ *distance* информационное расстояние; ~ *measure* информационная мера; ~ *sequence* информационная последовательность; ~ *stability* информационная устойчивость; ~ *theory* теория (*f*) информации; ~ *transmission* передача (*f*) информации; *intrablock* ~ внутриблочная информация; *Kullback–Leibler* ~ информационное количество Кульбака–Лейблера; *loss of* ~ потеря (*f*) информации; *prior* ~ априорная информация; *rate of* ~ *transmission* скорость (*f*) передачи информации; *Riemann* ~ *metric* риманова информационная метрика; *Shannon* ~ информация Шеннона

informational correlation coefficient информационный коэффициент корреляции

informativeness, *n.* информативность (*f*)

initial distribution начальное распределение

innovation, *n.* обновление (*n*): ~ *com-*

ponent обновляющая компонента; ~ *process* обновляющий процесс

input, *n.* вход (*m*), входной/входящий поток: *Palm* ~ входной поток Пальма; ~ *flow* входной/входящий поток; ~ *signal* входной сигнал; ~ *stream* входной/входящий поток; *nonstationary* ~ нестационарный входной поток; *recurrent* ~ входной/входящий поток с ограниченным последействием, рекуррентный поток

inscribable polytope вписываемый многогранник

insensitivity problem проблема (*f*) нечувствительности/инвариантности

inspection, *n.* контроль (*m*), проверка (*f*): *acceptance* ~ статистический приемочный контроль; ~ *plan* план (*m*) контроля; *sampling* ~ выборочная проверка; *statistical acceptance* ~ статистический приемочный контроль

insurance theory теория (*f*) страхования

integer, *n.* целое (число (*n*)): *cyclotomic* ~ циклотомическое целое

integrability, *n.* интегрируемость (*f*): *Bochner* ~ интегрируемость по Бохнеру; *Pettis* ~ интегрируемость по Петтису

integral, *n.* интеграл (*m*): *Bochner* ~ интеграл Бохнера; *combinatorial* ~ *geometry* комбинаторная интегральная геометрия; *extended stochastic* ~ расширенный стохастический интеграл; *Fisk* ~ интеграл Фиска; *Gelfand* ~ интеграл Гельфанда; *Hellinger* ~ интеграл Хеллингера; ~ *geometry* интегральная геометрия; ~ *limit theorem* интегральная предельная теорема; ~ *renewal theorem* интегральная теорема восстановления; ~ *representation* интегральное представление; ~ *scale of correlation* интегральный масштаб корреляции; ~ *structure* интегральная структура (вероятностной метрики); ~ *transform* интегральное преобразование; ~ *tree* целочисленное дерево; *Itô stochastic* ~ стохастический интеграл Ито; *line* ~ криволинейный интеграл; *Loytsansky* ~ интеграл Лойцянского; *multiple stochastic* ~ кратный стохастический интеграл; *multiple Wiener* ~ кратный винеровский интеграл; *path* ~ функциональный/континуальный интеграл, интеграл по траекториям; *Pettis* ~ интеграл Петтиса; *probability* ~ интеграл вероятности; *Stieltjes–Minkowski* ~ интеграл Стилтьеса–Минковского; *stochastic* ~ стохастический интеграл; *stochastic* ~ *with respect to a martingale* стохастический интеграл по мартингалу; *stochastic ~ with respect to a martingale measure* стохастический интеграл по мартингальной мере; *stochastic ~ with respect to a random measure* стохастический интеграл по случайной мере; *stochastic ~ with respect to a semimartingale* стохастический интеграл по семимартингалу; *stochastic line ~* стохастический криволинейный интеграл; *stochastic multiple ~* стохастический кратный интеграл; *Stratonovich stochastic ~* стохастический интеграл Стратоновича; *symmetric stochastic ~* симметрический стохастический интеграл, интеграл Стратоновича; *Wiener ~* винеровский интеграл

integration, *n.* интегрирование (*n*): *numerical ~* численное интегрирование

intensity, *n.* интенсивность (*f*): *~ measure* мера (*f*) интенсивности; *~ of a point process* интенсивность точечного процесса

interaction, *n.* взаимодействие (*n*): *~ of factors* взаимодействие факторов

interchange graph граф (*m*) замен

interclass correlation межклассовая корреляция: *~ coefficient* межгрупповой коэффициент корреляции

interdecile range интердецильная широта

interference channel интерференционный канал

interpolation, *n.* интерполяция (*f*): *harmonic ~* гармоническая интерполяция; *optimal ~* оптимальная интерполяция; *polynomial ~* параболическая/полиномиальная интерполяция

intersection of events пересечение (*n*) событий

interval, *n.* интервал (*m*): *confidence ~* доверительный интервал; *deterministic tact ~* детерминированный тактовый интервал; *fiducial ~* фидуциальный интервал; *~ containment graph* граф (*m*) вложения интервалов; *~ estimation* интервальное/доверительное оценивание; *~ estimator* интервальная оценка; *graph* интервальный граф; *~ scale* шкала интервалов; *renewal ~* интервал (*m*) восстановления; *tolerance ~* толерантный интервал; *two-sided confidence ~* двусторонний доверительный интервал

intrablock information внутриблочная информация

intraclass correlation coefficient коэффициент (*m*) внутригрупповой корреляции

invariance, *n.* инвариантность (*f*): *~ principle* принцип (*m*) инвариантности

invariant, *n.* инвариант (*m*), инвариантный: *almost ~* почти инвариантный;

~ decision function инвариантная решающая функция; *~ distribution* инвариантное распределение; *~ estimator* инвариантная оценка; *~ measure* инвариантная мера; *~ statistic* инвариантная статистика; *~ statistical structure* инвариантная статистическая структура; *~ test* инвариантный критерий; *maximal ~* максимальный инвариант; *metric ~* метрический инвариант; *monotone ~* монотонный инвариант

inventory model модель (*f*) запасов

inverse, *adj.* обратный: *~ distribution function method* метод (*m*) обратных функций; *~ sampling* обратный выбор

inversion, *n.* инверсия (*f*), обращение (*n*): *~ formula* формула (*f*) обращения

invertibility condition for ARMA process условие (*n*) обратимости для АРСС процесса

involution, *n.* инволюция (*f*)

Ionescu Tulcea theorem теорема (*f*) Йонеску Тулча

irreducible Markov chain неприводимая/неразложимая цепь Маркова

irredundance, *n.* несводимость (*f*) (графа)

irregular point иррегулярная точка

Ising model модель (*f*) Изинга

isohedral tiling изоэдральное покрытие

isomorphism, *n.* изоморфизм (*m*): *metric ~* метрический изоморфизм

isotropic, *adj.* изотропный: *~ distribution* изотропное распределение; *~ finite space* изотропное конечное пространство; *~ random field* изотропное случайное поле; *~ random process* изотропный случайный процесс; *~ random set* изотропное случайное множество; *~ turbulence* изотропная турбулентность

isotropy, *n.* изотропность (*f*)

iteration, *n.* итерация (*f*)

iterative, *adj.* итеративный

Itô formula формула (*f*) Ито

Itô–Nisio theorem теорема (*f*) Ито-Нисио

Itô process процесс (*m*) Ито

Itô representation представление (*n*) Ито

J

jackknife method метод (*m*) складного ножа

Jacobi polynomial полином (*m*) Якоби

Jacobian якобиан (*m*)

James–Stein estimator оценка (*f*) Джеймса–Стейна

Jeffreys prior distribution априорное

распределение Джеффриса

Jensen's inequality неравенство (*n*) Йенсена

Jessen–Wintner theorem теорема (*f*) Джессена–Винтнера

Jiřina process процесс (*m*) Иржины

Johnson–Welch transformation преобразование (*n*) Джонсона–Уэлча

join of graphs соединение (*n*) графов

joint, *n.* шарнир (*m*), совместный: ~ *distribution* совместное распределение; ~ *distribution function* совместная функция распределения; ~ *probability density* совместная плотность вероятности; ~ *probability distribution* совместное распределение вероятностей; *multiple* ~ множественный шарнир

Jordan measure жорданова мера

Jordan volume жорданов объем

jump, *n.* скачок (*m*): ~ *measure* мера (*f*) скачков

K

Kahane's contraction principle принцип (*m*) сжатия Кахана

Kalman–Bucy method метод (*m*) Калмана–Бьюси

Kalman filter фильтр (*m*) Калмана

kangaroo random process случайный процесс типа кенгуру

Kantorovich metric метрика (*f*) Канторовича

Kantorovich theorem теорема (*f*) Канторовича

Kaplan–Meier estimator оценка (*f*) Каплана–Мейера, множительная оценка функции распределения

Kapteyn distribution распределение (*n*) Кептейна

Karhunen–Loéve expansion разложение (*n*) Карунена–Лоэва

Karhunen theorem теорема (*f*) Карунена

Karman formula формула (*f*) Кармана

Karman–Howarth equation уравнение (*n*) Кармана–Ховарта

Kemeny distance расстояние (*n*) Кемени

Kemeny median медиана (*f*) Кемени

Kendall rank correlation coefficient коэффициент (*m*) ранговой корреляции Кендалла

KEPSTR (Kolmogorov Equation Power Series Time Response) кепстр (*m*)

kernel, *n.* ядро (*n*): ~ *density estimator* ядерная оценка плотности; ~ *estimator* ядерная оценка; *negative definite* ~ отрицательно определенное ядро; *positive definite* ~ положительно определенное ядро; *stochastic* ~ стохастическое ядро

Kesten criterion of amenability критерий (*m*) аменабильности Кестена

key renewal theorem основная/узловая теорема восстановления

Khinchin formula формула (*f*) Хинчина

Khinchin's inequality неравенство (*n*) Хинчина

Khinchin–Kolmogorov theorem теорема (*f*) Хинчина–Колмогорова

Khinchin theorem теорема (*f*) Хинчина

Kiefer–Weiss problem задача (*f*) Кифера–Вайса

Kiefer–Wolfowitz procedure of stochastic approximation процедура (*f*) стохастической аппроксимации Кифера–Вольфовица

killed Markov process обрывающийся марковский процесс

killing of a Markov process убивание (*n*) марковского процесса

killing time момент (*m*) обрыва

kinetic transfer equation кинетическое уравнение переноса

Kirkman square квадрат (*m*) Киркмана

Klein bottle бутылка (*f*) Клейна

knapsack problem задача (*f*) о рюкзаке

Kolmogorov–Arak theorem теорема (*f*) Колмогорова–Арака

Kolmogorov's axiomatics of the probability theory колмогоровская аксиоматика теории вероятностей

Kolmogorov backward equation обратное уравнение Колмогорова

Kolmogorov–Chapman equation уравнение (*n*) Колмогорова–Чепмена

Kolmogorov condition условие (*n*) Колмогорова

Kolmogorov distribution распределение (*n*) Колмогорова

Kolmogorov–Doob inequality неравенство (*n*) Колмогорова–Дуба

Kolmogorov equation power series степенной ряд уравнения Колмогорова

Kolmogorov formula формула (*f*) Колмогорова

Kolmogorov forward equation прямое уравнение Колмогорова

Kolmogorov's inequality неравенство (*n*) Колмогорова

Kolmogorov metric метрика (*f*) Колмогорова, равномерная метрика

Kolmogorov–Obukhov five-thirds law закон (*m*) пяти третей Колмогорова–Обухова

Kolmogorov–Petrovsky problem задача (*f*) Колмогорова–Петровского

Kolmogorov's similarity hypothesis гипотеза (*f*) подобия Колмогорова

Kolmogorov–Smirnov statistic статистика (*f*) Колмогорова–Смирнова

Kolmogorov–Smirnov test критерий (*m*) Колмогорова–Смирнова

Kolmogorov spectrum спектр (*m*) Колмогорова

Kolmogorov statistic статистика (*f*) Колмогорова

Kolmogorov test критерий (*m*) Колмогорова

Kolmogorov three-series theorem теорема (*f*) Колмогорова о трех рядах

Kolmogorov's two-thirds law закон (*m*) двух третей Колмогорова

Koopman test of symmetry критерий (*m*) симметрии Купмана

Korolyuk theorem теорема (*f*) Королюка

Korvin group группа (*f*) Корвина

Kotel'nikov theorem теорема (*f*) Котельникова

Kotel'nikov–Shannon formula формула (*f*) Котельникова–Шеннона

Kraft–McMillan inequality неравенство (*n*) Крафта–Макмиллана

Krein theorem теорема (*f*) Крейна

Krickeberg decomposition разложение (*n*) Крикеберга

Kronecker lemma лемма (*f*) Кронекера

Kullback–Leibler information информационное количество Кульбака–Лейблера

Kullback–Leibler information distance информационное расстояние Кульбака–Лейблера

Kunita–Watanabe inequality неравенство (*n*) Кунита–Ватанабэ

Kwapien theorem теорема (*f*) Квапеня

Kwapien–Schwartz theorem теорема (*f*) Квапеня–Шварца

L

label, *n.* метка (*f*)

labeling, *n.* разметка (*f*): ~ *of a graph* разметка графа

ladder, *n.* лестница (*f*): ~ *epoch* лестничный момент; ~ *height* лестничная высота; ~ *index* лестничный индекс; ~ *point* лестничная точка/пара

lag, *n.* задержка (*f*) / лаг (*m*) / запаздывание (*n*): *distributed* ~*s model* модель (*f*) распределенных лагов; ~ *window* корреляционное окно, окно (*n*) запаздывания

lagged variable запаздывающая переменная

Lagrange distribution распределение (*n*) Лагранжа

Lagrange equation уравнение (*n*) Лагранжа

Lagrange multiplier множитель (*m*) Лагранжа

Lagrangian description of turbulence лагранжево описание турбулентности

Laguerre polynomial полином (*m*) Лагерра

Langevin equation уравнение (*n*) Ланжевена

Laplace distribution распределение (*n*) Лапласа

Laplace method метод (*m*) Лапласа

Laplace transform преобразование (*n*) Лапласа

large deviations большие уклонения (*pl*)

large deviations probabilities вероятности (*pl*) больших уклонений

large dimensions effect эффект (*m*) больших размерностей

latent variable латентная (скрытая) переменная

Latin cube латинский куб

Latin rectangle латинский прямоугольник: *normalized* ~ нормализованный латинский прямоугольник

Latin square латинский квадрат: ~ *with restricted support* латинский квадрат с ограниченным носителем

Latin subsquare латинский подквадрат

lattice, *n.* решетка (*f*): *honeycomb* ~ сотовая решетка; ~ *animal* решетчатое животное; ~ *distribution* решетчатое распределение; ~ *model* решетчатая модель; ~ *path* путь (*m*) на решетке; *pseudomodular* ~ псевдомодулярная решетка

law, *n.* закон (*m*), закон распределения: *arcsine* ~ закон арксинуса; *arctangent* ~ *for random matrices* закон арктангенса для случайных матриц; *Borel strong* ~ *of large numbers* усиленный закон больших чисел Бореля; *Borel zero-one* ~ борелевский критерий/закон нуля-единицы; *bounded* ~ *of the iterated logarithm* ограниченный закон повторного логарифма; *Chung's* ~ *of the iterated logarithm* закон повторного логарифма в форме Чжуна; *circular* ~ круговой закон; *compact* ~ *of the iterated logarithm* компактный закон повторного логарифма; *convergence in* ~ сходимость (*f*) по распределению; *distribution* ~ закон распределения; *Doeblin universal* ~ универсальный закон Деблина; *domain of partial attraction of an infinitely divisible* ~ область (*f*) частичного притяжения безгранично делимого закона; *elliptic* ~ эллиптический закон; *entrance* ~ закон входа; *Erdös-Rényi* ~ *of large numbers* закон больших чисел Эрдеша-Реньи; *five-thirds* ~ закон пяти третей; *four-thirds* ~ закон четырех третей (Ричардсона); *four-thirds Richardson* ~ закон четырех третей Ричардсона; *Gaussian* ~ гауссовский/нормальный закон; ~ *of large numbers* закон больших чисел; ~ *of the iterated logarithm* закон повторного логарифма; *Kolmogorov-Obukhov five-thirds* ~ закон пяти третей Колмогорова-Обухова; *Kolmogorov's two-thirds* ~ закон двух третей Колмогорова; *Prandtl wall* ~ пристенный закон Прандтля; *semicircular* ~ полукруговой закон; *Strassen's* ~ *of the iterated logarithm* закон повторного логарифма в форме Штрассена; *strong* ~ *of large numbers* усиленный закон больших чисел; *two-thirds* ~ закон двух третей; *wall* ~ пристенный закон; *Wigner semicircular* ~ полукруговой закон Вигнера; *zero-one* ~ закон нуля и единицы

leading function ведущая функция

learning process процесс (m) обучения

least-cost partition разбиение (n) минимальной стоимости

least favorable distribution наименее благоприятное распределение

least squares method метод (m) наименьших квадратов

Lebesgue decomposition разложение (n) Лебега

Lebesgue measure мера (f) Лебега

Lebesgue theorem теорема (f) Лебега

Lebowitz' inequality неравенство (n) Лебовица

Lee–Yang theorem теорема (f) Ли-Янга

Legendre polynomial полином (m) Лежандра

Legendre transform преобразование (n) Лежандра

left Markov process левый марковский процесс

left Palm distribution левое распределение Пальма

Lehmann–Sheffe theorem теорема (f) Лемана–Шеффе

lemma лемма (f): *Borel–Cantelli* ~ лемма Бореля–Кантелли; *Kronecker* ~ лемма Кронекера; *Neyman–Pearson* ~ лемма Неймана–Пирсона

Lenard–Jones potential потенциал (m) Ленарда–Джонса

level уровень (m): *critical* ~ критический уровень; *energy* ~ уровень энергии; ~ *of a test* уровень критерия; *significance* ~ уровень значимости

Levenberg–Marquardt method метод (m) Левенберга–Марквардта

Levinson algorithm алгоритм (m) Левинсона

Lévy canonical representation каноническое представление Леви

Lévy–Cramér theorem теорема (f) Леви–Крамера

Lévy decomposition разложение (n) Леви

Lévy distance расстояние (n) Леви

Lévy field поле (n) Леви, многопараметрическое броуновское движение

Lévy–Khinchin canonical representation каноническое представление Леви–Хинчина

Lévy measure мера (f) Леви/скачков

Lévy metric метрика (f) Леви

Lévy–Pareto distribution распределение (n) Леви–Парето

Lévy–Prokhorov metric метрика (f) Леви–Прохорова

Lévy spectral function спектральная функция Леви

Lévy system of a Markov process система (f) Леви марковского процесса

Lévy theorem теорема (f) Леви

Lévy's inequality неравенство (n) Леви

lexicographic, *adj.* лексикографический

lexicographic relation лексикографическое отношение

life expectancy средняя продолжительность жизни

life period период (m) жизни

life-testing испытания (pl) на продолжительность жизни

lifetime, *n.* продолжительность (f) жизни: *residual* ~ остаточная продолжительность жизни; ~ *distribution* распределение (n) времени жизни

LIFO (last-in-first-out) дисциплина (f) "последним пришел – первым обслуживается"

likelihood, *n.* правдоподобие (n), функция (f) правдоподобия: *conditional* ~ *function* условная функция правдоподобия; ~ *equation* уравнение (n) правдоподобия; ~ *function* функция (f) правдоподобия; ~ *ratio* отношение (n) правдоподобия; ~ *ratio test* критерий (m) отношения правдоподобия; *marginal* ~ *function* маргинальная функция правдоподобия; *maximum* ~ *estimator* оценка (f) максимального правдоподобия; *maximum* ~ *method* метод (m) максимального правдоподобия; *maximum* ~ *principle* принцип (m) максимального правдоподобия; *maximum* ~ *spectral estimator* спектральная оценка максимального правдоподобия; *monotone* ~ *ratio* монотонное отношение правдоподобия;

strong ~ *principle* усиленный принцип правдоподобия; *weak* ~ *principle* слабый принцип правдоподобия

limit, *n.* предел (*m*), граница (*f*); предельный: ~ *distribution* предельное распределение; ~ *theorem* предельная теорема; *regulation* ~ граница регулирования; *tolerance* ~ толерантная граница

Lindeberg condition условие (*n*) Линдеберга

Lindeberg–Feller theorem теорема (*f*) Линдеберга-Феллера

line, *n.* линия (*f*): *regression* ~ линия/прямая (*f*) регрессии; ~ *integral* криволинейный интеграл

linear, *adj.* линейный: ~ *approximation* линейная аппроксимация; ~ *arrangement problem* задача (*f*) линейного ранжирования; ~ *code* линейный код; ~ *correlation* линейная корреляция; ~ *estimator* линейная оценка; ~ *filter* линейный фильтр; ~ *form* линейная форма; ~ *hypothesis* линейная гипотеза; ~ *interpolation* линейная интерполяция; ~ *minimum variance estimator* линейная оценка с наименьшей дисперсией; ~ *programming* линейное программирование; ~ *rank statistic* линейная ранговая статистика; ~ *regression* линейная регрессия; ~ *regression experiment* линейный регрессионный эксперимент; ~ *stochastic differential equation* линейное стохастическое дифференциальное уравнение; ~ *stochastic parabolic equation* линейное стохастическое параболическое уравнение; ~ *system* линейная система; ~ *test* линейный критерий; ~ *tree code* линейный древовидный код

linearization, *n.* линеаризация (*f*)

linguistics, *n.* лингвистика (*f*)

Linnik class класс (*m*) Линника

Linnik dispersion method дисперсионный метод Линника

Linnik zones of convergence зоны (*pl*) сходимости Линника

Liouville stochastic differential equation стохастическое дифференциальное уравнение Лиувилля

list chromatic number предписанное хроматическое число

list decoding списочное декодирование

Little formula формула (*f*) Литтла

load function функция (*f*) загрузки

local, *adj.* локальный: ~ *ergodic theorem* локальная эргодическая теорема; ~ *limit theorem* локальная предельная теорема; ~ *martingale* локальный мартингал; ~ *renewal theorem* локальная теорема восстановления; ~ *time* локальное время

locally, *adv.* локально: ~ *finite measure* локально конечная мера; ~ *homogeneous random field* локально однородное случайное поле; ~ *integrable process* локально интегрируемый процесс; ~ *isotropic random field* локально изотропное случайное поле; ~ *isotropic turbulence* локально изотропная турбулентность; ~ *most powerful test* локально наиболее мощный критерий; ~ *-perfect coloring* локально-совершенная раскраска

location family семейство (*n*) (распределений) с параметром сдвига

location parameter параметр (*m*) сдвига

location-scale family семейство (*n*) (распределений) с параметрами сдвига и масштаба

log-likelihood (function) логарифмическая функция правдоподобия

logarithmic likelihood function логарифмическая функция правдоподобия

logarithmic series distribution распределение (*n*) логарифмического ряда

logistic distribution логистическое распределение

logistic equation логистическое уравнение

logit, *n.* логит (*m*): ~ *analysis* логит-анализ

lognormal distribution логарифмически нормальное (логнормальное) распределение

lognormal model логнормальная модель

loop, *n.* петля (*f*): *self-avoiding* ~ петля без самопересечений

loopless map карта (*f*) без петель

Lorentz curve кривая (*f*) Лоренца

loss, *n.* потери (*pl*), функция (*f*) потерь: ~ *function* функция потерь; ~ *of information* потеря (*f*) информации; ~ *queueing system* система (*f*) обслуживания с отказами

lottery, *n.* лотерея (*f*)

low traffic малая нагрузка

lower, *adj.* нижний: ~ *bound* нижняя грань; ~ *boundary functional* нижний граничный функционал; ~ *confidence bound* нижняя доверительная граница; ~ *function* нижняя функция; ~ *semicontinuous process* полунепрерывный снизу процесс; ~ *sequence* нижняя последовательность; ~ *value of a game* нижняя цена игры

Loytsansky integral интеграл (*m*) Лойцянского

LR (likelihood ratio) test критерий (*m*) отношения правдоподобия

Lyapunov condition условие (*n*) Ляпунова

Lyapunov fraction дробь (*f*) Ляпунова

Lyapunov stochastic function стохастическая функция Ляпунова

Lyapunov theorem теорема (*f*) Ляпунова

Lyapunov's inequality неравенство (*n*) Ляпунова

M

MacDonald theorem теорема (*f*) Макдональда

Maclaurin series ряд (*m*) Маклорена

magic square магический квадрат: ~ *over a field* магический квадрат над полем

magnetohydrodynamic turbulence магнитогидродинамическая турбулентность

Mahalanobis distance метрика (*f*) / расстояние (*n*) Махаланобиса

main effect of a factor главный эффект фактора

majorant, *n.* мажоранта (*f*): *minimal excessive* ~ наименьшая/минимальная эксцессивная мажоранта

Malliavin stochastic derivative стохастическая производная Маллявена

Malthusian parameter мальтусовский параметр

mandatory representation принудительное представление

manifold, *n.* многообразие (*n*)

Mann–Whitney test критерий (*m*) Манна–Уитни

MANOVA (multivariate analysis of variance) многомерный дисперсионный анализ

map, *n.* карта (*f*), отображение (*n*): *loopless* ~ карта без петель; *planar* ~ планарная карта; *rooted* ~ корневое отображение

mapping, *n.* отображение (*n*): *completely positive* ~ вполне положительное отображение; *random* ~ случайное отображение; *weakly measurable* ~ слабо измеримое отображение

Marcinkiewicz theorem теорема (*f*) Марцинкевича

marginal, *adj.* маргинальный: ~ *distribution* маргинальное/частное распределение; ~ *distribution function* маргинальная функция распределения; ~ *likelihood function* маргинальная функция правдоподобия

mark, *n.* метка (*f*) / марка (*f*): ~ *space* пространство (*n*) меток/марок (маркированного точечного процесса)

marked point process маркированный точечный процесс

Markov allocation of particles марковское размещение частиц

Markov automorphism автоморфизм (*m*) Маркова

Markov chain цепь (*f*) Маркова: *absolute distribution of a* ~ абсолютное/безусловное распределение цепи Маркова; *aperiodic* ~ непериодическая цепь Маркова; *asymptotic aggregation of states of a* ~ асимптотическое укрупнение состояний цепи Маркова; *controlled* ~ управляемая цепь Маркова; *countable* ~ счетная цепь Маркова; *cyclic* ~ циклическая/периодическая цепь Маркова; *decomposable* ~ разложимая/приводимая цепь Маркова; *denumerable* ~ счетная цепь Маркова; *embedded* ~ вложенная цепь Маркова; *ergodic* ~ эргодическая цепь Маркова; *Feller* ~ феллеровская цепь Маркова; *finite* ~ конечная цепь Маркова; *Harris recurrent* ~ возвратная по Харрису цепь Маркова; *high-order* ~ сложная цепь Маркова; *homogeneous* ~ однородная цепь Маркова; *indecomposable* ~ неразложимая/неприводимая цепь Маркова; *irreducible* ~ неприводимая/неразложимая цепь Маркова; *nonhomogeneous* ~ неоднородная цепь Маркова; *periodic* ~ периодическая/циклическая цепь Маркова; *recurrent* ~ возвратная цепь Маркова; *reducible* ~ приводимая/разложимая цепь Маркова; *regular* ~ регулярная цепь Маркова; *reversed* ~ обращенная цепь Маркова; *transient* ~ невозвратная цепь Маркова; *transitive* ~ транзитивная цепь Маркова

Markov decision process марковский процесс принятия решений

Markov dynamical semigroup марковская динамическая полугруппа

Markov's inequality неравенство (*n*) Маркова

Markov linear-wise process линейчатый марковский процесс

Markov measure марковская мера

Markov policy марковская стратегия

Markov process марковский процесс: *additive functional of a* ~ аддитивный функционал от марковского процесса

Markov property марковское свойство

Markov random field марковское случайное поле

Markov random walk марковское случайное блуждание

Markov renewal equation уравнение (*n*) марковского восстановления

Markov semigroup марковская полугруппа

Markov shift сдвиг (*m*) Маркова

Markov source марковский источник (сообщений)

Markov strategy марковская стратегия

Markov time марковский момент, момент (*m*) остановки

Martin compactum компакт (*m*) Мартина

martingale, *n.* мартингал (*m*): *local* ∼ локальный мартингал; ∼-*difference* мартингал-разность (*f*), абсолютно беспристрастная последовательность; ∼ *method* мартингальный метод; ∼ *problem* проблема (*f*) мартингалов; ∼ *transformation* мартингальное преобразование; *predictable characteristic of a* ∼ предсказуемая характеристика мартингала; *predictable quadratic characteristic of a* ∼ предсказуемая квадратичная характеристика мартингала; *purely discontinuous local* ∼ чисто разрывный локальный мартингал; *purely discontinuous* ∼ чисто разрывный мартингал; *quadratic characteristic of a* ∼ квадратическая характеристика мартингала; *quadratic variation of a* ∼ квадратическая вариация мартингала; *square integrable* ∼ квадратично интегрируемый мартингал; *stochastic integral with respect to a* ∼ стохастический интеграл по мартингалу; *stochastic integral with respect to a* ∼ *measure* стохастический интеграл по мартингальной мере; *stopped* ∼ остановленный мартингал; *Wiener* ∼ винеровский мартингал

Masset criterion критерий (*m*) Массе

matching, *n.* повторения (*pl*) (в случайных последовательностях), паросочетание (*n*): *threesome* ∼ трехместное сочетание

mathematical statistics математическая статистика

matrix (*pl. matrices*), *n.* матрица (*f*): *adjacency* ∼ матрица смежности; *alternating* ∼ альтернирующая матрица; *conservative* ∼ консервативная матрица; *correlation* ∼ корреляционная матрица; *covariance* ∼ ковариационная матрица; *design* ∼ матрица плана; *doubly stochastic* ∼ дважды стохастическая матрица; *empirical covariance* ∼ эмпирическая ковариационная матрица; *fundamental* ∼ фундаментальная матрица; *Gaussian random* ∼ гауссовская случайная матрица; *Hadamard* ∼ матрица Адамара; *Hermitian* ∼ эрмитова матрица; *infinitesimal* ∼ инфинитезимальная матрица; ∼ *of a regression experiment* матрица регрессионного эксперимента; ∼ *of design* матрица плана; *normalized Hadamard* ∼ нормализованная матрица Адамара; *orthogonal* ∼ ортогональная матрица; *random* ∼ случайная матрица; *rank of a* ∼ ранг (*m*) матрицы; *regression* ∼ матрица регрессионных коэффициентов, регрессионная матрица, матрица регрессии; *routing* ∼ маршрутная матрица; *skew-symmetric* ∼ кососимметрическая матрица; *spectral decomposition of a* ∼ спектральное разложение матрицы; *stochastic* ∼ стохастическая матрица; *structure* ∼ структурная матрица; *substochastic* ∼ полустохастическая матрица; *Sylvester* ∼ матрица Сильвестра; *symmetric random* ∼ симметрическая случайная матрица; *Toeplitz* ∼ теплицева матрица; *transfer-* ∼ трансфер-матрица; *transition* ∼ переходная матрица; *unitary* ∼ унитарная матрица; *weight* ∼ весовая матрица; *well conditioned* ∼ вполне обусловленная матрица; *Wishart* ∼ матрица Уишарта

matroid, *n.* матроид (*m*): *bicircular* ∼ бициклический матроид; *continuous* ∼ непрерывный матроид; *factor* ∼ матроид факторов; *oriented* ∼ ориентированный матроид; *paving* ∼ матроид покрытия; *simplicial* ∼ симплициальный матроид; *sticky* ∼ клейкий матроид

matroidal, *adj.* матроидный: ∼ *covering* матроидное покрытие; ∼ *system* матроидная система

maximal, *adj.* максимальный: ∼ *correlation coefficient* максимальный коэффициент корреляции; ∼ *invariant* максимальный инвариант

maximin, *n.* максимин (*m*): ∼ *test* максиминный критерий; ∼ *strategy* максиминная стратегия

maximum entropy spectral estimator спектральная оценка максимальной энтропии

maximum максимум (*m*): ∼ *permanent* максимальный перманент

maximum likelihood максимальное правдоподобие: ∼ *decoding* декодирование (*n*) по максимуму правдоподобия; ∼ *estimator* оценка (*f*) максимального правдоподобия; ∼ *method* метод (*m*) максимального правдоподобия; ∼ *principle* принцип (*m*) максимального правдоподобия; ∼ *spectral estimator* спектральная оценка максимального правдоподобия

maximum mass method метод (*m*) максимальной массы

maximum scheme схема (*f*) максимума

Maxwell–Boltzmann statistics статистика (*f*) Максвелла–Больцмана

Maxwell distribution распределение (*n*) Максвелла

Mayer expansion разложение (n) Майера

MDS (multidimensional scaling) многомерное шкалирование

mean, *n.* средний, среднее значение: *a posteriori* ~ апостериорное среднее; *convergence in* ~ сходимость (f) в среднем; *convergence in* ~ *of order p* сходимость (f) в среднем порядка p; *convergence in* ~ *square* сходимость (f) в среднем квадратичном; *convergence in the quadratic* ~ сходимость (f) в среднем квадратичном; *convergence in weighted* ~ сходимость (f) в среднем с весом; *k-means method* метод (m) k-средних; ~ *absolute deviation* среднее абсолютное отклонение; ~ *helicity* средняя спиральность; ~ *metric* средняя метрика; ~ *operating time* средняя наработка; ~ *recurrence time* среднее время возвращения; ~ *residual life time* среднее остаточное время жизни; ~ *risk* средний риск; ~ *root square deviation* среднеквадратичное отклонение; ~ *square regression* средняя квадратическая регрессия; ~ *square root error* среднеквадратичная ошибка; ~ *squared error* квадратичная ошибка; ~ *time to failure* среднее время безотказной работы; ~ *utility* средняя полезность; ~ *value* среднее значение, математическое ожидание; *sample* ~ выборочное среднее; *trimmed* ~ усеченное среднее; *vector of* ~*s* вектор (m) средних; *Winsorized* ~ уинсоризованное среднее

measurable, *adj.* измеримый: ~ *flow* измеримый поток; ~ *function* измеримая функция; ~ *group* измеримая группа; ~ *mapping* измеримое отображение; ~ *partition* измеримое разбиение; ~ *set* измеримое множество; ~ *space* измеримое пространство

measure, *n.* мера (f): *absolute continuity of* ~*s* абсолютная непрерывность мер; *admissible shift of a* ~ допустимый сдвиг меры; *atomic* ~ атомическая мера; *automorphism of a* ~ *space* автоморфизм (m) пространства с мерой; *Baire* ~ бэровская мера, мера Бэра; *barycenter of a* ~ барицентр меры; *Borel* ~ борелевская мера; *bundleless* ~ беспучковая мера; *Campbell* ~ мера Кэмпбелла; *compact* ~ компактная мера; *compactness of a family of* ~*s* компактность (f) семейства мер; *complete* ~ полная мера; *completely additive* ~ вполне аддитивная мера; *completion of a* ~ пополнение (n) меры; *convergence in* ~ сходимость (f) по мере; *correlation* ~ корреляционная мера; *counting* ~ считающая мера; *cylindrical* ~ цилиндриче-

ская мера, квазимера (f), промера (f); *degenerate* ~ вырожденная мера; *diffuse* ~ рассеянная мера; *diffusion* ~ диффузная мера; *Dirichlet* ~ мера Дирихле; *discrete* ~ дискретная мера; *disjoint family of* ~*s* разделенное семейство мер; *disjoint spectral type of* ~*s* дизъюнктный спектральный тип мер; *distortion* ~ мера искажения; *elementary* ~ элементарная мера; *empirical* ~ эмпирическая мера; *endomorphism of a* ~ *space* эндоморфизм пространства с мерой; *equivalent* ~*s* эквивалентные меры; *evolutionary spectral* ~ эволюционирующая спектральная мера; *excessive* ~ эксцессивная мера; *extension of a* ~ продолжение (n) меры; *finite* ~ конечная мера; *flatly concentrated family of probability* ~*s* плоско концентрированное семейство вероятностных мер; *Gaussian cylindrical* ~ гауссовская цилиндрическая мера; *Gaussian* ~ гауссовская мера; *generalized* ~ обобщенная/знакопеременная мера, заряд (m); *Haar* ~ мера Хаара; *homogeneous* ~ однородная мера; *idempotent* ~ идемпотентная мера; *idempotent probability* ~ идемпотентная вероятностная мера; *infinitesimal system of* ~*s* инфинитезимальная система мер; *information* ~ информационная мера; *inner* ~ внутренняя мера; *intensity* ~ мера интенсивности; *invariant* ~ инвариантная мера; *Jordan* ~ жорданова мера; *jump* ~ мера скачков; *Lebesgue* ~ мера Лебега; *Lévy* ~ мера Леви/скачков; *locally finite* ~ локально конечная мера; *Markov* ~ марковская мера; ~ *space* пространство (n) с мерой; ~ *with orthogonal values* мера с ортогональными значениями; *Minkowski expected* ~ ожидаемая мера Минковского; *moment* ~ моментная мера; *net of* ~*s* сеть (f) мер; *non-atomic* ~ неатомическая мера; *normed* ~ нормированная мера; *operator valued* ~ операторнозначная/операторная мера; *outer* ~ внешняя мера; *perfect* ~ совершенная мера; *Poisson* ~ пуассоновская мера; *probability* ~ вероятностная мера; *product* ~ произведение (n) мер; *projective system of* ~*s* проективная система мер; *proximity* ~ мера близости; *quasi-invariant* ~ квазиинвариантная мера; *Radon* ~ радонова мера, внутренне компактно регулярная мера; *random* ~ случайная мера; *random probability* ~ случайная вероятностная мера; *regular* ~ регулярная мера; *relative compactness of a family of* ~*s* относительная компактность семейства мер; *renewal* ~ мера восстановления; *Revuz* ~ мера Ревуза; *scalarly degenerate* ∼ скалярно вырожденная мера; *signed* ∼ знакопеременная/обобщенная мера, заряд (*m*); *singular component of a* ∼ сингулярная составляющая/компонента меры; *singular* ∼ сингулярная мера; *singularity of* ∼*s* сингулярность мер; *smooth* ∼ гладкая мера; *spectral* ∼ спектральная мера; *spectral moment* ∼ спектральная моментная мера; *splicing of* ∼*s* сращение (*n*) мер; *stationary* ∼ стационарная мера; *stochastic integral with respect to a random* ∼ стохастический интеграл по случайной мере; *stochastic* ∼ стохастическая/случайная мера; *support of a* ∼ носитель меры; *tight family of* ∼*s* плотное семейство мер; *tight* ∼ плотная мера; *variation of a* ∼ вариация меры; *vector* ∼ векторная мера; *weak compact net of* ∼*s* слабо компактная сеть мер; *Wiener* ∼ винеровская мера

measurement, *n.* измерение (*n*): ∼ *error* ошибка (*f*) измерения; ∼ *scale* шкала (*f*) измерений; ∼ *theory* теория (*f*) измерений; *quantum* ∼ квантовое измерение; *unbiased* ∼ несмещенное измерение

mechanics, *n.* механика (*f*): *quantum* ∼ квантовая механика; *wave* ∼ волновая механика

median, *n.* медиана (*f*): *Kemeny* ∼ медиана Кемени; ∼ *regression* медианная регрессия; ∼ *-unbiased estimator* медианно несмещенная оценка; *sample* ∼ выборочная медиана; *spatial* ∼ пространственная медиана; *spherical* ∼ сферическая медиана

Mehta theorem теорема (*f*) Меты

Mellin–Stieltjes transform преобразование (*n*) Меллина–Стилтьеса

Mellin transform преобразование (*n*) Меллина

memoryless channel канал (*m*) без памяти

memoryless message source источник (*m*) сообщений без памяти

message, *n.* сообщение (*n*): ∼ *source* источник (*m*) сообщений; ∼ *quantization* квантование (*n*) сообщений

method, *n.* метод (*m*): *adaptive* ∼ адаптивный метод; *all possible regressions* ∼ всех регрессий метод; *antithetic variate* ∼ метод антисимметричной выборки, метод антитетичных переменных; *asymptotic* ∼ асимптотический метод; *Blackman–Tukey* ∼ метод Блэкмана–Тьюки; *bootstrap* ∼ метод бутстрепа; *Box–Jenkins* ∼ метод Бокса–Дженкинса; *Box–Wilson* ∼ метод Бокса–Уилсона; *branch and probability bound* ∼ метод ветвей и вероятностных границ; *Brown* ∼ метод Бра-

уна; *Burg* ∼ метод Берга; *collisions* ∼ метод столкновений; *common probability space* ∼ метод одного вероятностного пространства; *confound* ∼ метод смешивания; *constrained least squares* ∼ метод наименьших квадратов с ограничениями; *coupling* ∼ метод склеивания, каплинг-метод; *cusum* ∼ метод накопленных сумм; *diagram* ∼ метод диаграмм, диаграммный метод; *discrete ergodic* ∼ дискретный эргодический метод; *exclusion* ∼ метод исключения; *factorization* ∼ метод факторизации; *Forsythe* ∼ метод/алгоритм (*m*) Форсайта; *Gauss–Newton* ∼ метод Гаусса–Ньютона; *inclusion-exclusion* ∼ метод включения и исключения; *inverse distribution function* ∼ метод обратных функций; *jackknife* ∼ метод складного ножа; *k-means* ∼ метод *k*-средних; *Kalman–Bucy* ∼ метод Калмана–Бьюси; *Laplace* ∼ метод Лапласа; *least squares* ∼ метод наименьших квадратов; *Levenberg–Marquardt* ∼ метод Левенберга–Марквардта; *Linnik dispersion* ∼ дисперсионный метод Линника; ∼ *of characteristic functions* метод характеристических функций; ∼ *of cluster expansion* метод кластерных разложений; ∼ *of compositions* метод композиций; ∼ *of generations* метод поколений; ∼ *of harmonic decomposition* метод гармонического разложения; ∼ *of moments* метод моментов; ∼ *of residues* метод вычетов; ∼ *of sieves* метод решета; ∼ *of semi-invariants* метод семиинвариантов; *martingale* ∼ мартингальный метод; *maximum likelihood* ∼ метод максимального правдоподобия; *maximum mass* ∼ метод максимальной массы; *minimal paths and cuts* ∼ метод минимальных цепей и разрезов; *minimum distance* ∼ метод минимального расстояния; *moment* ∼ метод моментов; *Monte Carlo* ∼ метод Монте-Карло; *moving average* ∼ метод скользящего среднего; *nearest-neighbour* ∼ метод "ближайшего соседа"; *Newton–Raphson* ∼ метод Ньютона–Рафсона; *perturbations* ∼ метод возмущений; *probabilistic* ∼ вероятностный метод; *rejection* ∼ метод отбрасывания; *relay* ∼ *of correlation analysis* релейный метод определения корреляционных функций; *renovations* ∼ метод обновлений; *sampling* ∼ выборочный метод; *scoring* ∼ метод накопления; *sequential simplex* ∼ последовательный симплексный метод; *shrinkage* ∼ метод сжатия; *sign* ∼ *of the correlation analysis* знаковый метод корреляционного анализа; *simplex* ∼ сим-

плексный метод; *statistical simulations*
$\sim$ метод статистических испытаний,
метод Монте-Карло; *stratified sampling*
$\sim$ метод слоистой выборки; *supplementary variables* $\sim$ метод дополнительных переменных; *symmetrization* $\sim$ метод симметризации; *Taguchi* $\sim$ метод
Тагути; *truncation* $\sim$ метод усечения;
variate-difference $\sim$ метод переменных
разностей; *weighted least squares* $\sim$ метод взвешенных наименьших квадратов; *Winograd* $\sim$ метод Винограда

metric, *n.* метрика (f), метрический:
Dudley $\sim$ метрика Дадли; *Fortet–Mourier* $\sim$ метрика Форте–Мурье;
Hellinger $\sim$ метрика Хеллингера; *ideal* $\sim$ идеальная метрика; *indicator*
$\sim$ индикаторная метрика; *Kantorovich*
$\sim$ метрика Канторовича; *Kolmogorov*
$\sim$ метрика Колмогорова, равномерная метрика; *Ky Fan* $\sim$ метрика
Ки-Фана; *Lévy–Prokhorov* $\sim$ метрика
Леви–Прохорова; *Lévy* $\sim$ метрика Леви; *Mahalanobis* $\sim$ метрика/расстояние
(n) Махаланобиса; $\sim$ *approach* метрический подход; $\sim$ *entropy* метрическая
энтропия; $\sim$ *invariant* метрический инвариант; $\sim$ *isomorphism* метрический
изоморфизм; $\sim$ *transitivity* метрическая
транзитивность; *mean* $\sim$ средняя метрика; *minimal* $\sim$ минимальная метрика; *Ornstein* $\sim$ метрика Орнстейна;
probabilistic $\sim$ вероятностная метрика;
Prokhorov $\sim$ метрика Прохорова; *protominimal* $\sim$ протоминимальная метрика; *quasimetric* квазиметрика; *Riemann
information* $\sim$ риманова информационная метрика; *simple* $\sim$ простая метрика; *uniform* $\sim$ равномерная метрика

microcanonical distribution микроканоническое распределение

midrange, *n.* середина (f) размаха

migration, *n.* миграция (f)

minimal, *adj.* минимальный: $\sim$ *complete class of tests* минимальный полный
класс критериев; $\sim$ *cut of a graph* минимальный разрез графа; $\sim$ *decision function* минимальная решающая функция;
$\sim$ *excessive function* минимальная эксцессивная функция; $\sim$ *excessive majorant* наименьшая/минимальная эксцессивная мажоранта; $\sim$ *metric* минимальная метрика; $\sim$ *paths and cuts method*
метод (m) минимальных цепей и разрезов; $\sim$ *sufficient statistic* минимальная
достаточная статистика

minimax, *n.* минимакс (m); минимаксный: $\sim$ *approach* минимаксный подход;
$\sim$ *criterion* критерий (m) минимаксности; $\sim$ *decision* минимаксное решение;
$\sim$ *estimator* минимаксная оценка; $\sim$ *risk*

минимаксный риск; $\sim$ *strategy* минимаксная стратегия; $\sim$ *test* минимаксный
критерий

minimum (*pl. minima*), *n.* минимум
(m): $\sim$ *distance estimator* оценка (f)
минимального расстояния; $\sim$ *distance
functional* функционал (m) минимального расстояния; $\sim$ *distance method* метод
(m) минимального расстояния; $\sim$ *spanning tree* минимальное остовное дерево;
$\sim$ *variance unbiased estimator* несмещенная оценка с минимальной дисперсией

Minkowski expected measure ожидаемая мера Минковского

Minkowski functional функционал (m)
Минковского

Minkowski's inequality неравенство
(n) Минковского

Minkowski operations операции (pl)
Минковского

Minkowski space пространство (n)
Минковского

Minlos theorem теорема (f) Минлоса

minor, *n.* минор (m): *forbidden* $\sim$ запрещенный минор; $\sim$-*closed class* минор-замкнутый класс

Mises' inequality неравенство (n) Мизеса

missing data пропавшие данные (pl)

mixed, *adj.* смешанный: $\sim$ *effects model*
модель (f) со смешанными эффектами;
$\sim$ *game* смешанная/рандомизированная
игра; $\sim$ *model* смешанная модель; $\sim$
moment смешанный момент; $\sim$ *strategy*
смешанная/рандомизированная стратегия

mixing, *n.* перемешивание (n): $\sim$ *condition* условие (n) перемешивания; *multiple* $\sim$ кратное перемешивание; *strong* $\sim$
сильное перемешивание

mixture, *n.* смесь (f): $\sim$ *of distributions* смесь распределений; $\sim$ *of infinitely divisible distributions* смесь безгранично делимых распределений; $\sim$ *of
states* смесь состояний; *normal* $\sim$ смесь
нормальных распределений; *space of* $\sim$s
пространство (n) смесей

**MMDS (multiple multidimensional
scaling)** множественное многомерное
шкалирование

mode, *n.* мода (f): $\sim$ *of a distribution* мода/вершина (f) распределения;
$\sim$-*unbiased estimator* модально несмещенная оценка

model, *n.* модель (f): *additive* $\sim$ аддитивная модель; *antiferromagnetic* $\sim$ антиферромагнитная модель; *autoregressive – moving average* $\sim$ смешанная модель авторегрессии – скользящего среднего; *bond* $\sim$ модель связей; *Boolean*
$\sim$ булева модель; *Borel* $\sim$ борелев-

ская модель; *bubble ~* модель пузырьков; *cluster ~* кластерная модель; *competition ~* модель конкуренций; *discriminant ~* дискриминантная модель; *distributed lags ~* модель распределенных лагов/запаздываний; *Einstein-Smoluchowski ~* модель Эйнштейна-Смолуховского; *exponential autoregressive ~* экспоненциальная авторегрессионная модель; *factorial ~* факторная модель; *ferromagnetic ~* ферромагнитная модель; *fixed-effects ~* модель с фиксированными эффектами; *general linear ~* общая линейная модель; *hierarchical ~* иерархическая модель; *Higgs ~* модель Хиггса; *Holt–Winters ~* модель Хольта-Уинтерса; *inventory ~* модель запасов; *Ising ~* модель Изинга; *lattice ~* решетчатая модель; *lognormal ~* логнормальная модель; *mixed effects ~* модель со смешанными эффектами; *mixed ~* смешанная модель; *moving average ~* модель скользящего среднего; *neuronal ~* нейронная модель; *nonlinear ~* нелинейная модель; *one-way ~* однофакторная модель; *ordinary ~* ординарная модель; *parametric ~* параметрическая модель; *Pareto ~* модель Парето; *random-effects ~* модель со случайными эффектами; *regression ~* регрессионная модель; *seasonal Harrison ~* сезонная модель Харрисона; *seasonal ~* сезонная модель; *semiparametric ~* семипараметрическая модель; *site ~* модель узлов; *square-balanced ~* квадратично сбалансированная модель; *statistical ~* статистическая модель; *steady-state ~* равновесная модель; *stochastic ~* стохастическая модель; *switching regression ~* модель переключающейся регрессии; *threshold ~* пороговая модель; *threshold time series ~* пороговая модель временного ряда; *two-way ~* двухфакторная модель; *urn ~* урновая схема/модель; *value of a ~* цена (f) модели

modified Bessel function модифицированная функция Бесселя

modular cut модулярный разрез

modulated signal модулированный сигнал

modulation, *n.* модуляция (f): *amplitude ~* амплитудная модуляция; *angular ~* угловая модуляция; *digital ~* цифровая модуляция; *frequency ~* частотная модуляция; *phase ~* фазовая модуляция; *pulse width ~* широтно-импульсная модуляция

modulus (*pl. moduli*) модуль (m): *~ of continuity* модуль непрерывности

Möbius function функция (f) Мёбиуса

Moivre (de Moivre)–Laplace theorem теорема (f) Муавра–Лапласа

moment, *n.* момент (m): *absolute ~* абсолютный момент; *central ~* центральный момент; *central mixed ~* центральный смешанный момент; *difference pseudo- ~* разностный псевдомомент; *empirical ~* эмпирический/выборочный момент; *factorial ~* факториальный момент; *~ function* функция (f) моментов; *~ generating function* производящая функция моментов; *~ inequality* моментное неравенство; *~ measure* моментная мера; *~ method* метод (m) моментов; *~ method estimator* оценка (f) по методу моментов; *~ problem* проблема (f) моментов; *~ spectrum* моментный спектр; *~ spectral density* моментная спектральная плотность; *method of ~s* метод (m) моментов; *mixed ~* смешанный момент; *power ~ problem* степенная проблема моментов; *pseudo- ~* псевдомомент (m); *sample ~* выборочный момент; *spectral ~* спектральный момент; *spectral ~ measure* спектральная моментная мера

monotone, *adj.* монотонный: *~ class of sets* монотонный класс множеств; *~ distribution* монотонное распределение; *~ invariant* монотонный инвариант; *~ likelihood ratio* монотонное отношение правдоподобия

Monte Carlo method метод (m) Монте-Карло

Mood test критерий (m) Муда

Moore group группа (f) Мура

Morgan numbers числа (pl) Моргана

mortality, *n.* смертность (f): *infant ~* младенческая смертность; *~ analysis* анализ (m) смертности

most powerful test наиболее мощный критерий

most selective confidence set наиболее селективное/точное доверительное множество

most stringent test наиболее строгий критерий

moving average скользящее среднее: *~ method* метод (m) скользящего среднего; *~ model* модель (f) скользящего среднего; *~ process* процесс (m) скользящего среднего

moving boundary подвижная граница

moving weighted averages скользящие взвешенные средние (pl)

multi-armed bandit problem задача (f) о многоруком бандите

multiway channel многосторонний канал

multiway contigency table многовходовая таблица сопряженности

multicascade queueing system много-каскадная система обслуживания

multichannel queueing system много-канальная/многолинейная система обслуживания

multicollinearity мультиколлинеарность (*f*)

multicommodity flow многопродуктовый поток

multicomponent source многокомпонентный источник (сообщений)

multidimensional Wiener process многомерный винеровский процесс

multidimensional random walk многомерное случайное блуждание

multigraph, *n.* мультиграф (*m*)

multilateral comparisons многосторонние сравнения (*pl*)

multimodal distribution многовершинное/мультимодальное распределение

multinomial, *adj.* полиномиальный: ~ *allocation of particles* полиномиальное размещение частиц; ~ *coefficient* полиномиальный коэффициент; ~ *distribution* полиномиальное распределение; *negative* ~ *distribution* отрицательное полиномиальное распределение

multiparameter Wiener process многопараметрический винеровский процесс, винеровское поле

multiparametric Brownian motion process многопараметрический процесс броуновского движения, поле (*n*) Леви

multipartite graph многодольный граф

multiple, *adj.* кратный, множественный: ~ *access* множественный доступ; ~ *access channel* канал (*m*) множественного доступа; ~ *coherence* множественная когерентность; ~ *comparisons* множественные сравнения (*pl*); ~ *correlation coefficient* множественный коэффициент корреляции; ~ *joint* множественный шарнир; ~ *mixing* кратное перемешивание; ~ *regression* множественная регрессия; ~ *series* мультиряд (*m*); *stochastic integral* кратный стохастический интеграл; ~ *Wiener integral* кратный винеровский интеграл; *random* ~ *access* случайный множественный доступ

multiplication scheme схема (*f*) умножения

multiplicative, *adj.* мультипликативный: ~ *ergodic theorem* мультипликативная эргодическая теорема; ~ *function* мультипликативная функция; ~ *functional* мультипликативный функционал

multisample problem многовыборочная проблема

multiserver queueing system многоканальная/многолинейная система обслуживания

multiset, *n.* мультимножество (*n*)

multiterminal channel многокомпонентный канал

multitree, *n.* мультидерево (*n*): *isospectral* ~ изоспектральное мультидерево

multivariate, *adj.* многомерный: ~ *analysis* многомерный (статистический) анализ; ~ *beta distribution* многомерное бета-распределение; ~ *Brownian motion process* многомерный процесс броуновского движения; ~ *density* многомерная плотность; ~ *distribution* многомерное распределение; ~ *normal distribution* многомерное нормальное распределение; ~ *probability density* плотность (*f*) многомерного распределения, многомерная плотность; ~ *statistical analysis* многомерный статистический анализ; ~ *unimodality* многомерная унимодальность; ~ *Wiener process* многомерный винеровский процесс

mutual, *adj.* взаимный: ~ *independence* взаимная независимость; ~ *quadratic characteristic* взаимная квадратическая характеристика; ~ *variation* взаимная квадратическая характеристика

mutually balanced designs взаимно уравновешенные схемы (*pl*)

mutually exclusive events несовместные события (*pl*)

MVU (minimum variance unbiased) estimator несмещенная оценка с минимальной дисперсией

N

Nadaraya–Watson estimator оценка (*f*) Надарая–Ватсона

narrow, *adj.* узкий: ~ *convergence* узкая сходимость; ~ *topology* узкая топология

nat нат (*m*)

natural boundary естественная граница

natural parametrization естественная/натуральная параметризация

Navier–Stokes stochastic differential equation стохастическое дифференциальное уравнение Навье–Стокса

nearest lattice point problem задача (*f*) о ближайшей точке решетки

nearest mutual ancestor ближайший общий предок

nearest neighbor ближайший сосед

nearest-neighbor method метод (*m*) "ближайшего соседа"

necessary topology необходимая топология

needle, *n.* игла (*f*)

negation, *n.* отрицание (*n*)

negative, *adj.* отрицательный: ∼ *binomial distribution* отрицательное биномиальное распределение; ∼ *correlation* отрицательная корреляция; ∼ *definite function* отрицательно определенная функция; ∼ *definite kernel* отрицательно определенное ядро; ∼ *hypergeometric distribution* отрицательное гипергеометрическое распределение; ∼ *multinomial distribution* отрицательное полиномиальное распределение

negligibility, *n.* пренебрегаемость (*f*)

Nelson field поле (*n*) Нельсона

nest, *n.* гнездо (*n*)

nested design гнездовой/вложенный план

nested system гнездовая система

net, *n.* сеть (*f*): ∼ *of measures* сеть мер; ∼ *of distributions* сеть распределений

network, *n.* сеть (*f*): *planar* ∼ планарная сеть; *queueing* ∼ сеть обслуживания

neural network нейронная сеть

neuronal model нейронная модель

Newton–Raphson method метод (*m*) Ньютона–Рафсона

Neyman $C(\alpha)$-test $C(\alpha)$-критерий (*m*) Неймана

Neyman–Pearson lemma лемма (*f*) Неймана–Пирсона

niche graph граф-ниша (*m*)

node-weighted graph граф (*m*) со взвешенными узлами

noise, *n.* шум (*m*): *discrete white* ∼ дискретный белый шум; *fractional white* ∼ дробный белый шум; *Gaussian white* ∼ гауссовский белый шум; *impulse* ∼ импульсная помеха, импульсный шум; ∼ *-contaminated signal* зашумленный сигнал; ∼ *immunity* помехоустойчивость (*f*); *Poisson* ∼ пуассоновский шум; *red* ∼ красный шум

nominal scale номинальная шкала

nomogram, *n.* номограмма (*f*)

nonanticipating, *adj.* неупреждающий: ∼ *channel* канал (*m*) без предвосхищения; ∼ *function* неупреждающая функция; ∼ *random process* неупреждающий случайный процесс; ∼ *strategy* неупреждающая стратегия

nonatomic неатомический: ∼ *distribution* неатомическое распределение; ∼ *measure* неатомическая мера

noncentral chi square distribution нецентральное хи-квадрат распределение

noncentral F-distribution нецентральное F-распределение Фишера

noncentrality parameter параметр (*m*)

нецентральности

noncommutative probability theory некоммутативная теория вероятностей

noncooperative game некооперативная игра

nondegenerate distribution невырожденное распределение

non-Desarguesian plane недезаргова плоскость

nonequilibrium statistical mechanics неравновесная статистическая механика

nonessential state несущественное состояние

non-Hamiltonian graph негамильтонов граф

nonhomogeneous Markov chain неоднородная цепь Маркова

nonlinear, *adj.* нелинейный: ∼ *autoregressive process* процесс (*m*) нелинейной авторегрессии; ∼ *equation* нелинейное уравнение; ∼ *estimator* нелинейная оценка; ∼ *filtering of a random process* нелинейная фильтрация случайного процесса; ∼ *model* нелинейная модель; ∼ *prediction of a random process* нелинейное прогнозирование случайного процесса; ∼ *programming* нелинейное программирование; ∼ *regression* нелинейная регрессия; ∼ *regression experiment* нелинейный регрессионный эксперимент; ∼ *renewal theory* нелинейная теория восстановления

non-Markovian process немарковский процесс

nonmeasurable set неизмеримое множество

nonoriented graph неориентированный граф

nonparametric, *adj.* непараметрический: ∼ *density estimator* непараметрическая оценка плотности; ∼ *discriminant analysis* непараметрический дискриминантный анализ; ∼ *estimation* непараметрическое оценивание; ∼ *estimation of probability density* непараметрическое оценивание плотности вероятностей; ∼ *estimator* непараметрическая оценка; ∼ *estimator of spectral density* непараметрическая оценка спектральной плотности; ∼ *hypotheses testing* непараметрическая проверка гипотез; ∼ *inference* непараметрические статистические выводы (*pl*); ∼ *regression analysis* непараметрический регрессионный анализ; ∼ *test* непараметрический критерий

nonrandomized, *adj.* нерандомизированный: ∼ *strategy* нерандомизированная стратегия; ∼ *test* нерандомизированный критерий

nonstationarity, *n.* нестационарность

(*f*)

nonstationary input нестационарный входной поток

norm, *n.* норма (*f*): *energy* ~ энергетическая норма

normal, *adj.* нормальный: ~ *approximation* нормальная аппроксимация; ~ *distribution* нормальное распределение; ~ *Markov process* нормальный марковский процесс; ~ *mixture* смесь (*f*) нормальных распределений; ~ *random variable* нормальная случайная величина; ~ *space* нормальное пространство; ~ *transition function* нормальная переходная функция

normalized Hadamard matrix нормализованная матрица Адамара

normalized Latin rectangle нормализованный латинский прямоугольник

normalizing factor нормирующий множитель, статистическая сумма (для распределения Гиббса)

normed measure нормированная мера

normed random variable нормированная случайная величина

norming of a sequence of random variables нормирование (*n*) последовательности случайных величин

nuisance parameter мешающий параметр

null hypothesis нулевая/основная гипотеза

null state нулевое состояние

number, *n.* число (*n*): *acceptance* ~ приемочное число; *achromatic* ~ ахроматическое число; *Bernoulli* ~s числа Бернулли; *binding* ~ число сращивания/связности; *binding* ~ *of a graph* число связности графа; *chromatic* ~ хроматическое число (графа); *combinatorial* ~s комбинаторные числа; *condition* ~ число обусловленности; *dispersion method in* ~ *theory* дисперсионный метод в теории чисел; *domatic* ~ доматическое число; *edge independence* ~ число реберной независимости; *edge covering* ~ число реберного покрытия; *Euler* ~ число Эйлера; *Fibonacci* ~ число Фибоначчи; *figurate* ~ фигурное число; *generator of random* ~s датчик (*m*) случайных чисел; *independence* ~ число независимости; *list chromatic* ~ предписанное хроматическое число; *Morgan* ~s числа Моргана; ~ *theory* теория (*f*) чисел; *partition of a natural* ~ разбиение натурального числа; *prescribed* ~ предписанное число; *prime* ~ простое число; *probabilistic* ~ *theory* вероятностная теория (*f*) чисел; *pseudo-random* ~ псевдослучайное число; *quasi-orthogonal* ~s квазиортогональные числа; *Ramsey* ~

число Рамсея; *random* ~ случайное число; *Richardson* ~ (динамическое) число Ричардсона; *rotation* ~ ротационное число; *scattering* ~ число рассеяния; *search* ~ поисковое число; *Stirling* ~s числа Стирлинга; *subchromatic* ~ субхроматическое число; *total interval* ~ тотальное интервальное число; *transposable* ~ перемещаемое число; *triangular* ~ треугольное число; *unit interval* ~ единичное интервальное число; *van der Waerden* ~ число Ван дер Вардена

numerical, *adj.* численный: ~ *analysis* численный анализ; ~ *integration* численное интегрирование

O

objective function целевая функция

oblique rotation of factorial axes косоугольное вращение факторных осей

observable, *n.* наблюдаемая (*f*): *algebra of* ~s алгебра (*f*) наблюдаемых; *algebra of quasi-local* ~s алгебра (*f*) квазилокальных наблюдаемых; *compatible* ~s совместимые наблюдаемые; *complementary* ~ дополнительная наблюдаемая; *incompatible* ~s несовместимые наблюдаемые

observation, *n.* наблюдение (*n*): *missing* ~ пропущенное/пропавшее наблюдение; ~ *error* ошибка (*f*) наблюдения

oceanic turbulence океанская турбулентность

octile, *n.* октиль (*f*)

offspring distribution распределение (*n*) числа непосредственных потомков

Ogawa construction конструкция (*f*) Огавы

omega square distribution омега-квадрат распределение (*n*)

one-armed bandit problem задача (*f*) об одноруком бандите

one-dimensional, *adj.* одномерный: ~ *random process* одномерный случайный процесс; ~ *turbulence spectrum* одномерный спектр турбулентности

one-sample problem задача (*f*) с одной выборкой

one-sided, *adj.* односторонний: ~ *Bernoulli shift* односторонний сдвиг Бернулли; ~ *infinitely divisible distribution* одностороннее безгранично делимое распределение; ~ *Student test* односторонний критерий Стьюдента; ~ *test* односторонний критерий

one-step transition probability одношаговая вероятность перехода

one-way model однофакторная модель

operating characteristic of a sample inspection plan оперативная характеристика плана выборочного контроля

operating characteristic of a test оперативная характеристика критерия

operations research исследование (n) операций

operator, *n.* оператор (m): *Bessel* $\sim$ оператор Бесселя; *Radonifying* $\sim$ радонизирующий/радонофицирующий оператор; *bounded* $\sim$ ограниченный оператор; *characteristic* $\sim$ характеристический оператор; *covariance* $\sim$ ковариационный оператор; *cross covariance* $\sim$ взаимный ковариационный оператор, оператор взаимной ковариации; *density* $\sim$ оператор плотности; *differential* $\sim$ дифференциальный оператор; *differential* $\sim$ *with random coefficients* дифференциальный оператор со случайными коэффициентами; *infinitesimal* $\sim$ инфинитезимальный оператор; $\sim$ *stable distribution* операторно устойчивое распределение; $\sim$ *stochastic differential equation* операторное стохастическое дифференциальное уравнение; $\sim$ *valued measure* операторнозначная/операторная мера; *p-summing* $\sim$ p-суммирующий оператор; *quasi-infinitesimal* $\sim$ квазиинфинитезимальный оператор; *strong infinitesimal* $\sim$ сильный инфинитезимальный оператор; *strong random linear* $\sim$ сильный случайный линейный оператор; *unitary* $\sim$ унитарный оператор

opinion poll опрос (m) общественного мнения

opposition graph оппозиционный граф

optimal, *adj.* оптимальный: $\sim$ *control* оптимальное управление; $\sim$ *decision function* оптимальная решающая функция; $\sim$ *interpolation* оптимальная интерполяция; $\sim$ *policy* оптимальная стратегия; $\sim$ *redundancy* оптимальное резервирование; $\sim$ *stochastic control* оптимальное стохастическое управление; $\sim$ *stopping of a random process* оптимальная остановка случайного процесса; $\sim$ *stopping rule* оптимальное правило остановки; $\sim$ *stopping time* оптимальный момент остановки; $\sim$ *strategy* оптимальная стратегия; $\sim$ *test* оптимальный критерий; *universally* $\sim$ *design* универсально оптимальный план

optimality of a stochastic procedure оптимальность (f) стохастической процедуры

optimality principle принцип (m) оптимальности

optimization, *n.* оптимизация (f)

optimum design оптимальный план

optional, *adj.* опциональный, вполне измеримый: $\sim$ *process* опциональный процесс, вполне измеримый процесс; $\sim$ *projection of a process* опциональная проекция процесса, вполне измеримая проекция процесса; $\sim$ *set* опциональное множество

orbit, *n.* орбита (f)

order, *n.* порядок (m); порядковый: $\sim$ *scale* порядковая шкала; $\sim$ *statistic* порядковая статистика; *partial* $\sim$ частичный порядок

ordering, *n.* упорядочение (n): *Wick* $\sim$ упорядочение Вика

ordinary, *adj.* ординарный: $\sim$ *marked point process* ординарный маркированный точечный процесс; $\sim$ *model* ординарная модель; $\sim$ *point process* ординарный точечный процесс

oriented matroid ориентированный матроид

Orlicz space пространство (n) Орлича

Ornstein metric метрика (f) Орнстейна

Ornstein–Uhlenbeck process процесс (m) Орнштейна–Уленбека

Orr–Sommerfeld equation уравнение (n) Орра–Зоммерфельда

orthant ортант (m)

orthogonal, *adj.* ортогональный: $\sim$ *blocks* ортогональные блоки; $\sim$ *cubes* ортогональные кубы; $\sim$ *decomposition* ортогональное разложение; $\sim$ *design* ортогональный план; $\sim$ *expansion of a random process* ортогональное разложение случайного процесса; $\sim$ *functions* ортогональные функции; $\sim$ *Latin squares* ортогональные латинские квадраты; $\sim$ *matrix* ортогональная матрица; $\sim$ *polynomials* ортогональные полиномы; $\sim$ *projection* ортогональная проекция; $\sim$ *random matrix* ортогональная случайная матрица; $\sim$ *regression* ортогональная регрессия; $\sim$ *rotation of factorial axes* ортогональное вращение факторных осей; $\sim$ *squares* ортогональные квадраты; $\sim$ *system* ортогональная система; $\sim$ *table* ортогональная таблица; $\sim$ *transformation* ортогональное преобразование

orthogonality, *n.* ортогональность (f)

orthogonalization, *n.* ортогонализация (f): *Gram–Schmidt* $\sim$ ортогонализация Грама–Шмидта

orthomodular poset ортомодулярное частично упорядоченное множество

oscillation, *n.* колебание (f), осцилляция (f): *amplitude-modulated harmonic* $\sim$ амплитудно-модулированное гармоническое колебание; *frequency-modulated* $\sim$ частотно-модулированное колебание; *harmonic* $\sim$ гармоническое колебание; *phase-modulated* ~ фазово-модулированное колебание

oscillatory random process осцилли-рующий случайный процесс

outerplanar graph внешнепланарный граф

outer measure внешняя мера

outlier, *n.* выброс (*m*), резко выделяю-щееся наблюдение

output signal выходной сигнал

overshoot, *n.* перескок (*m*)

P

packing, *n.* упаковка (*f*)

Padé approximation аппроксимация (*f*) Паде

pairwise independence попарная неза-висимость

Palm distribution распределение (*n*) Пальма

Palm formula формула (*f*) Пальма

Palm input входной поток Пальма

Palm–Khinchin equations уравнения (*pl*) Пальма–Хинчина

Palm–Khinchin theorem теорема (*f*) Пальма–Хинчина

pancyclic graph панциклический граф

pandiagonal magic square пандиаго-нальный магический квадрат

Pao formula формула (*f*) Пао

Papygram диаграмма (*f*) Папи

paradox, *n.* парадокс (*m*): *Allais* ~ па-радокс Аллэ; *Bertrand* ~ парадокс Бер-трана; *voting* ~ парадокс голосования

parallelepiped параллелепипед (*m*)

parameter, *n.* параметр (*m*): *expansion with respect to a small* ~ разложение (*n*) по малому параметру; *identifiable* ~ идентифицируемый параметр; *location* ~ параметр сдвига; *Malthusian* ~ мальтузианский параметр; *noncentrality* ~ параметр нецентральности; *nuisance* ~ мешающий параметр; ~ *estimation* оценивание (*n*) параметра; *scalar* ~ скалярный параметр; *scale* ~ пара-метр масштаба; *vector* ~ векторный па-раметр

parametric model параметрическая мо-дель

parametric spectral estimator параме-трическая спектральная оценка

Pareto distribution распределение (*n*) Парето

Pareto model модель (*f*) Парето

Pareto set of designs множество (*n*) планов Парето

partial, *adj.* частичный, частный: *domain of* ~ *attraction* область (*f*) частич-

ного притяжения (безгранично делимо-го закона); ~ *autocorrelation function* функция (*f*) частной автокорреляции; ~ *autocovariance function* функция (*f*) частной автоковариации; ~ *Bayes approach* частичный бейесовский подход; ~ *coherence* частная когерентность; ~ *coloring* частичная раскраска; ~ *correlation coefficient* коэффициент (*m*) част-ной корреляции; ~ *correlation function* частная корреляционная функция; ~ *covariance function* функция (*f*) частной ковариации; ~ *derivative* частная про-изводная; ~ *differential equation* уравне-ние (*n*) в частных производных; ~ *Latin square* частичный латинский квадрат; ~ *order* частичный порядок; ~ *sum* ча-стичная сумма

partially available queueing system неполнодоступная система обслужива-ния

partially balanced block design ча-стично сбалансированный блочный план

partially balanced design частично уравновешенная схема

particle, *n.* частица (*f*): *tagged* ~ мече-ная частица

partition, *n.* разбиение (*n*): *autonomous* ~ автономное разбиение; *chain of* ~*s* цепь (*f*) разбиений; *chain* ~ цепное раз-биение; *chromatic* ~ хроматическое раз-биение; *entropy of a* ~ энтропия (*f*) разбиения; *equivalent* ~*s* эквивалентные разбиения (*pl*); *finite* ~ конечное раз-биение; *Frobenius* ~ разбиение Фро-бениуса; *least-cost* ~ разбиение мини-мальной стоимости; *measurable* ~ из-меримое разбиение; *random* ~ случай-ное разбиение; *skew* ~ косое разбиение; *skew plane* ~ асимметричное плоское разбиение; *ultrametric* ~ ультраметри-ческое разбиение

partitionability, *n.* разбиваемость (*f*)

Parzen criterion критерий (*m*) Парзена

Parzen estimator оценка (*f*) Парзена

Parzen lag window корреляционное ок-но Парзена

Pascal distribution распределение (*n*) Паскаля

Pascal triangle треугольник (*m*) Паска-ля

passage time момент (*m*) достиже-ния/прохождения: ~ *of a level* момент достижения/прохождения уровня

path, *n.* путь (*m*), траектория (*f*): *Hamiltonian* ~ гамильтонов путь; ~ *integral* функциональный/континуальный интеграл, интеграл (*m*) по траектори-ям; *sample* ~ траектория (*f*), выбороч-ная функция

pathwise uniqueness of a solution

сильная/потраекторная единственность решения

Patnaik transformation преобразование (*n*) Патнайка

pattern recognition распознавание (*n*) образов

paving matroid матроид (*m*) покрытия

Pearson curves кривые (*pl*) Пирсона

Pearson distribution распределение (*n*) Пирсона

Pearson rank correlation coefficient коэффициент (*m*) ранговой корреляции Пирсона

pebble game фишечная игра

Peierls condition условие (*n*) Пайерлса

Peierls equation уравнение (*n*) Пайерлса

Pell polynomial полином (*m*) Пелля

penalty function штрафная функция

percentile, *n.* перцентиль (*f*)

perceptual graph перцептуальный граф

percolation, *n.* перколяция (*f*), просачивание (*n*): ~ *process* процесс (*m*) просачивания; ~ *theory* теория (*f*) перколяции/просачивания

perfect, *adj.* совершенный: ~ *elimination* совершенное исключение; ~ *elimination scheme* схема (*f*) совершенного исключения; ~ *graph* совершенный граф; ~ *matching* совершенное паросочетание; ~ *measure* совершенная мера; ~ *probability space* совершенное вероятностное пространство

period, *n.* период (*m*): *busy* ~ период занятости; *life* ~ период жизни

periodic, *adj.* периодический: ~ *cypher* периодический шифр; ~ *Markov chain* периодическая/циклическая цепь Маркова; ~ *state* периодическое состояние

periodicity, *n.* периодичность (*f*): *spurious* ~ ложная периодичность

periodogram, *n.* периодограмма (*f*)

periodogram statistic периодограммная статистика, статистика (*f*) типа Гренандера–Розенблатта

permanent, *n.* перманент (*m*): *maximum* ~ максимальный перманент

permeable boundary проницаемая граница

permutation, *n.* перестановка (*f*), подстановка (*f*): *cyclic* ~ циклическая перестановка; *in situ* ~ перестановка без дополнительной памяти; ~ *graph* граф (*m*) перестановки; ~ *test* критерий (*m*) перестановок/рандомизации; ~ *with repetition* размещение; *random* ~ случайная перестановка/подстановка; *signature of a* ~ сигнатура (*f*) перестановки

persistent Markov process возвратный

марковский процесс

persistent random walk возвратное случайное блуждание

persistently optimal strategy неуклонно оптимальная стратегия

perturbations method метод (*m*) возмущений

Pettis integrability интегрируемость (*f*) по Петтису

Pettis integral интеграл (*m*) Петтиса

Pettis theorem теорема (*f*) Петтиса

phase, *n.* фаза (*f*): *filter* ~ фаза фильтра; ~ *cross-spectrum* взаимный фазовый спектр; ~ *density* фазовая плотность; ~ *diagram* фазовая диаграмма; ~ *frequency characteristic* фазово-частотная характеристика; ~ *-modulated oscillation* фазово-модулированное колебание; ~ *modulation* фазовая модуляция; ~ *shift* фазовый сдвиг; ~ *spectrum* фазовый спектр; ~ *transition* фазовый переход

phenomenon (*pl. phenomena*), *n.* явление (*n*), феномен (*m*)

phylogenetic tree филогенетическое дерево

Pisarenko spectral estimator спектральная оценка Писаренко

Pitman efficiency эффективность (*f*) по Питмену

Pitman estimator оценка (*f*) Питмена

Pitman test критерий (*m*) Питмена

plan, *n.* план (*m*): *acceptance sampling* ~ план статистического приемочного контроля; *closed* ~ замкнутый план; *Dodge* ~ план Доджа; *inspection* ~ план контроля; *operating characteristic of a sample inspection* ~ оперативная характеристика плана выборочного контроля; *sampling* ~ выборочный план; *single-consent* ~ план с одним разрешением; *unbiased* ~ несмещенный план

planar graph планарный граф

planar map планарная карта

planar network планарная сеть

planarity threshold порог (*m*) планарности

Plancherel identity тождество (*n*) Планшереля

Planck distribution распределение (*n*) Планка

plane, *n.* плоскость (*f*): *extendable* ~ расширяемая плоскость; *non-Desarguesian* ~ недезаргова плоскость; *projective* ~ проективная плоскость; *translation* ~ плоскость трансляций

Poincare process процесс (*m*) Пуанкаре

point, *n.* точка (*f*); точечный: *breakdown* ~ пороговая точка; *change* ~ момент (*m*) разладки; *critical* ~ критическая точка; *fixed* ~ неподвижная точка; *irregular* ~ иррегулярная точка; *ladder* ~ лестничная точка/пара (*f*); ~-*bounded covering* точечно-ограниченное покрытие; ~ *estimator* точечная оценка; ~ *of increase* точка роста; ~ *process* точечный процесс; ~ *random field* точечное случайное поле; *regular boundary* ~ регулярная граничная точка; *saddle* ~ седловая точка; *sample* ~ выборочная точка; *supporting* ~ *of a design* опорная точка плана, узел (*m*) плана; ~ *random field* точечное случайное поле

pointwise convergence поточечная сходимость

Poisson approximation пуассоновская аппроксимация

Poisson distribution распределение (*n*) Пуассона: *compound* ~ сложное распределение Пуассона

Poisson process пуассоновский процесс

Poisson theorem теорема (*f*) Пуассона

polar, *adj.* полярный: ~ *correlation function* полярная корреляционная функция; ~ *set* полярное множество

policy, *n.* стратегия (*f*): *Bayes* ~ бейесовская стратегия; *Markov* ~ марковская стратегия; *steering* ~ направляющая стратегия

Polish space польское пространство

poll, *n.* опрос (*m*): *public opinion* ~ опрос общественного мнения

Pollaczek–Khinchin formula формула (*f*) Поллачека–Хинчина

Pollaczek–Spitzer identity тождество (*n*) Поллачека–Спитцера

Pólya distribution распределение (*n*) Пойа

Pólya theorem теорема (*f*) Пойа

Pólya's urn model урновая модель Пойа

polygamma function полигамма функция (*f*)

polygon, *n.* многоугольник (*m*): *dissection of a* ~ разбиение (*n*) многоугольника

polyhedron (*pl. polyhedra*), *n.* многогранник (*m*), полиэдр (*m*)

polymatroid, *n.* полиматроид (*m*)

polynomial полином (*m*); полиномиальный: *Bell* ~ полином Белла; *Bernoulli* ~ полином Бернулли; *binomial* ~ биномиальный полином; *Chebyshev* ~ полином Чебышева; *chromatic* ~ хроматический полином; *Euler* ~ полином Эйлера; *Hermite* ~ полином Эрмита; *Jacobi* ~ полином Якоби; *Laguerre* ~ полином Лагерра; *Legendre* ~ полином Лежандра; *orthogonal* ~s ортогональные полиномы (*pl*); *Pell* ~ полином Пелля; ~ *algorithm* полиномиальный алгоритм; ~ *interpolation* параболическая/полиномиальная интерполяция; ~ *regression* параболиче-

ская/полиномиальная регрессия; *Sheffer* ~ полином Шеффера; *Tutte* ~ полином Татта

polyominoe, *n.* полиомино (*n*)

polyspectral, *adj.* полиспектральный: ~ *density* полиспектральная плотность; ~ *function* полиспектральная функция

polyspectrum, *n.* полиспектр (*m*)

polytope, *n.* многогранник (*m*), политоп (*m*): *inscribable* ~ вписываемый многогранник

polytopic graph политопный граф

Pontryagin's maximum principle принцип (*m*) максимума Понтрягина

population, *n.* совокупность (*f*), популяция (*f*): *general* ~ генеральная совокупность; ~ *genetics* популяционная генетика

poset (partially ordered set), *n.* частично упорядоченное множество: *orthomodular* ~ ортомодулярное частично упорядоченное множество

positive, *adj.* положительный: ~ *correlation* положительная корреляция; ~ *definite function* положительно определенная функция; ~ *definite kernel* положительно определенное ядро; ~ *semidefinite function* неотрицательно определенная функция; ~ *state* положительное состояние

posterior, *adj.* апостериорный: ~ *density* апостериорная плотность; ~ *distribution* апостериорное распределение; ~ *probability* апостериорная вероятность

potential потенциал (*m*); потенциальный: *alpha-* ~ альфа-потенциал; *chemical* ~ химический потенциал; *equilibrium* ~ равновесный потенциал; *finite-range* ~ финитный потенциал; *Gibbs field* ~ потенциал гиббсовского поля; *Lenard–Jones* ~ потенциал Ленарда–Джонса; ~ *alpha-kernel* альфа-ядро (*n*) потенциалов; ~ *density* потенциальная плотность; ~ *enstrophy* потенциальная энстрофия; ~ *function* потенциальная функция; ~ *theory* теория (*n*) потенциала; ~ *vorticity* потенциальный вихрь

power, *n.* мощность (*f*), степень (*f*): *entropy* ~ энтропийная мощность; ~ *function of a test* функция (*f*) мощности критерия; ~ *moment problem* степенная проблема моментов; ~ *of a statistical test* мощность статистического критерия; ~ *series* степенной ряд; ~ *series distribution* распределение (*n*) степенного ряда; ~ *spectrum* спектр (*m*) мощности

precedence grammar грамматика (*f*) предшествования

prediction, *n.* прогнозирование (*n*): *nonlinear* ~ *of a random process* нелинейное прогнозирование случайного про-

цесса; ~ *error* ошибка (*f*) предсказа-
ния/прогноза; *regression* ~ регрессионный прогноз
predictor, *n.* предиктор (*m*)
preference, *n.* предпочтение (*n*)
prefix entropy префиксная энтропия
prefix search префиксный поиск
prescribed number предписанное число
prime distance graph граф (*m*) простых расстояний
prime number простое число
primer, *n.* праймер (*m*), букварь (*m*)
primitive triangle примитивный треугольник
primordial function фундаментальная
функция
principal, *adj.* главный: ~ *alias* главный двойник; ~ *component* главная компонента; ~ *component analysis* анализ
(*m*) главных компонент; ~ *root* глав-
ный/перронов корень; *sample* ~ *components* выборочные главные компоненты
(*pl*)
principle, *n.* принцип (*m*): *averaging*
~ принцип усреднения; *Bayes* ~ бейесовский принцип; *complementarity* ~
принцип дополнительности; *Donsker–
Prokhorov invariance* ~ принцип инвариантности Донскера–Прохорова; *homogenization* ~ принцип усреднения
(операторов в частных производных);
invariance ~ принцип инвариантности;
Kahane's contraction ~ принцип сжатия
Кахана; *maximum likelihood* ~ принцип
максимального правдоподобия; *optimality* ~ принцип оптимальности; *Pontryagin's maximum* ~ принцип максимума Понтрягина; *reflection* ~ принцип отражения; *separation* ~ принцип
разделения; *stochastic optimality* ~ стохастический принцип оптимальности;
Strassen's invariance ~ принцип инвариантности Штрассена; *strong invariance* ~ сильный принцип инвариантности, принцип инвариантности почти
наверное; *strong likelihood* ~ усиленный принцип правдоподобия; *sufficiency*
~ принцип достаточности; *uncertainty*
~ принцип неопределенности; *variational* ~ вариационный принцип
prior, *adj.* априорный: ~ *distribution* априорное распределение; ~ *density* априорная плотность; ~ *information*
априорная информация
probabilistic, *adj.* вероятностный: ~
automaton вероятностный автомат; ~
characterization вероятностная характеризация; ~ *coding* вероятностное кодирование; ~ *distance* вероятностное расстояние; ~ *generating function* вероятностная производящая функция; ~ *met-*

ric вероятностная метрика; ~ *normal paper* вероятностная нормальная бумага;
~ *number theory* вероятностная теория
чисел; ~ *solution* вероятностное решение
probability, *n.* вероятность (*f*): *a posteriori* ~ апостериорная вероятность; *a
priori* ~ априорная вероятность; *absolute* ~ безусловная вероятность; *absorption* ~ вероятность поглощения; *boundedness in* ~ ограниченность (*f*) по вероятности; *classical definition of* ~ классическое определение вероятности; *complete* ~ *space* полное вероятностное пространство; *conditional* ~ условная вероятность; *confidence* ~ доверительная
вероятность; *convergence in* ~ сходимость (*f*) по вероятности; *convergence
with* ~ *1* сходимость (*f*) с вероятностью
1, сходимость (*f*) почти наверное; *critical* ~ критическая вероятность; *elementary* ~ элементарная вероятность;
extinction ~ вероятность вырождения
(ветвящегося процесса) *final* ~ финальная вероятность; *frequency interpretation of* ~ частотная интерпретация вероятности; *Kolmogorov's axiomatics of
the* ~ *theory* колмогоровская аксиоматика теории вероятностей; *large deviations* ~*s* вероятности (*pl*) больших уклонений; *noncommutative* ~ *theory* некоммутативная теория вероятностей; *one-
step transition* ~ одношаговая вероятность перехода; *posterior* ~ апостериорная вероятность; *prior* ~ априорная
вероятность; ~ *density* плотность (*f*)
вероятности, плотность (*f*) распределения вероятностей; ~ *distribution* вероятностное распределение, распределение (*n*) вероятностей; ~ *generating function* вероятностная производящая функция; ~ *integral* интеграл (*m*) вероятности; ~ *measure* вероятностная мера; ~
of breakdown-free operation вероятность
безотказной работы; ~ *of connectedness*
вероятность связности; ~ *of error decoding* вероятность ошибочного декодирования; ~ *of failure-free operation* вероятность безотказной работы; ~ *of false
alarm* вероятность ложной тревоги; ~ *of
misclassification* вероятность ошибочной
классификации; ~ *space* вероятностное
пространство; ~ *theory* теория (*f*) вероятностей; *quantum* ~ *theory* квантовая
теория вероятностей; *random* ~ *measure*
случайная вероятностная мера; *regular
conditional* ~ регулярная условная вероятность; *stability in* ~ устойчивость
(*f*) по вероятности; *subjective* ~ субъективная вероятность; *total* ~ *formula*
формула (*f*) полной вероятности; *tran-*

sition ∼ переходная вероятность; *unconditional* ∼ безусловная вероятность

probable error вероятное/срединное отклонение

probit, *n.* пробит (*m*)

problem, *n.* задача (*f*), проблема (*f*): *arrangement* ∼ задача размещения/ранжирования; *assignment* ∼ задача назначений; *augmentation* ∼ задача расширения; *best choice* ∼ задача о наилучшем выборе; *bin packing* ∼ задача об упаковке мешков/контейнеров; *ballot* ∼ задача о баллотировке; *Behrens–Fisher* ∼ проблема Беренса–Фишера; *Bertrand* ∼ задача Бертрана; *boundary* ∼ граничная задача; *boundary* ∼ *for a random walk* граничная задача для случайного блуждания; *Buffon's needle-tossing* ∼ задача Бюффона об игле; *Buffon–Sylvester* ∼ задача Бюффона–Сильвестра; *change point* ∼ задача обнаружения разладки; *clique* ∼ задача о клике; *closure* ∼ проблема замыкания; *discretization* ∼ проблема дискретизации; *dual transfer* ∼ сопряженная задача переноса; *double selection* ∼ задача о двойном выборе; *enumerative* ∼ перечислительная задача; *extremal* ∼ экстремальная задача; *extremal statistical* ∼ экстремальная статистическая задача; *gambler's ruin* ∼ задача о разорении (игрока); *Goursat stochastic* ∼ стохастическая задача Гурса; *insensitivity* ∼ проблема нечувствительности/инвариантности; *Kiefer–Weiss* ∼ задача Кифера–Вайса; *knapsack* ∼ задача о рюкзаке; *Kolmogorov–Petrovsky* ∼ задача Колмогорова–Петровского; *linear arrangement* ∼ задача линейного ранжирования; *martingale* ∼ проблема мартингалов; *moment* ∼ проблема моментов; *multi-armed bandit* ∼ задача о многоруком бандите; *multisample* ∼ многовыборочная задача; *nearest lattice point* ∼ задача о ближайшей точке решетки; *one-armed bandit* ∼ задача об одноруком бандите; *one-sample* ∼ задача с одной выборкой; *power moment* ∼ степенная проблема моментов; *ruin* ∼ задача о разорении; *secretary* ∼ задача о выборе секретаря; *shortest-path* ∼ задача о кратчайшем пути; *Siegel* ∼ проблема Зигеля; *stochastic Dirichlet* ∼ стохастическая задача Дирихле; *target tracking* ∼ задача слежения за целью; *ternary search* ∼ задача троичного поиска; *transfer dual* ∼ сопряженная задача переноса; *transfer* ∼ задача переноса; *traveling salesman* ∼ задача о коммивояжере; *two-armed bandit* ∼ задача о двуруком бандите

procedure, *n.* процедура (*f*): *cluster-* ∼ кластер-процедура; *Dvoretzky* ∼ процедура Дворецкого; *robust statistical* ∼ робастная статистическая процедура; *sequential* ∼ последовательная процедура

process, *n.* процесс (*m*): *adaptive controlled discrete-time random* ∼ адаптивный управляемый случайный процесс с дискретным временем; *adapted random* ∼ адаптированный/согласованный случайный процесс; *almost stationary random* ∼ почти стационарный случайный процесс; *amplitude-modulated random* ∼ амплитудно-модулированный случайный процесс; *ARIMA* ∼ АРПСС-процесс, процесс авторегрессии – проинтегрированного скользящего среднего, процесс Бокса–Дженкинса; *ARMA* ∼ АРСС-процесс, процесс смешанной авторегрессии – скользящего среднего; *associated spectrum of a* ∼ присоединенный спектр процесса; *autoregressive — integrated moving average* ∼ процесс авторегрессии — проинтегрированного скользящего среднего, АРПСС-процесс, процесс Бокса–Дженкинса; *autoregressive — moving average* ∼ процесс смешанной авторегрессии — скользящего среднего; *autoregressive* ∼ процесс авторегрессии; *Bellman–Harris* ∼ процесс Беллмана–Харриса; *Bessel* ∼ процесс Бесселя; *binary branching* ∼ бинарный ветвящийся процесс; *binary random* ∼ бинарный/дихотомический случайный процесс; *birth-and-death* ∼ процесс рождения и гибели; *birth* ∼ процесс (чистого) размножения; *boundary* ∼ граничный процесс; *Box–Jenkins* ∼ процесс Бокса–Дженкинса, процесс авторегрессии – проинтегрированного скользящего среднего; *branching* ∼ ветвящийся процесс; *Brownian motion* ∼ процесс броуновского движения; *cascade* ∼ ветвящийся процесс с энергией; *Chung* ∼ процесс Чжуна; *compensator of a point* ∼ компенсатор (*m*) точечного процесса; *complex Gaussian* ∼ комплексный гауссовский процесс; *compound Poisson* ∼ обобщенный/сложный пуассоновский процесс; *conditional Markov* ∼ условный марковский процесс; *contact* ∼ процесс контактов; *controlled branching* ∼ регулируемый ветвящийся процесс; *controlled discrete (continuous) time* ∼ управляемый случайный процесс с дискретным (непрерывным) временем; *controlled diffusion* ∼ управляемый диффузионный процесс; *controlled jump* ∼ управляемый скачкообразный процесс; *controlled Markov jump* ∼ управляемый марковский скачкообразный процесс; *controlled Markov* ~ управляемый марковский процесс; *controlled* ~ управляемый процесс; *controlled random* ~ управляемый случайный процесс; *convergence of random* ~s сходимость (*f*) случайных процессов; *counting* ~ считающий процесс; *counting random* ~ считающий случайный процесс; *Cox point* ~ коксовский точечный процесс; *Cox* ~ процесс Кокса; *critical branching* ~ критический ветвящийся процесс; *Crump–Mode–Jagers* ~ процесс Крампа–Моде–Ягерса, общий ветвящийся процесс; *cut-off* ~ обрывающийся процесс; *decomposable branching* ~ разложимый ветвящийся процесс; *diffusion branching* ~ ветвящийся диффузионный процесс; *diffusion* ~ диффузионный процесс; *diffusion* ~ *with reflection* диффузионный процесс с отражением; *Dirichlet* ~ процесс Дирихле; *discrete time random* ~ случайный процесс с дискретным временем; *dual Markov* ~ двойственный марковский процесс; *dyadic* ~ диадический процесс; *embedded branching* ~ вложенный ветвящийся процесс; *embedded* ~ вложенный процесс; *empirical* ~ эмпирический процесс; *energy of a Markov* ~ энергия (*f*) марковского процесса; *envelope of a random* ~ огибающая (*f*) случайного процесса; *epidemic* ~ процесс эпидемии; *ergodic random* ~ эргодический случайный процесс; *exponential autoregressive* ~ экспоненциальный авторегрессионный процесс; *extension of a Markov* ~ продолжение (*n*) марковского процесса; *extrapolation of a random* ~ экстраполяция (*f*) / прогнозирование (*n*) случайного процесса; *Feller* ~ феллеровский процесс; *fiber* ~ процесс волокон; *filtering of a random* ~ фильтрация (*f*) случайного процесса; *Galton–Watson* ~ процесс Гальтона–Ватсона; *Gaussian Markov* ~ гауссовский марковский процесс; *Gaussian* ~ гауссовский процесс; *Gaussian stationary* ~ гауссовский стационарный процесс; *generalized random* ~ обобщенный случайный процесс; *generalized stationary* ~ обобщенный стационарный процесс; *geometric* ~ геометрический процесс; *harmonizable random* ~ гармонизуемый случайный процесс; *Hellinger* ~ процесс Хеллингера; *homogeneous geometric* ~ однородный геометрический процесс; *homogeneous Markov* ~ однородный марковский процесс; *Hunt* ~ процесс Ханта; *impulse Poisson* ~ импульсный пуассоновский процесс; *impulse random* ~ импульсный случайный процесс; *increasing random* ~ возрастающий случайный процесс; *indecomposable branching* ~ неразложимый ветвящийся процесс; *independent thinning of a point* ~ независимое прореживание точечного процесса; *infinitely divisible point* ~ безгранично делимый точечный процесс; *infinitely divisible random* ~ безгранично делимый случайный процесс; *innovation* ~ обновляющий процесс; *intensity of a point* ~ интенсивность (*f*) точечного процесса; *isotropic random* ~ изотропный случайный процесс; *Itô* ~ процесс Ито; *Jiřina* ~ процесс Иржины; *jump Markov* ~ скачкообразный марковский процесс; *jump* ~ скачкообразный процесс; *kangaroo random* ~ случайный процесс типа кенгуру; *killed Markov* ~ обрывающийся марковский процесс; *killing of a Markov* ~ убивание (*n*) марковского процесса; *leading function of a point* ~ ведущая функция точечного процесса; *learning* ~ процесс обучения; *left Markov* ~ левый марковский процесс; *Lévy system of a Markov* ~ система (*f*) Леви марковского процесса; *locally integrable* ~ локально интегрируемый процесс; *lower semicontinuous* ~ полунепрерывный снизу процесс; *marked point* ~ маркированный точечный процесс; *Markov decision* ~ марковский процесс принятия решений; *Markov linear-wise* ~ линейчатый марковский процесс; *Markov* ~ марковский процесс; *Markov* ~ *with a countable/denumerable state space* марковский процесс со счетным числом состояний; *Markov* ~ *with a finite state space* марковский процесс с конечным множеством состояний; *Markov renewal* ~ марковский процесс восстановления; *moving average* ~ процесс скользящего среднего; *multidimensional Wiener* ~ многомерный винеровский процесс; *multiparameter Wiener* ~ многопараметрический винеровский процесс, винеровское поле; *multiparameter Brownian motion* ~ многопараметрический процесс броуновского движения, поле (*n*) Леви; *multivariate Brownian motion* ~ многомерный процесс броуновского движения; *multivariate Wiener* ~ многомерный винеровский процесс; *nonanticipating random* ~ неупреждающий случайный процесс; *nonlinear autoregressive* ~ процесс нелинейной авторегрессии; *nonlinear filtering of a random* ~ нелинейная фильтрация случайного процесса; *nonlinear prediction of a random* ~ нелинейное прогнозирование случайного процесса; *non-Markovian* ~ немарковский процесс; *normal Markov* ~ нормальный марковский процесс; *one-dimensional random* ~ одномерный случайный процесс; *optimal stopping of a random* ~ оптимальная остановка случайного процесса; *optional* ~ вполне измеримый процесс, опциональный процесс; *optional projection of a* ~ опциональная проекция процесса, вполне измеримая проекция процесса; *ordinary marked point* ~ ординарный маркированный точечный процесс; *ordinary point* ~ ординарный точечный процесс; *Ornstein–Uhlenbeck* ~ процесс Орнштейна–Уленбека; *orthogonal expansion of a random* ~ ортогональное разложение случайного процесса; *oscillatory random* ~ осциллирующий случайный процесс; *percolation* ~ процесс просачивания; *persistent Markov* ~ возвратный марковский процесс; *piecewise linear* ~ кусочно линейный процесс; *Poincare* ~ процесс Пуанкаре; *point* ~ точечный процесс; *point* ~ *with adjoint random variables* точечный процесс с присоединенными случайными величинами; *Poisson* ~ пуассоновский процесс; *Poisson point* ~ пуассоновский точечный процесс; *predictable* ~ предсказуемый процесс; *predictable projection of a* ~ предсказуемая проекция процесса; *progressively measurable* ~ прогрессивно измеримый процесс; *pulse random* ~ импульсный случайный процесс; *purely discontinuous* ~ чисто разрывный процесс; *quantile* ~ квантильный процесс; *quantum stochastic* ~ квантовый случайный процесс; *quasi-diffusion* ~ квазидиффузионный процесс; *quasi-smooth Markov* ~ квазигладкий марковский процесс; *random* ~ случайный процесс; *random* ~ *with independent increments* случайный процесс с независимыми приращениями; *random telegraph* ~ случайный телеграфный процесс; *Rayleigh* ~ процесс Рэлея; *recurrent Markov* ~ возвратный марковский процесс; *recurrent point* ~ точечный процесс с ограниченным последействием; *reduced branching* ~ редуцированный ветвящийся процесс; *regenerative* ~ регенерирующий процесс; *renewal* ~ процесс восстановления; *reversed Markov* ~ обращенный марковский процесс; *reversed* ~ обращенный процесс; *reversible* ~ обратимый процесс; *right Markov* ~ правый марковский процесс; *self-similar* ~ автомодельный процесс; *semi-Markov* ~ полумарковский процесс; *Sevast'yanov* ~ процесс Севастья-

нова; *shot noise* ~ процесс дробового шума; *simple point* ~ простой точечный процесс; *skew Wiener* ~ косой винеровский процесс; *spectrum of a* ~ спектр (m) процесса; *spherical Wiener* ~ сферический винеровский процесс; *stable* ~ устойчивый процесс; *standard Markov* ~ стандартный марковский процесс; *standard Wiener* ~ стандартный винеровский процесс; *stationary geometric* ~ стационарный геометрический процесс; *stationary Markov* ~ стационарный марковский процесс; *stationary point* ~ стационарный точечный процесс; *stationary random* ~ стационарный случайный процесс; *step Markov* ~ ступенчатый марковский процесс; *step random* ~ ступенчатый случайный процесс; *stochastic* ~ стохастический/случайный процесс; *stochastically continuous* ~ стохастически непрерывный процесс; *stochastically equivalent random* ~s стохастически эквивалентные случайные процессы; *strong Feller* ~ сильно феллеровский процесс; *strong Markov* ~ строго марковский процесс; *synchronous point* ~s синхронные точечные процессы; *telegraph* ~ телеграфный сигнал/процесс; *temporally homogeneous random* ~ однородный по времени случайный процесс; *thinning of a point* ~ прореживание (n) точечного процесса; *threshold autoregressive* ~ пороговый процесс авторегрессии; *topologically recurrent Markov* ~ топологически возвратный марковский процесс; *upper semicontinuous* ~ полунепрерывный сверху процесс; *voting* ~ процесс голосования; *well measurable* ~ вполне измеримый процесс, опциональный процесс; *well measurable projection of a* ~ вполне измеримая проекция процесса; *wide-sense Markov* ~ марковский процесс в широком смысле; *wide-sense stationary* ~ стационарный в широком смысле процесс; *Wiener* ~ винеровский процесс; *Wong* ~ процесс Уонга; *Yule* ~ процесс Юла

product, *n.* произведение (n): *Cartesian* ~ декартово произведение; *direct* ~ прямое произведение; ~ *measure* произведение мер; ~ *of measurable spaces* произведение измеримых пространств; ~ *of probability spaces* произведение вероятностных пространств; ~ *space* произведение пространств; *semidirect* ~ полупрямое произведение; *skew* ~ косое произведение

product-limit estimator множительная оценка функции распределения

programming, *n.* программирование

(*n*): *dynamic* ~ динамическое программирование; *linear* ~ линейное программирование; *nonlinear* ~ нелинейное программирование

projection, *n.* проекция (*f*): *orthogonal* ~ ортогональная проекция; ~ *of a design* статистическая проекция плана; ~ *pursuit* целенаправленное проецирование

projective plane проективная плоскость

propagation of chaos гидродинамический предельный переход

proper distribution собственное распределение

proximity analysis анализ (*m*) близостей

proximity measure мера (*f*) близости

pseudoforest, *n.* псевдолес (*m*)

pseudomatroid, *n.* псевдоматроид (*m*)

pseudomodular lattice псевдомодулярная решетка

pseudomoment, *n.* псевдомомент (*m*): *absolute* ~ абсолютный псевдомомент

pseudorandom numbers псевдослучайные числа (*pl*)

psychology, *n.* психология (*f*)

public opinion poll опрос (*m*) общественного мнения

pulse random process импульсный случайный процесс

pulse width modulation широтно-импульсная модуляция

pure, *adj.* чистый: ~ *Bayes strategy* чистая бейесовская стратегия; ~ *state* чистое состояние; ~ *strategy* чистая стратегия

purely discontinuous process чисто разрывный процесс

Q

quadrangle, *n.* четырехугольник (*m*)

quadrangulation, *n.* квадратизация (*f*)

quadratic, *adj.* квадратический: ~ *characteristic of a martingale* квадратическая характеристика мартингала; ~ *error* квадратичная ошибка; ~ *extension* квадратичное расширение; ~ *form* квадратичная форма; ~ *loss function* квадратическая функция потерь; ~ *residue* квадратичный вычет; ~ *risk* квадратичный риск; ~ *variation of a martingale* квадратическая вариация мартингала

quadrature, *n.* квадратура (*f*); квадратурный: ~ *formula* квадратурная формула; ~ *formula with random nodes* квадратурная формула со случайными узлами; ~ *spectral density* квадратурная спектральная плотность; ~ *spectral function* квадратурная спектральная функция; ~ *spectrum* квадратурный спектр

quadric, *n.* квадрика (*f*)

quadtree, *n.* квадродерево (*n*)

qualitative, *adj.* качественный: ~ *robustness* качественная робастность; ~ *stability of stochastic models* качественная устойчивость стохастических моделей

quality control контроль (*m*) качества

quantile, *n.* квантиль (*f*): ~ *process* квантильный процесс; ~ *transformation* квантильное преобразование; *sample* ~ выборочная квантиль

quantitative, *adj.* количественный: ~ *robustness* количественная робастность

quantization, *n.* квантование (*n*)

quantum, *adj.* квантовый: *axiomatic* ~ *field theory* аксиоматическая квантовая теория поля; *constructive* ~ *field theory* конструктивная квантовая теория поля; *Euclidean* ~ *field theory* евклидова квантовая теория поля; ~ *Brownian motion* квантовое броуновское движение; ~ *Euclidean field* квантовое евклидово поле; ~ *coding* квантовое кодирование; ~ *communication channel* квантовый канал связи; ~ *decoding* квантовое декодирование; ~ *dynamical semigroup* квантовая динамическая полугруппа; ~ *hypotheses testing theory* квантовая теория проверки гипотез; ~ *measurement* квантовое измерение; ~ *mechanics* квантовая механика; ~ *probability theory* квантовая теория вероятностей; ~ *state* квантовое состояние; ~ *stochastic calculus* квантовое стохастическое исчисление; ~ *stochastic differential equation* квантовое стохастическое дифференциальное уравнение; ~ *stochastic process* квантовый случайный процесс

quartile, *n.* квартиль (*f*): *sample* ~ выборочная квартиль

quasi-diffusion process квазидиффузионный процесс

quasi-infinitesimal operator квазиинфинитезимальный оператор

quasi-invariant measure квазиинвариантная мера

quasilattice, *n.* квазирешетка (*f*)

quasi-likelihood function функция (*f*) квазиправдоподобия

quasi-Markovian approximation квазимарковское приближение

quasimeasure, *n.* квазимера (*f*)

quasimetric, *n.* квазиметрика (*f*)

quasi-orthogonal numbers квазиортогональные числа (*pl*)

quasi-parity graph квазичетный граф

quasipolytope, *n.* квазиполитоп (*m*)

quasi-regular system квазирегулярная система

quasi-smooth Markov process квази-гладкий марковский процесс

quasi-sufficient statistic квазидостаточная статистика

quasi-symmetric distribution квази-симметричное распределение

quasi-variational inequality квазивариационное неравенство

quasimartingale квазимартингал (*m*)

Quenouille test критерий (*m*) Кенуя

queue, *n.* очередь (*f*), однолинейная система обслуживания с очередью

queueing discipline дисциплина (*f*) обслуживания

queueing network сеть (*f*) обслуживания

queueing system система (*f*) обслуживания: *balk* ~ система обслуживания с отказами; *blocking* ~ система обслуживания с отказами; *fully accessible* ~ полнодоступная система обслуживания; *loss* ~ система обслуживания с отказами; *multicascade* ~ многокаскадная система обслуживания; *multichannel* ~ многоканальная/многолинейная система обслуживания; *multiserver* ~ многоканальная/многолинейная система обслуживания; *partially available* ~ неполнодоступная система обслуживания; *priority* ~ приоритетная система обслуживания; *in heavy traffic* нагруженная система обслуживания; *single-channel* ~ одноканальная/однолинейная система обслуживания; *single-server* ~ одноканальная/однолинейная система обслуживания; *stability of a* ~ устойчивость (*f*) системы обслуживания

queueing theory теория (*f*) систем обслуживания, теория (*f*) массового обслуживания, теория (*f*) очередей

quotient, *n.* частное (*n*): ~ *group* фактор-группа (*f*); ~ *of a dynamical system* фактор-система (*f*) динамической

R

Rademacher function функция (*f*) Радемахера

Rademacher sequence последовательность (*f*) Радемахера

Rademacher theorem теорема (*f*) Радемахера

radiocarbon dating радиоуглеродная датировка

radius (*pl. radii*), *n.* радиус (*m*): *spectral* ~ спектральный радиус

Radon measure радонова мера, внутренне компактно регулярная мера

Radon space радоново пространство

Radon–Nikodym derivative производная (*f*) Радона–Никодима

Radon–Nikodym property свойство (*n*) Радона–Никодима

Radon–Nikodym theorem теорема (*f*) Радона–Никодима

Radonifying operator радонизирующий/радонифицирующий оператор

Raikov theorem теорема (*f*) Райкова

Ramsey number число (*m*) Рамсея

Ramsey theorem теорема (*f*) Рамсея

random, *adj.* случайный: ~ *access memory* оперативная память, память с произвольной выборкой; ~ *algebraic equation* случайное алгебраическое уравнение; ~ *Boolean function* случайная булева функция; ~ *charge* случайный заряд; ~ *closed set* случайное замкнутое множество; ~ *coding* случайное кодирование; ~ *compact set* случайное компактное множество; ~ *convex set* случайное выпуклое множество; ~*-effects model* модель (*f*) со случайными эффектами; ~ *element* случайный элемент; ~ *error* случайная ошибка; ~ *event* случайное событие ~ *finite set* конечное случайное множество; ~ *forest* случайный лес; ~ *function* случайная функция; ~ *graph* случайный граф; ~ *mapping* случайное отображение; ~ *measure* случайная мера; ~ *multiple access* случайный множественный доступ; ~ *number* случайное число; ~ *open set* случайное открытое множество; ~ *packing* случайная упаковка; ~ *partition* случайное разбиение; ~ *permutation* случайная перестановка/подстановка; ~ *perturbation* случайное возмущение; ~ *phenomenon* случайное явление; ~ *probability measure* случайная вероятностная мера; ~ *process* случайный процесс; ~ *quadrature formula* случайная квадратурная формула; ~ *search* случайный поиск; ~ *sequence* случайная последовательность; ~ *shape* случайный шейп; ~ *substitution* случайная подстановка; ~ *telegraph process* случайный телеграфный процесс; ~ *tessellation* случайная мозаика; ~ *time change* случайная замена времени; ~ *tree* случайное дерево

random field случайное поле: *branching* ~ ветвящееся случайное поле; *discretizable* ~ дискретизируемое случайное поле; *generalized* ~ обобщенное случайное поле; *harmonizable* ~ гармонизуемое случайное поле; *homogeneous* ~ однородное случайное поле; *isotropic* ~ изотропное случайное поле; *lo-*

cally homogeneous ∼ локально однородное случайное поле; *locally isotropic* ∼ локально изотропное случайное поле; *Markov* ∼ марковское случайное поле; *point* ∼ точечное случайное поле; *Poisson* ∼ пуассоновское случайное поле; ∼ *with homogeneous increments* случайное поле с однородными приращениями; ∼ *with isotropic increments* случайное поле с изотропными приращениями; *scaling limit of a* ∼ автомодельный предел случайного поля

random matrix случайная матрица: *Gaussian* ∼ гауссовская случайная матрица; *Hermit* ∼ эрмитова случайная матрица; *orthogonal* ∼ ортогональная случайная матрица; *symmetric* ∼ симметрическая случайная матрица; *unitary* ∼ унитарная случайная матрица

random sample случайная выборка: ∼ *without replacement* случайная бесповторная выборка

random variable случайная величина: *Bernoulli* ∼ бернуллиевская случайная величина; *exchangeable* ∼s перестановочные случайные величины; *Gaussian* ∼ гауссовская случайная величина; *independent* ∼s независимые случайные величины; *normal* ∼ нормальная случайная величина; *normed* ∼ нормированная случайная величина; *truncated* ∼ усеченная случайная величина

random walk случайное блуждание: *Bernoulli* ∼ блуждание (*n*) Бернулли; *boundary functional of a* ∼ граничный функционал от случайного блуждания; *boundary problem for a* ∼ граничная задача для случайного блуждания; *branching* ∼ ветвящееся случайное блуждание, ветвящийся процесс с блужданием; *continuous from above (below)* ∼ непрерывное сверху (снизу) случайное блуждание; *defect of a* ∼ дефект (*m*) / недоскок (*m*) случайного блуждания; *excess of a* ∼ эксцесс (*m*) / перескок (*m*) случайного блуждания; *Markov* ∼ марковское случайное блуждание; *multidimensional* ∼ многомерное случайное блуждание; *persistent* ∼ возвратное случайное блуждание; ∼ *in random environment* случайное блуждание в случайной среде; ∼ *on a group* случайное блуждание на группе; *recurrent* ∼ возвратное случайное блуждание; *self-avoiding* ∼ случайное блуждание без самопересечений; *transient* ∼ невозвратное случайное блуждание; *unbounded* ∼ неограниченное случайное блуждание

randomization, *n.* рандомизация (*f*): ∼ *test* критерий (*m*) рандомизации/перестановок

randomized, *adj.* рандомизированный: ∼ *decision function* рандомизированная решающая функция; ∼ *design* рандомизированный план; ∼ *estimator* рандомизированная оценка; ∼ *game* рандомизированная игра; ∼ *strategy* рандомизированная/смешанная стратегия; ∼ *test* рандомизированный критерий

rank, *n.* ранг (*m*): ∼ *correlation* ранговая корреляция; ∼ *correlation coefficient* коэффициент (*m*) ранговой корреляции; ∼ *of a matrix* ранг матрицы; ∼ *statistic* ранговая статистика; ∼ *sum test* критерий (*m*) суммы рангов; ∼ *test* ранговый критерий; *Spearmen* ∼ *correlation coefficient* коэффициент (*m*) ранговой корреляции Спирмена; *vector of ranks* вектор (*m*) рангов

ranking, *n.* ранжировка (*f*)

Rao–Blackwell inequality неравенство (*n*) Рао–Блекуэлла

Rao–Blackwell theorem теорема (*f*) Рао–Блекуэлла

Rao–Cramér–Wolfowitz inequality неравенство (*n*) Рао–Крамера–Вольфовитца

Rao distance расстояние (*n*) Рао

Rao test критерий (*m*) Рао

rate, *n.* скорость (*f*), интенсивность (*f*): *birth* ∼ рождаемость (*f*); *failure* ∼ *function* функция (*f*) интенсивности отказов; *mortality* ∼ смертность (*f*); ∼-*distortion function* скорость создания сообщений; ∼ *of convergence* скорость сходимости; ∼ *of information transmission* скорость передачи информации

rational spectral density рациональная спектральная плотность

Ray–Knight compactification компактификация (*f*) Рэя-Найта

Ray resolvent резольвента (*f*) Рэя

Rayleigh distribution распределение (*n*) Рэлея

Rayleigh fading рэлеевское замирание

Rayleigh process процесс (*m*) Рэлея

reachable state достижимое состояние

realization (of a random function) реализация (*f*), выборочная функция

reciprocal formula формула (*f*) обращения

record, *n.* рекорд (*m*), запись (*f*)

rectilinear tree прямоугольное дерево

recurrent, *adj.* возвратный, рекуррентный: ∼ *code* рекуррентный код; ∼ *event* рекуррентное/возвратное событие; ∼ *input* входной поток с ограниченным последействием, рекуррентный поток; ∼ *Markov chain* возвратная цепь Маркова; ∼ *Markov process* возвратный марковский процесс; ∼ *random walk* возвратное случайное блуждание;

~ *state* возвратное состояние

recursive estimation рекуррентное оценивание

recursive estimator рекуррентная оценка

recursive least squares method рекуррентный метод наименьших квадратов

recursive residual рекурсивный остаток

red noise красный шум

reduced branching process редуцированный ветвящийся процесс

reduced Latin square редуцированный латинский квадрат

reducible Markov chain приводимая/разложимая цепь Маркова

reduction of dimensionality понижение (*n*) размерности

redundancy, *n.* избыточность (*f*), резервирование (*n*): *optimal* ~ оптимальное резервирование; *separate* ~ раздельное резервирование

reference set справочное множество

reflected Brownian motion процесс (*m*) отраженного броуновского движения

reflecting boundary отражающая граница

reflection principle принцип (*m*) отражения

regeneration регенерация (*f*)

regeneration time момент (*m*) регенерации

regenerative process регенерирующий процесс

region, *n.* область (*f*): *critical* ~ критическая область; *similar* ~ подобная область

regression, *n.* регрессия (*f*): *Bayes* ~ бейесовская регрессия; *curvilinear* ~ криволинейная регрессия; *design of experiments* планирование (*n*) регрессионных экспериментов; *empirical* ~ *line* эмпирическая линия регрессии; *flat* ~ плоская регрессия; *generalized* ~ *experiment* обобщенный регрессионный эксперимент; *heteroscedastic* ~ гетероскедастическая регрессия; *homoscedastic* ~ гомоскедастическая регрессия; *linear* ~ линейная регрессия; *linear* ~ *experiment* линейный регрессионный эксперимент; *matrix of a* ~ *experiment* матрица (*f*) регрессионного эксперимента; *mean square* ~ средняя квадратическая регрессия; *median* ~ медианная регрессия; *multiple* ~ множественная регрессия; *nonlinear* ~ нелинейная регрессия; *nonlinear* ~ *experiment* нелинейный регрессионный эксперимент; *orthogonal* ~ ортогональная регрессия; *polynomial* ~ параболическая/полиномиальная регрессия; ~ *analysis* регрессионный анализ; ~ *coefficient* коэффициент (*m*) регрессии; ~ *curve* линия (*f*) / кривая (*f*) регрессии; ~ *equation* уравнение (*n*) регрессии; ~ *estimator* оценка (*f*) регрессии; ~ *experiment* регрессионный эксперимент; ~ *function* функция (*f*) регрессии; ~ *line* линия (*f*) / прямая (*f*) регрессии; ~ *matrix* матрица (*f*) регрессионных коэффициентов, регрессионная матрица; ~ *model* регрессионная модель; ~ *prediction* регрессионный прогноз; ~ *spectrum* спектр (*m*) регрессии; ~ *surface* поверхность (*f*) регрессии; *ridge* ~ гребневая/хребтовая регрессия; *sample* ~ *coefficient* выборочный коэффициент регрессии

regressogram, *n.* регрессограмма (*f*)

regressor, *n.* регрессор (*m*), регрессионная переменная

regular, *adj.* регулярный: ~ *boundary point* регулярная граничная точка; ~ *branching process* регулярный ветвящийся процесс; ~ *conditional probability* регулярная условная вероятность; ~ *Markov chain* регулярная цепь Маркова; ~ *measure* регулярная мера; ~ *random field* регулярное случайное поле; ~ *set* регулярное множество

regularity, *n.* регулярность (*f*): ~ *condition* условие (*n*) регулярности

regulation boundary/limit граница (*f*) регулирования

regulus (*pl. reguli*), *n.* полуквадрика (*f*)

rejection method метод (*m*) отбрасывания

relation, *n.* отношение (*n*), соотношение (*n*): *anticommutative* ~ антикоммутативное отношение; *binary* ~ бинарное отношение; *commutative* ~ коммутативное отношение; *Forsythe* ~ соотношение Форсайта; *scaling* ~ скейлинговое отношение

relative, *n.* относительный: ~ *compactness of a family of measures* относительная компактность семейства мер; ~ *efficiency of a test* относительная эффективность критерия; ~ *entropy* относительная энтропия; ~ *frequency* относительная частота; ~ *turbulent diffusion* относительная турбулентная диффузия

relatively compact set относительно компактное множество

relatively weak compact family of distributions слабо относительно компактное семейство распределений

relay, *adj.* релейный: ~ *correlation function* релейная корреляционная функция; ~ *cross correlation function* релейная взаимная корреляционная функция; ~ *method of correlation analysis* релейный метод определения корреляционных функций

reliability, *n.* надежность (*f*): ~ *function* функция (*f*) надежности; ~ *index* показатель (*m*) надежности; ~ *optimization* оптимизация (*f*) надежности; ~ *theory* теория (*f*) надежности

remote event остаточное событие

renewal, *n.* восстановление (*n*): *key* ~ *theorem* основная/узловая теорема восстановления; *nonlinear* ~ *theory* нелинейная теория восстановления; ~ *equation* уравнение (*n*) восстановления; ~ *function* функция (*f*) восстановления; ~ *interval* интервал (*m*) восстановления; ~ *measure* мера (*f*) восстановления; ~ *process* процесс (*m*) восстановления; ~ *theorem* теорема (*f*) восстановления; ~ *theory* теория (*f*) восстановления

renormalization group ренормализационная группа

renormalization transformation ренормализационное преобразование

renovating event обновляющее событие

renovations method метод (*m*) обновлений

Rényi distribution function функция (*f*) распределения Реньи

Rényi entropy энтропия (*f*) Реньи

Rényi statistic статистика (*f*) Реньи

Rényi test критерий (*m*) Реньи

reorientation переориентация (*f*)

repairability, *n.* ремонтопригодность (*f*)

repairable system восстанавливаемая система

replication, *n.* реплика (*f*)

representation, *n.* представление (*n*): *canonical* ~ каноническое представление; *evolutionary spectral* ~ эволюционирующее спектральное представление; *Fock* ~ представление Фока; *mandatory* ~ принудительное представление; *succint multigraph* ~ сжатое мультиграфовое представление

representative, *adj.* представительный: ~ *sample* представительная выборка

reproducing kernel Hilbert space гильбертово пространство воспроизводящего ядра

residual, *n.* остаток (*m*); остаточный: *recursive* ~ рекурсивный остаток; ~ *analysis* анализ (*m*) остатков; ~ *lifetime* остаточная продолжительность жизни; ~ *sum of squares* остаточная сумма квадратов; ~ *variance* остаточная дисперсия; *signed* ~ знаковый остаток; *studentized* ~ стьюдентизированный остаток

residue, *n.* вычет (*m*): *quadratic* ~ квадратичный вычет

resolution, *n.* разрешение (*n*), разрешающая способность: ~ *bandwidth* разрешающая полоса; ~ *of the unity* разбиение (*n*) единицы

resolvable, *adj.* разрешимый

resolvent, *n.* резольвента (*f*): *Ray* ~ резольвента Рэя; ~ *equation* резольвентное уравнение; ~ *identity* резольвентное тождество

resource efficiency эффективность (*f*) ресурса

response, *n.* отклик (*m*), характеристика (*f*): ~ *function* функция (*f*) отклика; ~ *of a filter* отклик/характеристика фильтра

restriction, *n.* сужение (*n*), ограничение (*n*)

retract ретракт (*m*): *rigid* ~ жесткий ретракт

reversal, *n.* обращение (*n*): *time* ~ обращение времени

reversed, *adj.* обращенный: ~ *Markov chain* обращенная цепь Маркова; ~ *Markov process* обращенный марковский процесс; ~ *process* обращенный процесс

reversible process обратимый процесс

Revuz measure мера (*f*) Ревуза

reward, *n.* плата (*f*): *final* ~ финальная плата; ~ *function* текущая плата

Reynolds criterion критерий (*m*) Рейнольдса

Reynolds equations уравнения (*pl*) Рейнольдса

Reynolds stress напряжение (*n*) Рейнольдса

Richardson number число (*n*) Ричардсона

ridge estimator гребневая/хребтовая оценка

ridge function гребневая/хребтовая функция

ridge regression гребневая/хребтовая регрессия

Riemann information metric риманова информационная метрика

Riesz decomposition разложение (*n*) Рисса

right Markov process правый марковский процесс

rigid design жесткая схема

rigid retract жесткий ретракт

ring, *n.* кольцо (*n*): *Buffon* ~ бюффоново кольцо; ~ *of sets* кольцо множеств

Riordan identity тождество (*n*) Риордана

risk, *n.* риск (*m*): *a posteriori* ~ апостериорный риск; *a priori* ~ априорный риск; *average* ~ средний риск; *Bayesian* ~ бейесовский риск; *competing* ~*s* конкурирующие риски (*pl*); *mean* ~ средний риск; *minimax* ~ минимаксный риск; *posterior* ~ апостериорный риск; *prior* ~ априорный риск; *quadratic* ~ квадратичный риск; ~ *function* функция (*f*) риска; ~ *of a strategy* риск стратегии; ~ *unbiased estimator* несмещенная по риску оценка; *total* ~ полный риск

Robbins–Monro procedure процедура (*f*) Роббинса–Монро

robust, *adj.* робастный: ~ *estimation* робастное оценивание; ~ *estimator* робастная/помехоустойчивая оценка; ~ *statistical procedure* робастная статистическая процедура

robustness робастность (*f*)

root, *n.* корень (*m*): *principal* ~ главный/перронов корень; ~ *of a random tree* корень случайного дерева; ~ *compact group* корне-компактная группа

rooted, *adj.* корневой: ~ *graph* корневой граф; ~ *map* корневое отображение

rose, *n.* роза (*f*): ~ *of directions* роза направлений; ~ *of intensities* роза интенсивностей

Rosenblatt–Parzen estimator оценка (*f*) Розенблатта–Парзена

Rosenthal inequality неравенство (*n*) Розенталя

Rossby deformation radius радиус (*m*) деформации Россби

rotation, *n.* вращение (*n*), поворот (*m*), вращательный, ротационный: ~ *number* ротационное число; ~ *of factorial axes* вращение (*n*) факторных осей

roulette, *n.* рулетка (*f*)

rounding, *n.* округление (*n*): ~ *error* ошибка (*f*) округления

routing algorithm алгоритм (*m*) маршрутизации

routing matrix/table маршрутная матрица/таблица

ruin problem задача (*f*) о разорении

rule, *n.* правило (*n*): *decision* ~ решающее правило; *four-fifth* ~ правило четырех пятых; *three-sigma* ~ правило трех сигм

runs test критерий (*m*) серий, двухвыборочный критерий Вальда–Вольфовица

RWIRE, RWRE (random walk in random environment) случайное блуждание в случайной среде

S

saddle point седловая точка: ~ *method* метод (*m*) перевала

sample, *n.* выборка (*f*); выборочный: *binomial* ~ биномиальная вы-

борка; *censored* ~ цензурированная выборка; *contaminated* ~ загрязненная выборка; *dispersion of a* ~ рассеивание (*n*) выборки; *random* ~ *without replacement* случайная бесповторная выборка; *representative* ~ представительная выборка; ~ *block* выборочный блок/интервал/промежуток; ~ *characteristic* выборочная характеристика; ~ *coefficient of skewness* выборочный коэффициент асимметрии; ~ *coefficient of variation* среднее относительное отклонение выборки; ~ *coefficient of excess* выборочный коэффициент эксцесса; ~ *continuity* выборочная непрерывность; ~ *correlation coefficient* выборочный коэффициент корреляции; ~ *correlation function* выборочная корреляционная функция; ~ *correlogram* выборочная коррелограмма; ~ *covariance* выборочная ковариация; ~ *covariance function* выборочная ковариационная функция; ~ *dispersion* рассеивание (*n*) выборки; ~ *distribution* выборочное распределение; ~ *frequency* выборочная частота; ~ *function* выборочная функция, траектория, реализация; ~ *interval* выборочный интервал; ~ *mean* выборочное среднее; ~ *median* выборочная медиана; ~ *method* выборочный метод; ~ *moment* выборочный момент; ~ *path* выборочная функция, траектория, реализация; ~ *point* выборочная точка; ~ *principal components* выборочные главные компоненты; ~ *quantile* выборочная квантиль; ~ *quartile* выборочная квартиль; ~ *quasirange* квазиразмах (*m*) выборки; ~ *range* размах (*m*) выборки; ~ *regression coefficient* выборочный коэффициент регрессии; ~ *reuse* повторное использование выборки; ~ *size* объем (*m*) выборки; ~ *space* выборочное пространство; ~ *survey* выборочное обследование; ~ *unit* выборочная единица; ~ *variance* выборочная дисперсия; ~ *variation* рассеивание (*n*) выборки; *stratified* ~ расслоенная выборка; *training* ~ обучающая выборка; *trimmed* ~ цензурированная/усеченная выборка; *truncated* ~ усеченная выборка (цензурирование типа 1)

sampling, *n.* выборка (*f*) (выборочная процедура): *acceptance* ~ *plan* план (*m*) статистического приемочного контроля; *acception* ~ статистический приемочный контроль; *inverse* ~ обратный выбор; ~ *inspection* выборочная проверка; ~ *method* выборочный метод; ~ *plan* выборочный план; ~ *without replacement* выборка без возвращения; *survey* ~ выборочное обследование; *two-stage*

~ двухступенчатый выбор

Sanov inequality неравенство (*n*) Санова

satellite, *n.* спутник (*m*)

saturated, *adj.* насыщенный: ~ *design* насыщенный план

Sazonov property свойство (*n*) Сазонова

Sazonov theorem теорема (*f*) Сазонова

Sazonov topology топология (*f*) Сазонова

scalarly degenerate measure скалярно вырожденная мера

scalar скаляр (*m*): ~ *parameter* скалярный параметр

scale, *n.* масштаб (*m*), шкала (*f*): *absolute* ~ абсолютная шкала; *difference* ~ шкала разностей; *interval* ~ шкала интервалов; *nominal* ~ номинальная шкала; *order* ~ порядковая шкала; ~ *family* семейство (*n*) (распределений) с параметром масштаба; ~ *parameter* параметр (*m*) масштаба; ~ *transformation* масштабное преобразование

scaling, *n.* шкалирование (*n*), скейлинг (*m*): *multidimensional* ~ многомерное шкалирование; ~ *limit of a distribution* автомодельный предел распределения; ~ *limit of a random field* автомодельный предел случайного поля; ~ *relation* скейлинговое отношение

scatterer, *n.* рассеиватель(*m*)

scattering, *n.* рассеяние (*n*): ~ *number* число (*n*) рассеяния

scedastic curve скедастическая кривая

scheme, *n.* схема (*f*): *hashing* ~ схема смешивания; *multiplication* ~ схема умножения; *perfect elimination* ~ схема совершенного исключения; *triangular array* ~ схема серий

schifted excursion сдвинутая экскурсия

Schönberg theorem теорема (*f*) Шёнберга

Schrödinger equation уравнение (*n*) Шредингера

Schwarz' inequality неравенство (*n*) Шварца

Schwarz–Rissanen criterion критерий (*m*) Шварца–Риссанена

Schwinger function функция (*f*) Швингера

score, *n.* метка (*f*): ~ *function* функция (*f*) меток

scoring method метод (*m*) накопления

screening отсеивание (*n*), скрининг (*m*)

SDE (**stochastic differential equation**) стохастическое дифференциальное уравнение

search, *n.* поиск (*m*): *binary* ~ бинарный поиск; *depth-first* ~ поиск в глубину; *prefix* ~ префиксный поиск; ~ *num-*

ber поисковое число

seasonal, *adj.* сезонный: ~ *effect* сезонные изменения, сезонный эффект; ~ *Harrison model* сезонная модель Харрисона; ~ *model* сезонная модель

seasonality, *n.* сезонность (*f*)

second kind error ошибка (*f*) второго рода

second-order efficient estimator эффективная второго порядка оценка

secretary problem задача (*f*) о выборе секретаря

selector, *n.* селектор (*m*)

self-avoiding loop петля (*f*) без самопересечений

self-avoiding random walk случайное блуждание без самопересечений

self-complementary graph самодополнительный граф

self-decomposable distribution саморазложимое распределение

selfduality, *n.* самодвойственность (*f*)

self-similar, *adj.* автомодельный: ~ *distribution* автомодельное распределение; ~ *process* автомодельный процесс

self-similarity, *n.* автомодельность (*f*): ~ *equations* уравнения (*pl*) автомодельности

semicircular law полукруговой закон

semicycle, *n.* полуцикл (*m*)

semideterministic channel полудетерминированный канал

semidirect product полупрямое произведение

semiflow, *n.* полупоток (*m*)

semigroup, *n.* полугруппа (*f*): *convolutional* ~ сверточная полугруппа; *Feller* ~ феллеровская полугруппа; *stochastic* ~ стохастическая полугруппа; *subMarkov* ~ субмарковская полугруппа

semi-interquartile range вероятное/срединное отклонение, семиинтерквартильная широта

semi-invariant spectral density семиинвариантная спектральная плотность

semi-invariant, *n.* семиинвариант (*m*): *factorial* ~ факториальный семиинвариант/кумулянт; *spectral* ~ спектральный семиинвариант

semi-Markov process полумарковский процесс

semimartingale, *n.* семимартингал (*m*): *filtering of a* ~ фильтрация (*f*) семимартингала; *stochastic integral with respect to a* ~ стохастический интеграл по семимартингалу

semiparametric model семипараметрическая модель

semiperfect elimination полусовершенное исключение

semistable distribution полуустойчивое распределение

sensitivity, *n.* чувствительность (*f*): *gross error* ~ чувствительность к большим ошибкам

separability, *n.* разделимость (*f*), сепарабельность (*f*): ~ *condition* условие (*n*) разделимости

separable, *n.* сепарабельный, разделимый: ~ *process* сепарабельный процесс; ~ *relation* сепарабельное отношение; ~ *space* сепарабельное пространство; ~ *statistic* разделимая статистика; ~ *σ-algebra* сепарабельная *σ*-алгебра; *symmetric* ~ *statistic* симметрическая разделимая статистика

separate redundancy раздельное резервирование

separation principle принцип (*m*) разделения

separator, *n.* сепаратор (*m*)

sequence, *n.* последовательность (*f*): *Cauchy* ~ последовательность Коши, фундаментальная последовательность; *code* ~ кодовая последовательность; *controlled random* ~ управляемая случайная последовательность; *convergent* ~ сходящаяся последовательность; *divergent* ~ расходящаяся последовательность; *information* ~ информационная последовательность; *lower* ~ нижняя последовательность; *Rademacher* ~ последовательность Радемахера; *random* ~ случайная последовательность; *stationary random* ~ стационарная случайная последовательность; *strong divisible* ~ сильно делимая последовательность; *upper* ~ верхняя последовательность

sequential, *adj.* последовательный: ~ *analysis* последовательный анализ; ~ *colorings* последовательные раскраски; ~ *confidence bounds/limits* последовательные доверительные границы; ~ *decoding* последовательное декодирование; ~ *design of experiments* последовательное планирование эксперимента; ~ *estimation* последовательное оценивание; ~ *estimator* последовательная оценка; ~ *hypotheses testing* последовательная проверка гипотез; ~ *probability ratio test* последовательный критерий отношения правдоподобия; ~ *procedure* последовательная процедура; ~ *simplex method* последовательный симплексный метод

serial, *adj.* сериальный: ~ *correlation coefficient* сериальный коэффициент корреляции; ~ *test* сериальный критерий

series, *n.* ряд (*m*): *climatic time* ~ климатический временной ряд; *convergence of* ~ *of random variables* сходимость (*f*) ряда случайных величин; *convergent* ~ сходящийся ряд; *Cramér* ~ ряд Крамера; *divergent* ~ расходящийся ряд; *expansion into orthogonal* ~ разложение (*n*) в ортогональный ряд; *Fourier* ~ ряд Фурье; *Gram–Charlier* ~ ряд Грама–Шарлье; *hypergeometric* ~ гипергеометрический ряд; *Kolmogorov equation power* ~ степенной ряд уравнения Колмогорова; *Maclaurin* ~ ряд Маклорена; *multiple* ~ мультиряд (*m*); *power* ~ степенной ряд; ~ *representation* представление (*n*) в виде ряда; *time* ~ временной ряд; *trigonometric* ~ тригонометрический ряд

service, *n.* обслуживание (*n*): ~ *time* время (*n*) / длительность (*f*) обслуживания

set, *n.* множество (*n*): *additive* ~ *function* аддитивная функция множеств; *balancing* ~ уравновешивающее множество; *biprefix* ~ бипрефиксное множество; *blocking* ~ блокирующее множество; *Borel* ~ борелевское множество; *completely additive* ~ *function* вполне аддитивная функция множеств; *confidence* ~ доверительное множество; *connected* ~ связное множество; *countably additive* ~ *function* счетно-аддитивная функция множеств; *debut of a* ~ дебют (*m*) множества; *difference* ~ разностное множество; *directed* ~ направленное множество; *dominating* ~ доминирующее множество; *elementary* ~ элементарное множество; *fuzzy* ~ нечеткое множество; *Gaussian random* ~ гауссовское случайное множество; *greedy* ~ жадное множество; *infinitely divisible random* ~ безгранично делимое случайное множество; *isotropic random* ~ изотропное случайное множество; *measurable* ~ измеримое множество; *monotone class of* ~*s* монотонный класс множеств; *most selective confidence* ~ наиболее селективное/точное доверительное множество; *negligible* ~ пренебрежимое множество; *nonmeasurable* ~ неизмеримое множество; *optional* ~ опциональное множество; *Pareto* ~ *of designs* множество (*n*) планов Парето; *polar* ~ полярное множество; *predictable* ~ предсказуемое множество; *prefix* ~ префиксное множество; *random closed* ~ случайное замкнутое множество; *random compact* ~ случайное компактное множество; *random convex* ~ случайное выпуклое множество; *random finite* ~ конечное случайное множество; *random open* ~ случайное открытое множество; *reference* ~ справочное множество; *regular* ~ регулярное множество; *relatively compact* ~ относительно компактное множество; *ring of* ~*s* кольцо (*n*) множеств; ~ *of order statistics* вариационный ряд; *stable random* ~ устойчивое случайное множество; *stable* ~ устойчивое множество; *stationary random* ~ стационарное случайное множество; *thin* ~ разреженное/тонкое множество; *unbiased confidence* ~ несмещенное доверительное множество

Sevast'yanov process процесс (*m*) Севастьянова

Shannon entropy энтропия (*f*) Шеннона

Shannon formula формула (*f*) Шеннона

Shannon information информация (*f*) Шеннона

Shannon theorem теорема (*f*) Шеннона

shape, *n.* шейп (*m*): *affine* ~ аффинный шейп; *random* ~ случайный шейп

sheet, *n.* лист (*m*): *Brownian* ~ броуновский лист/простыня (*f*)

Sheffer polynomial полином (*m*) Шеффера

Sheppard's correction for discreteness поправка (*f*) Шеппарда на дискретность

Sheppard's correction for grouping поправка (*f*) Шеппарда на группировку

Sherman distribution распределение (*n*) Шермана

Shibata criterion критерий (*m*) Шибаты

shift, *n.* сдвиг (*m*): *Bernoulli* ~ сдвиг Бернулли; *Markov* ~ сдвиг Маркова; *one-sided Bernoulli* ~ односторонний сдвиг Бернулли; *phase* ~ фазовый сдвиг; ~ *compact family* сдвиг-компактное семейство

shot noise process процесс (*m*) дробового шума

Shorack estimator оценка (*f*) Шорака

shortest-path problem задача (*f*) о кратчайшем пути

shrinkage estimator сжимающая оценка

shrinkage method метод (*m*) сжатия

shuffle, *n.* расклад (*m*), тасовать

side frequency боковая частота, спутник (*m*)

Siegel–Tukey test критерий (*m*) Зигеля–Тьюки

Siegel problem проблема (*f*) Зигеля

sigma-algebra сигма-алгебра (*f*)

sigma-field сигма-поле (*n*)

sign, *n.* знак (*m*): ~ *correlation function* знаковая корреляционная функция; ~ *method of the correlation analysis* знаковый метод корреляционного анализа; ~ *test* критерий (*m*) знаков

signal, *n.* сигнал (*m*): *noise-contaminated* ~ зашумленный сигнал; *output* ~ выходной сигнал; ~ *detection* обнаружение сигнала; ~ *filtering* фильтрация сигнала; ~ *flow graph* сигнальный граф; *speech* ~ речевой сигнал

signature, *n.* сигнатура (*f*)

signed digraph знаковый орграф

signed measure знакопеременная/обобщенная мера, заряд (*m*)

significance, *n.* значимость (*f*): ~ *level* уровень (*m*) значимости; ~ *test* критерий (*m*) значимости

similar, *adj.* подобный: ~ *region* подобная область; ~ *test* подобный критерий

simplex, *n.* симплекс (*m*): ~ *method* симплексный метод

simplicial matroid симплициальный матроид

Simpson distribution распределение (*n*) Симпсона, треугольное распределение

simulation, *n.* моделирование (*n*) / имитация (*f*): *arithmetic* ~ *of random processes* арифметическое моделирование случайных процессов; ~ *of a random phenomenon* имитация (*f*) случайного явления

Sinai billiards бильярд (*m*) Синая

single-channel queueing system одноканальная/однолинейная система обслуживания

single-consent plan план (*m*) с одним разрешением

single-server queueing system одноканальная/однолинейная система обслуживания

singular, *adj.* сингулярный: ~ *component of a measure* сингулярная составляющая/компонента меры; ~ *decomposition* сингулярное разложение; ~ *distribution* сингулярное распределение; ~ *measure* сингулярная мера

singularity of measures сингулярность мер

site model модель (*f*) узлов

size, *n.* размер (*m*), объем (*m*): *attained* ~ наблюдаемый размер (критерия); ~ *of test* размер (*m*) критерия; *sample* ~ объем (*m*) выборки

skeleton, *n.* остов (*m*)

skew, *adj.* косой: ~ *circulant* косой циркулянт; ~ *partition* косое разбиение; ~-*symmetric matrix* кососимметрическая матрица; ~ *Wiener process* косой виперовский процесс

skewness of a distribution асимметрия (*f*) распределения

skirted tree окаймленное дерево

Skorokhod stochastic derivative стохастическая производная Скорохода

Skorokhod topology топология (*f*) Скорохода

Slepian's inequality неравенство (n) Слепяна

slim graph стройный граф

slow fading медленное замирание

slowly varying function медленно меняющаяся функция

Slutsky–Yule effect эффект (m) Слуцкого–Юла

Slutsky ergodic theorem эргодическая теорема Слуцкого

Slutsky sinusoidal limit theorem предельная синусоидальная теорема Слуцкого

small, *adj.* малый: ~ *canonical ensemble* малый канонический ансамбль; ~ *deviations* малые уклонения (pl); ~ *stochastic perturbations of a dynamical system* малые стохастические возмущения (pl) динамической системы

Smirnov distribution распределение (n) Смирнова

Smirnov statistic статистика (f) Смирнова

Smirnov test критерий (m) Смирнова

smooth measure гладкая мера

smoothing, *n.* сглаживание (n): ~ *distribution* сглаживающее распределение; ~ *inequality* неравенство (n) сглаживания

smoothness, *n.* гладкость (f)

snake-in-the-box code код (m) "змея в ящике"

Snedecor distribution распределение (n) Снедекора

Sobolev space пространство (n) Соболева

sociometry, *n.* социометрия (f)

software, *n.* программное обеспечение

sojourn time время (n) пребывания

solution, *n.* решение (n): *strong* ~ *of a stochastic differential equation* сильное решение стохастического дифференциального уравнения; *weak* ~ *of a stochastic differential equation* слабое решение стохастического дифференциального уравнения

source, *n.* источник (m) (сообщений): *memoryless message* ~ источник сообщений без памяти; *message* ~ источник сообщений; *multicomponent* ~ многокомпонентный источник (сообщений); ~-*channel network* сеть (f) источников и каналов; ~ *encoding* кодирование (n) источника сообщений; ~ *encoding with side information* кодирование (n) источника с дополнительной информацией

space, *n.* пространство (n): *Alexandrov* ~ пространство Александрова; *antisimmetric Fock* ~ антисимметрическое пространство Фока, фермионное пространство; *boson* ~ бозонное пространство; *complete probability* ~ полное вероятностное пространство; *completion of a probability* ~ пополнение (n) вероятностного пространства; *cycle-* ~ циклическое пространство; *decision* ~ пространство решений; *Dirichlet* ~ пространство Дирихле; *endomorphism of a measure* ~ эндоморфизм (m) пространства с мерой; *fermion* ~ фермионное пространство; *Fock* ~ пространство Фока; *homogeneous* ~ равномерное пространство; *isotropic finite* ~ изотропное конечное пространство; *mark* ~ пространство меток (маркированного точечного процесса); *measurable* ~ измеримое пространство; *measure* ~ пространство с мерой; *Minkowski* ~ пространство Минковского; *normal* ~ нормальное пространство; *Orlicz* ~ пространство Орлича; *perfect probability* ~ совершенное вероятностное пространство; *Polish* ~ польское пространство; *probability* ~ вероятностное пространство; *product of measurable* ~s произведение измеримых пространств; *product of probability* ~s произведение вероятностных пространств; *product* ~ произведение пространств; *Radon* ~ радоново пространство; *reproducing kernel Hilbert* ~ гильбертово пространство воспроизводящего ядра; *Skorokhod* ~ пространство Скорохода; *Sobolev* ~ пространство Соболева; ~ *average* среднее по пространству; ~ *of elementary events* пространство элементарных событий/исходов; ~ *of mixtures* пространство смесей; *sample* ~ выборочное пространство; *state* ~ фазовое пространство, пространство состояний; *state* ~ *compactification* компактификация (f) фазового пространства; *stochastic vector* ~ стохастическое векторное пространство; *Suslin* ~ суслинское пространство; *symmetric Fock* ~ симметрическое пространство Фока; *topological* ~ топологическое пространство; σ-*topological* ~ σ-топологическое пространство

spacing, *n.* спейсинг (m): *uniform* ~ равномерный спейсинг

span of a distribution (максимальный) шаг (m) распределения

spanning tree остовное дерево

sparse graph разреженный граф

spatial median пространственная медиана

Spearmen rank correlation coefficient коэффициент (m) ранговой корреляции Спирмена

spectral, *adj.* спектральный: *averaged* ~ *function* усредненная спектральная функция; *cumulant ~ density* кумулянтная спектральная плотность; *disjoint ~ types* дизъюнктные спектральные типы; *frequency-time ~ density* частотно-временная спектральная плотность; *independent ~ types* независимые спектральные типы; *semi-invariant ~ density* семиинвариантная спектральная плотность; *~ analyser* спектральный анализатор; *~ analysis* спектральный анализ; *~ decomposition* спектральное разложение/представление; *~ decomposition of a matrix* спектральное разложение матрицы; *~ density* спектральная плотность; *~ measure* спектральная мера; *~ moment* спектральный момент; *~ moment measure* спектральная моментная мера; *~ radius* спектральный радиус; *~ representation* спектральное представление/разложение; *~ semi-invariant* спектральный семиинвариант; *~ type* спектральный тип; *~ window* спектральное окно; *~ function* спектральная функция

spectrogram, *n.* спектрограмма (*f*)

spectrograph estimator статистика (*f*) типа Гренандера–Розенблатта

spectrum (*pl. spectra*), *n.* спектр (*m*): *associated ~ of a process* ассоциированный/присоединенный спектр процесса; *averaged energy ~* осредненный энергетический спектр; *averaged power ~* осредненный спектр мощности; *coherence ~* спектр когерентности; *cross-~* взаимный спектр; *cumulative ~* кумулятивный спектр; *energy ~* энергетический спектр; *Fortet–Kharkevich–Rozanov ~* спектр Форте–Харкевича–Розанова; *Kolmogorov ~* спектр Колмогорова; *one-dimensional turbulence ~* одномерный спектр турбулентности; *phase cross-~* взаимный фазовый спектр; *phase ~* фазовый спектр; *power ~* спектр мощности; *quadrature ~* квадратурный спектр; *regression ~* спектр регрессии; *~ of a design* спектр плана; *~ of a process* спектр процесса; *turbulence ~* спектр турбулентности

speech signal речевой сигнал

Sperner family шпернерово семейство

sphere packing bound граница (*f*) плотной/сферической упаковки

spherical median сферическая медиана

spherical Wiener process сферический винеровский процесс

spiral tree спиральное дерево

Spitzer–Rogozin identity тождество (*n*) Спитцера–Рогозина

splice, *vb.* сращивать, склеивать

splicing, *n.* сращивание (*n*), склеивание (*n*): *~ of measures* сращение (*n*) мер

spline, *n.* сплайн (*m*): *~ estimator* сплайн-оценка (*f*)

splitting time расщепляющий момент

spread, *n.* расслоение (*n*)

SPRT (sequential probability ratio test) ПКОВ (последовательный критерий отношения вероятностей/правдоподобия)

spurious, *adj.* ложный: *~ correlation* ложная корреляция; *~ periodicity* ложная периодичность

square, *n.* квадрат (*m*), квадратный: *complete Latin ~* полный латинский квадрат; *incomplete Latin ~* неполный латинский квадрат; *infinite Latin ~* бесконечный латинский квадрат; *Kirkman ~* квадрат Киркмана; *Latin ~* латинский квадрат; *Latin ~ with restricted support* латинский квадрат с ограниченным носителем; *magic ~* магический квадрат; *orthogonal ~s* ортогональные квадраты; *pandiagonal magic ~* пандиагональный магический квадрат; *partial Latin ~* частичный латинский квадрат; *reduced Latin ~* редуцированный латинский квадрат; *~ integrable martingale* квадратично интегрируемый мартингал; *~ balanced model* квадратично сбалансированная модель; *~ integrable martingale* квадратично-интегрируемый мартингал

SRE (sum of relative errors) сумма (*f*) относительных ошибок

stability, *n.* устойчивость (*f*): *asymptotic ~* асимптотическая устойчивость; *qualitative ~ of stochastic models* качественная устойчивость стохастических моделей; *~ in probability* устойчивость по вероятности; *~ of a queueing system* устойчивость системы обслуживания; *~ theorem* теорема (*f*) устойчивости

stable, *adj.* устойчивый: *~ algorithm* устойчивый алгоритм; *~ process* устойчивый процесс; *~ state* устойчивое состояние; *~ distribution* устойчивое распределение; *~ estimator* стабильная/устойчивая оценка; *~ law* устойчивый закон; *~ random set* устойчивое случайное множество; *~ set* устойчивое множество; *~ state* устойчивое/задерживающее состояние; *~ subspace* устойчивое подпространство

stable distribution устойчивое распределение: *domain of attraction of a ~* область (*f*) притяжения устойчивого распределения/закона; *domain of normal attraction of a ~* область (*f*) нормального притяжения устойчивого распределения/закона; *exponent of a ~* показатель (*m*) устойчивого распределения; *operator ~* операторно устойчивое распределение; *strictly* ~ строго устойчивое распределение

stack-algorithm стек-алгоритм (*m*)

standard, *adj.* стандартный: ~ *deviation* стандартное отклонение, среднеквадратичное отклонение; ~ *error* стандартное отклонение, стандартная ошибка, среднеквадратичное отклонение; ~ *Markov process* стандартный марковский процесс; ~ *normal distribution* стандартное нормальное распределение; ~ *Wiener process* стандартный винеровский процесс

standardization стандартизация (*f*)

standardized Boolean algebra нормированная булева алгебра

star, *n.* звезда (*f*)

state, *n.* состояние (*n*): *absorbing* ~ поглощающее состояние; *accessible* ~ достижимое состояние; *aperiodic* ~ *of a Markov chain* непериодическое состояние цепи Маркова; *automaton* ~ состояние автомата; *communicating states* сообщающиеся состояния (*pl*); *cyclic* ~ циклическое/периодическое состояние; *essential* ~ существенное состояние; *fictitious* ~ фиктивное состояние; *Gaussian* ~ гауссовское состояние; *Gibbs finite* ~ конечное состояние Гиббса; *ground* ~ основное состояние; *mixture of states* смесь (*f*) состояний; *nonessential* ~ несущественное состояние; *null* ~ нулевое состояние; *period of a* ~ период (*m*) состояния; *periodic* ~ периодическое состояние; *positive* ~ положительное состояние; *product-* ~ продакт-состояние; *pure* ~ чистое состояние; *quantum* ~ квантовое состояние; *reachable* ~ достижимое состояние; *recurrent* ~ возвратное состояние; ~ *space* фазовое пространство, пространство (*n*) состояний; ~ *space compactification* компактификация (*f*) фазового пространства; *stable* ~ устойчивое/задерживающее состояние; *statistical* ~ статистическое состояние; *transient* ~ невозвратное состояние

stationarity, *n.* стационарность (*f*)

stationary, *adj.* стационарный: ~ *channel* стационарный канал; ~ *correlation function* стационарная корреляционная функция; ~ *distribution* стационарное распределение; ~ *geometric process* стационарный геометрический процесс; ~ *Markov process* стационарный марковский процесс; ~ *measure* стационарная мера; ~ *point process* стационарный точечный процесс; ~ *random process* стационарный случайный процесс; ~ *random sequence* стационарная случайная последовательность; ~ *random*

set стационарное случайное множество; ~ *strategy* стационарная стратегия; ~ *transition function* стационарная переходная функция; *wide sense* ~ *process* стационарный в широком смысле процесс

statistic, *n.* статистика (*f*) (функция наблюдений): *ancillary* ~ подчиненная/подобная статистика; *Ansari-Bradley* ~ статистика Ансари–Брэдли; *auxiliary* ~ вспомогательная статистика; *chi square* ~ статистика хи-квадрат; *complete* ~ полная статистика; *Grenander-Rosenblatt* ~ периодограммная статистика, статистика типа Гренандера–Розенблатта; *invariant* ~ инвариантная статистика; *Kolmogorov-Smirnov* ~ статистика Колмогорова–Смирнова; *Kolmogorov* ~ статистика Колмогорова; *linear rank* ~ линейная ранговая статистика; *Maxwell-Boltzmann* ~ статистика Максвелла–Больцмана; *minimal sufficient* ~ минимальная достаточная статистика; *order* ~ порядковая статистика; *periodogram* ~ периодограммная статистика, статистика типа Гренандера–Розенблатта; *quasi-sufficient* ~ квазидостаточная статистика; *rank* ~ ранговая статистика; *rank* ~ *projection* проекция ранговой статистики; *R/S-* ~ *R/S-*статистика; *Rényi* ~ статистика Реньи; ~ *of Grenander-Rosenblatt type* статистика типа Гренандера–Розенблатта; *separable* ~ разделимая статистика; *set of order* ~*s* вариационный ряд; *Smirnov* ~ статистика Смирнова; *subordinate* ~ подчиненная статистика; *sufficient* ~ достаточная статистика; *symmetric separable* ~ симметрическая разделимая статистика; *test* ~ статистика критерия; *two-sample* T^2*-* ~ двухвыборочная T^2-статистика

statistical, *adj.* статистический: *equilibrium* ~ *mechanics* равновесная статистическая механика; ~ *acceptance inspection* статистический приемочный контроль; ~ *analysis* статистический анализ; ~ *characteristic* статистическая характеристика; ~ *decision theory* теория (*f*) статистических решений; ~ *design* статистический план; ~ *estimation* статистическое оценивание; ~ *game* статистическая игра; ~ *group theory* статистическая теория групп; ~ *hydromechanics* статистическая гидромеханика; ~ *hypothesis* статистическая гипотеза; ~ *independence* статистическая независимость; ~ *mechanics* статистическая механика; ~ *model* статистическая модель; ~ *procedure* статистическая процедура; ~ *quality control* статистический контроль качества; ~ *simulations method* метод (m) статистических испытаний, метод (m) Монте-Карло; ~ *stability of frequencies* статистическая устойчивость частот; ~ *state* статистическое состояние; ~ *structure* статистическая структура; ~ *tables* статистические таблицы; ~ *test* статистический критерий/тест; ~ *weather forecast* статистический прогноз погоды

statistics, *n.* статистика (f): *binary relations* ~ статистика бинарных отношений; *Boltzmann* ~ статистика Больцмана; *Bose–Einstein* ~ статистика Бозе-Эйнштейна; *demographic* ~ демографическая статистика; *Fermi–Dirac* ~ статистика Ферми–Дирака

steady-state distribution стационарное распределение

steady-state model равновесная модель

steepest ascent метод (m) крутого восхождения

steering policy направляющая стратегия

Stein effect явление (n) Стейна

Steiner class класс (m) Штейнера

Steiner tree штейнерово дерево

step, *n.* шаг (m): ~ *factor* шаговый множитель; ~ *function* ступенчатая функция; ~ *Markov process* ступенчатый марковский процесс; ~ *random process* ступенчатый случайный процесс

stereology, *n.* стереология (f)

sticky boundary упругая граница

sticky matroid клейкий матроид

Stieltjes–Minkowski integral интеграл (m) Стилтьеса–Минковского

Stirling formula формула (f) Стирлинга

Stirling numbers числа (pl) Стирлинга

stochastic, *adj.* стохастический, случайный: *continuous time* ~ *approximation* стохастическая аппроксимация в непрерывном времени; *generalized* ~ *convolution* обобщенная стохастическая свертка; *optimal* ~ *control* оптимальное стохастическое управление; ~ *approximation* стохастическая аппроксимация; ~ *attractor* стохастический аттрактор; ~ *automaton* случайный/вероятностный автомат; ~ *basis* стохастический базис; ~ *boundedness* стохастическая ограниченность; ~ *derivative* стохастическая производная; ~ *differential* стохастический дифференциал; ~ *differential geometry* стохастическая дифференциальная геометрия; ~ *Dirichlet problem* стохастическая задача Дирихле; ~ *dynamic programming* стохастическое динамическое программи-

рование; ~ *encoding* вероятностное кодирование; ~ *exponential* стохастическая экспонента; ~ *geometry* стохастическая геометрия; ~ *group* стохастическая группа; ~ *independence* стохастическая независимость; ~ *integral* стохастический интеграл; ~ *integral with respect to a martingale* стохастический интеграл по мартингалу; ~ *integral with respect to a random measure* стохастический интеграл по случайной мере; ~ *kernel* стохастическое ядро; ~ *line integral* стохастический криволинейный интеграл; ~ *linear algebra* стохастическая линейная алгебра; ~ *linear controller* стохастический линейный регулятор; ~ *matrix* стохастическая матрица; ~ *measure* стохастическая/случайная мера; ~ *model* стохастическая модель; ~ *multiple integral* стохастический кратный интеграл; ~ *optimality principle* стохастический принцип оптимальности; ~ *partial differential equation* стохастическое дифференциальное уравнение с частными производными; ~ *process* стохастический/случайный процесс; ~ *semigroup* стохастическая полугруппа; ~ *Taylor formula* стохастическая формула Тэйлора; ~ *vector space* стохастическое векторное пространство; *Stratonovich* ~ *integral* стохастический интеграл Стратоновича; *symmetric* ~ *integral* симметрический стохастический интеграл, интеграл (m) Стратоновича

stochastic differential equation, SDE стохастическое дифференциальное уравнение: *evolutional* ~ эволюционное стохастическое дифференциальное уравнение; *finite difference approximation to a* ~ конечноразностная аппроксимация стохастического дифференциального уравнения; *homogenization of a* ~ гомогенизация (f) стохастического дифференциального уравнения; *Liouville* ~ стохастическое дифференциальное уравнение Лиувилля; *Navier–Stokes* ~ стохастическое дифференциальное уравнение Навье–Стокса; *quantum* ~ квантовое стохастическое дифференциальное уравнение; ~ *in the Stratonovich form* стохастическое дифференциальное уравнение в форме Стратоновича; *strong solution of a* ~ сильное решение стохастического дифференциального уравнения; *symmetric* ~ симметрическое стохастическое дифференциальное уравнение, с.д.у. в форме Стратоновича; *weak solution of a* ~ слабое решение стохастического дифференциального уравнения

stochastically стохастически: ~ *contin-*

uous process стохастически непрерывный процесс; ~ *continuous transition function* стохастически непрерывная переходная функция; ~ *equivalent random processes* стохастически эквивалентные случайные процессы

stopped martingale   остановленный мартингал

stopping line   линия (*f*) остановки

stopping rule   правило (*n*) остановки: *optimal* ~ оптимальное правило остановки

stopping time   момент (*m*) остановки, марковский момент

strange attractor   странный аттрактор

Strassen theorem   теорема (*f*) Штрассена

Strassen's invariance principle   принцип (*m*) инвариантности Штрассена

Strassen's law of the iterated logarithm   закон (*m*) повторного логарифма в форме Штрассена

strategy, *n.*   стратегия (*f*): *Bayes* ~ бейесовская стратегия; *Hamiltonian* ~ гамильтонова стратегия; *Markov* ~ марковская стратегия; *complete class of strategies* полный класс стратегий; *equalizing* ~ уравнивающая стратегия; *minimax* ~ минимаксная стратегия; *miopic* ~ близорукая стратегия; *mixed* ~ смешанная/рандомизированная стратегия; *nonanticipating* ~ неупреждающая стратегия; *nonrandomized* ~ нерандомизированная стратегия; *optimal* ~ оптимальная стратегия; *persistently optimal* ~ неуклонно оптимальная стратегия; *pure Bayes* ~ чистая бейесовская стратегия; *pure* ~ чистая стратегия; *randomized* ~ рандомизированная/смешанная стратегия; *risk of a* ~ риск (*m*) стратегии; *stationary* ~ стационарная стратегия; *uniformly optimal* ~ равномерно оптимальная стратегия; *weighing* ~ план (*m*) взвешивания

stratified sample   расслоенная выборка

stratified sampling method   метод (*m*) слоистой выборки

Stratonovich stochastic integral   стохастический интеграл Стратоновича

stratum (*pl. strata*), *n.*   слой (*m*)

strict, *adj.*   строгий: ~ *quasi-parity graph* строгий квазичетный граф

strictly, *adv.*   строго, сильно: ~ *convex function* строго выпуклая функция; ~ *stable distribution* строго устойчивое распределение; ~ *unimodal distribution* сильно одновершинное / унимодальное распределение

string, *n.*   строка (*f*): *bit* ~ бинарная последовательность (строка)

strong, *adj.*   сильный, усиленный: ~ *admissibility* сильная допустимость; ~ *convergence* сильная сходимость; ~ *divisible sequence* сильно делимая последовательность; ~ *Feller process* сильно феллеровский процесс; ~ *Feller property* сильно феллеровское свойство; ~ *Feller transition function* сильно феллеровская переходная функция; ~ *infinitesimal operator* сильный инфинитезимальный оператор; ~ *invariance principle* сильный принцип инвариантности, принцип (*m*) инвариантности почти наверное; ~ *law of large numbers* усиленный закон больших чисел; ~ *likelihood principle* усиленный принцип правдоподобия; ~ *Markov process* строго марковский процесс; ~ *Markov property* сильное марковское свойство; ~ *mixing* сильное перемешивание; ~ *random linear operator* сильный случайный линейный оператор; ~ *solution of a stochastic differential equation* сильное решение стохастического дифференциального уравнения; ~ *uniqueness of a solution* сильная единственность решения

strongly, *adv.*   сильно: ~ *connected graph* сильно связный граф; ~ *measurable mapping* сильно измеримое отображение; ~ *regular graph* сильно регулярный граф

structure, *n.*   структура (*f*): *baroclinic* ~ бароклинная структура; *barotropic* ~ баротропная структура; *block* ~ блочная структура; ~ *function* структурная функция; ~ *matrix* структурная матрица; ~ *relation analysis* анализ (*m*) структурных соотношений

Student distribution   распределение (*n*) Стьюдента

Student test   критерий (*m*) Стьюдента

studentized deviation   стьюдентизированное отклонение

subadditive ergodic theorem   субаддитивная эргодическая теорема

subchromatic number   субхроматическое число

subcritical branching process   докритический ветвящийся процесс

subgraph, *n.*   подграф (*m*): *covering* ~ покрывающий подграф; *forbidden* ~ запрещенный подграф; *greatest common* ~*s* наибольшие общие подграфы (*pl*); *induced* ~ порожденный (индуцированный) подграф

subjective probability   субъективная вероятность

sublattice, *n.*   подрешетка (*f*)

sub-Markov semigroup   субмарковская полугруппа

submartingale, *n.*   субмартингал (*m*)

submodular function субмодулярная функция

subnet, *n.* подсеть (f)

subordinate statistic подчиненная статистика

subprocess, *n.* подпроцесс (m)

substitution, *n.* подстановка (f): *random* ~ случайная подстановка

substochastic matrix полустохастическая матрица

succint multigraph representation сжатое мультиграфовое представление

Sudakov–Dudley theorem теорема (f) Судакова–Дадли

sufficiency, *n.* достаточность (f): ~ *principle* принцип (m) достаточности

sufficient, *adj.* достаточный: ~ *estimator* достаточная оценка; ~ *statistic* достаточная статистика; ~ *topology* достаточная топология

sum, *n.* сумма (f): *partial* ~ частичная сумма; ~ *of events* сумма (f) / объединение (n) событий

supercritical branching process надкритический ветвящийся процесс

superefficiency сверхэффективность (f)

superefficient estimator сверхэффективная/суперэффективная оценка

supermartingale супермартингал (m)

supermodular супермодулярный: ~ *coloring* супермодулярная раскраска; ~ *function* супермодулярная функция

supplementary variables method метод (m) дополнительных переменных

support of a measure носитель (m) меры

supporting point of a design опорная точка плана, узел (m) плана

surface, *n.* поверхность (f): *regression* ~ поверхность регрессии

survey, *n.* обследование (n), осмотр (m): *sample* ~ выборочное обследование; ~ *sampling* выборочное обследование

survival analysis анализ (m) выживаемости

Suslin space суслинское пространство

switch-back design план (m) с повторными включениями

switching regression model модель (f) переключающейся регрессии

switching system переключающаяся система

Sylvester matrix матрица (f) Сильвестра

symmetric, *adj.* симметричный, симметрический: ~ *channel* симметричный канал; ~ *design* симметричная схема; ~ *distribution* симметричное распределение; ~ *factorial experiment* симметричный факторный эксперимент; ~ *Fock space* симметрическое пространство Фо-

ка; ~ *random matrix* симметрическая случайная матрица; ~ *separable statistic* симметрическая разделимая статистика; ~ *stochastic differential equation* симметрическое стохастическое дифференциальное уравнение, с.д.у. в форме Стратоновича; ~ *stochastic integral* симметрический стохастический интеграл, интеграл Стратоновича

symmetrization method метод (m) симметризации

symmetrizer, *n.* симметризатор (m)

synchronous point processes синхронные точечные процессы (pl)

system, *n.* система (f): *bonus* ~ премиальная система; *boson* ~ бозонная система; *distributed* ~ распределенная система; *hereditary* ~ наследственная система; *linear* ~ линейная система; *matroidal* ~ матроидная система; *orthogonal* ~ ортогональная система; *quasiregular* ~ квазирегулярная система; *repairable* ~ восстанавливаемая система; *switching* ~ переключающаяся система; ~ *of normal equations* система нормальных уравнений; *Vitali* ~ система Витали

T

table, *n.* таблица (f): *routing* ~ маршрутная таблица; *contingency* ~ таблица сопряженности (признаков)

tagged particle меченая частица

Taguchi method метод Тагути

tail of a distribution хвост (m) распределения

taper, *n.* окно (n) данных

tapering of time series сглаживание (n) временных рядов

target tracking problem задача (f) слежения за целью

Tauberian theorem тауберова теорема

teleconnections телесвязи, дальние связи (pl) (в метеорологии)

telegraph process телеграфный сигнал (m) / процесс (m)

temperature Green function температурная функция Грина

temporally homogeneous random process однородный по времени случайный процесс

terminal decision function функция (f) заключительного решения

ternary design тернарная схема

ternary search problem задача (f) троичного поиска

terrain, *n.* местность (f)

tessellation, *n.* мозаика (f): *random* ~

случайная мозаика; *Voronoi* ~ мозаика Вороного

test, *n.* критерий (*m*) / тест (*m*): *admissible* ~ допустимый критерий; *almost invariant* ~ почти инвариантный критерий; *Anderson–Darling* ~ критерий Андерсона–Дарлинга; *Ansari–Bradley* ~ критерий Ансари–Брэдли; *asymptotic deficiency of a* ~ асимптотический дефект критерия; *asymptotically Bayes* ~ асимптотически бейесовский критерий; *asymptotically minimax* ~ асимптотически минимаксный критерий; *asymptotically most powerful* ~ асимптотически наиболее мощный критерий; *asymptotically most powerful unbiased* ~ асимптотически наиболее мощный несмещенный критерий; *asymptotically optimal* ~ асимптотически оптимальный критерий; *asymptotically unbiased* ~ асимптотически несмещенный критерий; *asymptotically uniformly most powerful* ~ асимптотически равномерно наиболее мощный критерий; *Bartlett* ~ критерий Бартлетта; *Bartlett–Scheffe* ~ критерий Бартлетта–Шеффе; *Bayes* ~ бейесовский критерий; *Bickel* ~ критерий Бикеля; *Butler–Smirnov* ~ критерий Батлера–Смирнова; *Chauvenet* ~ критерий Шовене; *chi square* ~ хи-квадрат критерий; *combined* ~ комбинированный критерий; *complete class of tests* полный класс критериев; *consistent* ~ состоятельный критерий; *Cramér-von Mises* ~ критерий Крамера–фон Мизеса; *deficiency of a* ~ дефект (*m*) критерия; *Durbin–Watson* ~ критерий Дурбина–Уотсона/Ватсона; *empty blocks* ~ критерий пустых блоков; *empty cells* ~ критерий пустых ящиков; *essentially complete class of tests* существенно полный класс критериев; *exact* ~ точный критерий; *Fisher exact* ~ точный критерий Фишера; *Fisher–Irwin* ~ критерий Фишера–Ирвина (Фишера–Иэйтиса); *goodness-of-fit* ~ критерий согласия; *Hoeffding* ~ критерий Хефдинга; *Hotelling* ~ критерий Хотеллинга, T^2-критерий; *invariant* ~ инвариантный критерий; *Kolmogorov–Smirnov* ~ критерий Колмогорова–Смирнова; *Kolmogorov* ~ критерий Колмогорова; *Koopman* ~ *of symmetry* критерий симметрии Купмана; *level of a* ~ уровень (*m*) критерия; *likelihood ratio* ~ критерий отношения правдоподобия; *linear* ~ линейный критерий; *locally most powerful* ~ локально наиболее мощный критерий; *LR (likelihood ratio)* ~ критерий отношения правдоподобия; *Mann–Whitney* ~ критерий Манна–Уитни; *maximin* ~ максиминный критерий; *minimal complete class of tests* минимальный полный класс критериев; *minimax* ~ минимаксный критерий; *Mood* ~ критерий Муда; *most powerful* ~ наиболее мощный критерий; *most stringent* ~ наиболее строгий критерий; *Neyman* $C(\alpha)$-~ $C(\alpha)$-критерий Неймана; *nonparametric* ~ непараметрический критерий; *nonrandomized* ~ нерандомизированный критерий; *one-sided Student* ~ односторонний критерий Стьюдента; *one-sided* ~ односторонний критерий; *operating characteristic of a* ~ оперативная характеристика критерия; *optimal* ~ оптимальный критерий; *permutation* ~ критерий перестановок/рандомизации; *Pitman* ~ критерий Питмена; *power function of a* ~ функция (*f*) мощности критерия; *power of a statistical* ~ мощность (*f*) статистического критерия; *Quenouille* ~ критерий Кенуя; *randomization* ~ критерий рандомизации/перестановок; *randomized* ~ рандомизированный критерий; *rank sum* ~ критерий суммы рангов; *rank* ~ ранговый критерий; *Rao* ~ критерий Рао; *relative efficiency of a* ~ относительная эффективность критерия; *Rényi* ~ критерий Реньи; *runs* ~ критерий серий, двухвыборочный критерий Вальда–Вольфовица; *sequential probability ratio* ~ последовательный критерий отношения правдоподобия; *serial* ~ сериальный критерий; *Siegel–Tukey* ~ критерий Зигеля–Тьюки; *sign* ~ критерий знаков; *significance* ~ критерий значимости; *similar* ~ подобный критерий; *size of a* ~ размер (*m*) критерия; *Smirnov* ~ критерий Смирнова; *statistical* ~ статистический критерий/тест; *Student* ~ критерий Стьюдента; ~ *for multivariate normality* критерий для проверки многомерной нормальности; ~ *of homogeneity* критерий однородности; ~ *of independence* критерий независимости; ~ *of sphericity* критерий сферичности; ~ *of uniformity* критерий равномерности; ~ *statistic* статистика (*f*) критерия; *two-sample Student* ~ двухвыборочный критерий Стьюдента; *two-sample* ~ двухвыборочный критерий; *two-sample Wald–Wolfowitz* ~ двухвыборочный критерий Вальда–Вольфовица, критерий серий; *two-sided Student* ~ двусторонний критерий Стьюдента; *unbiased* ~ несмещенный критерий; *uniformly most powerful* ~ равномерно наиболее мощный критерий; *van der Waerden* ~ критерий ван дер Вардена; *variance ratio* ~

критерий отношения дисперсий; *vector* ~ векторный критерий; *Wald* ~ критерий Вальда; *Wilcoxon* ~ критерий Вилкоксона (Уилкоксона)

testing, *n.* проверка (*f*), испытания (*pl*): *destructive* ~ разрушающие испытания; *durability* ~ проверка долговечности; ~ *for normality* проверка нормальности; ~ *of a hypothesis against an alternative* проверка гипотезы против альтернативы; ~ *of statistical hypothesis* проверка статистической гипотезы

theorem, *n.* теорема (*f*): *abstract ergodic* ~ абстрактная эргодическая теорема; *Abelian* ~ абелева теорема; *addition* ~ теорема сложения; *Alexandrov* ~ теорема Александрова; *Anderson–Jensen* ~ теорема Андерсона-Йенсена; *Aronszajn–Kolmogorov* ~ теорема Ароншайна-Колмогорова; *Bartle–Dunford–Schwartz* ~ теорема Бартла-Данфорда-Шварца; *Baxter* ~ теорема Бакстера; *Bernoulli* ~ теорема Бернулли; *Berry–Esseen* ~ теорема Берри-Эссеена; *Birkhoff–Khinchin ergodic* ~ эргодическая теорема Биркгофа-Хинчина; *Blackwell* ~ теорема Блекуэлла; *Blumenthal–Getoor–McKean* ~ теорема Блюменталя-Гетура-Маккина; *Bochner* ~ теорема Бохнера; *Bochner–Khinchin* ~ теорема Бохнера-Хинчина; *Campbell* ~ теорема Кэмпбелла; *Caratheodory* ~ теорема Каратеодори; *central limit* ~ центральная предельная теорема; *Chacon–Jamison* ~ теорема Чекона-Джемисона; *characterization* ~ теорема характеризации; *Choquet* ~ теорема Шоке; *Cochren* ~ теорема Кокрэна; *collectness of a limit* ~ собирательность предельной теоремы; *comparison* ~ теорема сравнения; *continuation of a limit* ~ продолжительность предельной теоремы; *continuity* ~ теорема непрерывности; *Cramér* ~ теорема Крамера; *Darling* ~ теорема Дарлинга; *Darmois–Skitovich* ~ теорема Дармуа-Скитовича; *de Moivre–Laplace* ~ теорема Муавра-Лапласа; *Doeblin* ~ теорема Деблина; *Dvoretzky–Rodgers* ~ теорема Дворецкого-Роджерса; *Elfing equivalence* ~ теорема эквивалентности Элфинга; *Esseen* ~ теорема Эссеена; *ergodic* ~ эргодическая теорема; *factorization* ~ факторизационная теорема; *Fernique* ~ теорема Ферника; *Fortet–Kac* ~ теорема Форте-Каца; *Fubini* ~ теорема Фубини; *Gauss–Markov* ~ теорема Гаусса-Маркова; *Gleason* ~ теорема Глисона; *Glivenko* ~ теорема Гливенко; *Glivenko–Cantelli* ~ теорема Гливенко-Кантелли; *Gnedenko* ~ теорема Гнеденко; *Hahn* ~ теорема Хана; *Hall* ~ теорема Холла; *Hamburger* ~ теорема Гамбургера; *Hausdorff* ~ теорема Хаусдорфа; *Helly* ~ теорема Хелли; *Hille–Iosida* ~ теорема Хилле-Иосида; *individual ergodic* ~ индивидуальная эргодическая теорема; *integral limit* ~ интегральная предельная теорема; *integral renewal* ~ интегральная теорема восстановления; *Ionescu Tulcea* ~ теорема Ионеску Тулча; *Itô–Nisio* ~ теорема Ито-Нисио; *Jessen–Wintner* ~ теорема Джессена-Винтнера; *Kantorovich* ~ теорема Канторовича; *Karhunen* ~ теорема Карунена; *key renewal* ~ основная/узловая теорема восстановления; *Khinchin* ~ теорема Хинчина; *Khinchin–Kolmogorov* ~ теорема Хинчина-Колмогорова; *Kolmogorov three-series* ~ теорема Колмогорова о трех рядах; *Kolmogorov–Arak* ~ теорема Колмогорова-Арака; *Korolyuk* ~ теорема Королюка; *Kotel'nikov* ~ теорема Котельникова; *Krein* ~ теорема Крейна; *Kwapien* ~ теорема Квапеня; *Kwapien–Schwartz* ~ теорема Квапеня-Шварца; *Lebesgue* ~ теорема Лебега; *Lee–Yang* ~ теорема Ли-Янга; *Lehmann–Sheffe* ~ теорема Лемана-Шеффе; *Lévy–Cramér* ~ теорема Леви-Крамера; *Lévy* ~ теорема Леви; *limit* ~ предельная теорема; *Lindeberg–Feller* ~ теорема Линдеберга-Феллера; *local ergodic* ~ локальная эргодическая теорема; *local limit* ~ локальная предельная теорема; *local renewal* ~ локальная теорема восстановления; *Lyapunov* ~ теорема Ляпунова; *MacDonald* ~ теорема Макдональда; *Marcinkiewicz* ~ теорема Марцинкевича; *Mehta* ~ теорема Меты; *Minlos* ~ теорема Минлоса; *Moivre–Laplace* ~ теорема Муавра-Лапласа; *multiplicative ergodic* ~ мультипликативная эргодическая теорема; *Orey* ~ теорема Орея; *Palm–Khinchin* ~ теорема Пальма-Хинчина; *Pettis* ~ теорема Петтиса; *Poisson* ~ теорема Пуассона; *Pólya* ~ Пойа теорема; *Rademacher* ~ теорема Радемахера; *Radon–Nikodym* ~ теорема Радона-Никодима; *Raikov* ~ теорема Райкова; *Ramsey* ~ теорема Рамсея; *Rao–Blackwell* ~ теорема Рао-Блекуэлла; *ratio limit* ~ предельная теорема для отношений; *renewal* ~ теорема восстановления; *Sazonov* ~ теорема Сазонова; *Schönberg* ~ теорема Шенберга; *Shannon* ~ теорема Шеннона; *Slutsky ergodic* ~ эргодическая теорема Слуцкого; *Slutsky sinusoidal limit* ~ предельная синусоидальная теорема Слуцкого; *Smirnov* ~ теорема Смирнова; *stability* ∼ теорема устойчивости; *Strassen* ∼ теорема Штрассена; *subadditive ergodic* ∼ субаддитивная эргодическая теорема; *Sudakov–Dudley* ∼ теорема Судакова–Дадли; *three series* ∼ теорема о трех рядах; *transfer* ∼ теорема переноса; *Tauberian* ∼ тауберова теорема; *uniqueness* ∼ теорема единственности; *van Hove* ∼ теорема ван Хова; *von Neumann ergodic* ∼ эргодическая теорема фон Неймана; *Vitali–Hahn–Sacs* ∼ теорема Витали–Хана–Сакса; *Vitali* ∼ теорема Витали; *Watanabe* ∼ Ватанабе теорема; *Weierstrass* ∼ теорема Вейерштрасса

thermodynamical, *adj.* термодинамический: ∼ *entropy* термодинамическая энтропия; ∼ *limit* термодинамический предельный переход

theta graph тэта-граф (m)

thin set разреженное/тонкое множество

thinning, *n.* прореживание (n): *independent* ∼ *of a point process* независимое прореживание точечного процесса

three series theorem теорема (f) о трех рядах

three-sigma rule правило (n) трех сигм

threesome matching трехместное сочетание

threshold, *n.* порог (m): *planarity* ∼ порог планарности; ∼ *autoregressive process* пороговый процесс авторегрессии; ∼ *model* пороговая модель; ∼ *time series model* пороговая модель временного ряда

throughput пропускная способность

tight, *adj.* плотный: ∼ *family of measures* плотное семейство мер; ∼ *measure* плотная мера

tightness, *n.* плотность (f) (семейства мер)

tiling, *n.* покрытие (n), паркет (m), замощение (n): *isohedral* ∼ изоэдральное покрытие

time, *n.* время (n), момент (m) времени: *crossing* ∼ момент перескока/пересечения/достижения; *expected absorption* ∼ среднее время до поглощения; *expected recurrence* ∼ среднее время возвращения; *first arrival* ∼ момент первого достижения/попадания; *first passage* ∼ момент первого достижения/попадания/пересечения; *first return* ∼ момент первого возвращения; *gamma-percentile operating* ∼ *to failure* гамма-процентная наработка; *hitting* ∼ момент первого достижения/попадания/пересечения; *killing* ∼ момент обрыва; *local* ∼ локальное время; *Markov* ∼ марковский момент, момент остановки; *mean oper-*

ating ∼ средняя наработка; *mean recurrence* ∼ среднее время возвращения; *mean* ∼ *to failure* среднее время безотказной работы; *mean residual life* ∼ среднее остаточное время жизни; *occupation* ∼ время пребывания; *optimal stopping* ∼ оптимальный момент остановки; *passage* ∼ момент достижения/прохождения; *predictable stopping* ∼ предсказуемый марковский момент, предсказуемый момент остановки; *random* ∼ *change* случайная замена времени; *regeneration* ∼ момент регенерации; *service* ∼ время (n) / длительность (f) обслуживания; *sojourn* ∼ время пребывания; *splitting* ∼ расщепляющий момент; *stopping* ∼ момент остановки; ∼ *average* среднее (n) по времени; ∼ *-average value* временное среднее значение; ∼ *discretization* временная дискретизация, квантование во времени; ∼ *of a jump* момент скачка; ∼ *-quantization* квантование во времени, временная дискретизация; ∼ *response of a filter* временная характеристика фильтра; ∼ *reversal* обращение (n) времени; ∼ *-selective fading* время-селективное затухание; ∼ *-varying code* переменный во времени код; ∼ *window* временное окно; *virtual waiting* ∼ виртуальное время ожидания; *waiting* ∼ длительность (f) / время (n) ожидания

time series временной ряд: *bilinear* ∼ *model* билинейная модель временного ряда; *threshold* ∼ *model* пороговая модель временного ряда

Toeplitz matrix теплицева матрица

tolerance, *n.* толерантность (f): ∼ *bound* толерантная граница; ∼ *interval* толерантный интервал; ∼ *limit* толерантная граница

topological, *adj.* топологический: ∼ *entropy of a dynamical system* топологическая энтропия динамической системы; ∼ *space* топологическое пространство; σ-∼*space* σ-топологическое пространство

topology, *n.* топология (f): *admissible* ∼ допустимая топология, S-топология; *Gross* ∼ топология Гросса; *narrow* ∼ узкая топология; *necessary* ∼ необходимая топология; *Sazonov* ∼ топология Сазонова; *Skorokhod* ∼ топология Скорохода; *sufficient* ∼ достаточная топология; *weak* ∼ слабая топология

total, *adj.* полный, тотальный: ∼ *interval number* тотальное интервальное число; ∼ *probability formula* формула (f) полной вероятности; ∼ *risk* полный риск; ∼ *variation* полная вариация

totally discontinuous functional вполне разрывный функционал

toughness, *n.* жесткость (*f*)

tournament, *n.* турнир (*m*)

training sample обучающая выборка

trajectory, *n.* траектория (*f*)

transcendental function трансцендентная функция

transfer, *n.* перенос (*m*), передача (*f*): $\sim$ *coefficient* коэффициент (*m*) передачи; $\sim$ *dual problem* сопряженная задача переноса; $\sim$ *function* передаточная функция; $\sim$ *kinetic equation* кинетическое уравнение переноса; $\sim$-*matrix* трансфер-матрица (*f*); $\sim$ *problem* задача (*f*) переноса; $\sim$ *theorem* теорема (*f*) переноса

transform, *n.* преобразование (*n*): *asymptotic Pearson* $\sim$ асимптотически пирсоновское преобразование; *asymptotic normal* $\sim$ асимптотически нормальное преобразование; *discrete Fourier* $\sim$ дискретное преобразование Фурье; *fast Fourier* $\sim$ быстрое преобразование Фурье; *finite Fourier* $\sim$ конечное преобразование Фурье; *Fourier* $\sim$ преобразование Фурье; *Fourier–Stieltjes* $\sim$ преобразование Фурье–Стилтьеса; *Gauss* $\sim$ преобразование Гаусса; *integral* $\sim$ интегральное преобразование; *Laplace* $\sim$ преобразование Лапласа; *Legendre* $\sim$ преобразование Лежандра; *Mellin* $\sim$ преобразование Меллина; *Mellin–Stieltjes* $\sim$ преобразование Меллина–Стилтьеса

transformation, *n.* преобразование (*n*): *Cramér* $\sim$ преобразование Крамера; *Fisher* $\sim$ преобразование Фишера; *identity preserving* $\sim$ преобразование, сохраняющее тождество; *Johnson–Welch* $\sim$ преобразование Джонсона–Уэлча; *orthogonal* $\sim$ ортогональное преобразование; *Patnaik* $\sim$ преобразование Патнайка; *Pearson* $\sim$ преобразование Пирсона; *quantile* $\sim$ квантильное преобразование; *scale* $\sim$ масштабное преобразование; *Wilson–Hilferty* $\sim$ преобразование Вильсона–Хилферти

transient, *adj.* невозвратный, переходной: $\sim$ *Markov chain* невозвратная цепь Маркова; $\sim$ *phenomena* переходные явления (*pl*); $\sim$ *state* невозвратное состояние

transition, *n.* переход (*m*); переходной: *Feller* $\sim$ *function* феллеровская переходная функция; *phase* $\sim$ фазовый переход; *strong Feller* $\sim$ *function* сильно феллеровская переходная функция; $\sim$ *density* переходная плотность, плотность (*f*) вероятности перехода; $\sim$ *function* переходная функция; $\sim$ *matrix* переходная матрица; $\sim$ *probability* переходная вероятность; $\sim$ *rate* интенсивность перехода

transitive, *adj.* транзитивный: $\sim$ *Markov chain* транзитивная цепь Маркова

transitivity, *n.* транзитивность (*f*): *metric* $\sim$ метрическая транзитивность

translation plane плоскость (*f*) трансляций

transposable number перемещаемое число

transversal, *n.* трансверсаль (*f*); трансверсальный, поперечный: $\sim$ *correlation function* поперечная корреляционная функция

traveling salesman problem задача (*f*) о коммивояжере

traversal, *n.* прохождение (*n*)

tree, *n.* дерево (*n*): *arc-disjoint* $\sim$s деревья (*pl*) без общих дуг; *binary search* $\sim$ бинарное дерево поиска; *clique* $\sim$ дерево клик; *convolution* $\sim$ дерево свертки; *disconnection of a* $\sim$ разъединение дерева; *fault* $\sim$ дерево отказов; *Fibonacci* $\sim$ дерево Фибоначчи; *integral* $\sim$ целочисленное дерево; *minimum spanning* $\sim$ минимальное остовное дерево; *phylogenetic* $\sim$ филогенетическое дерево; *random* $\sim$ случайное дерево; *rectilinear* $\sim$ прямоугольное дерево; *root of a random* $\sim$ корень (*m*) случайного дерева; *skirted* $\sim$ окаймленное дерево; *spanning* $\sim$ остовное дерево; *spiral* $\sim$ спиральное дерево; *Steiner* $\sim$ штейнерово дерево; $\sim$ *code* древовидный код; $\sim$-*cograph* дерево-кограф (*m*); $\sim$-*type constraint* ограничение (*n*) типа дерева

trellis code решетчатый код

trend, *n.* тренд (*m*)

trial, *n.* испытание (*n*): *Bernoulli* $\sim$s испытания (*pl*) Бернулли; *binomial* $\sim$s биномиальные испытания; *dependent* $\sim$s зависимые испытания; *field* $\sim$s полевые испытания; *independent* $\sim$s независимые испытания; $\sim$ *function* пробная функция

triangle, *n.* треугольник (*m*): *Pascal* $\sim$ треугольник Паскаля; *primitive* $\sim$ примитивный треугольник; *Pythagorean* $\sim$ пифагоров треугольник

triangular array последовательность (*f*) серий: $\sim$ *scheme* схема (*f*) серий

triangular distribution треугольное распределение

triangular number треугольное число

trigonometric series тригонометрический ряд

trimmed mean усеченное среднее

trimmed sample цензурированная/усеченная выборка

trinomial distribution триномиальное распределение

triplet of predictable characteristics триплет (m) предсказуемых характеристик

true effect of a level истинный эффект уровня

truncated, *adj.* усеченный, урезанный: ~ *distribution* усеченное распределение; ~ *random variable* усеченная случайная величина; ~ *sample* усеченная выборка (цензурирование типа *1*)

truncation, *n.* усечение (n), урезание (n): ~ *method* метод (m) усечения

Tukey lag window корреляционное окно Тьюки

Tukey–Henning estimator оценка (f) Тьюки–Хеннинга

Turan graph турановский граф

turbulence, *n.* турбулентность (f): *atmospheric* ~ атмосферная турбулентность; *helical* ~ спиральная турбулентность; *hypothesis of the local kinematic self-similarity of* ~ гипотеза (f) локального кинематического подобия турбулентности; *isotropic* ~ изотропная турбулентность; *Lagrangian description of* ~ лагранжево описание турбулентности; *locally isotropic* ~ локально изотропная турбулентность; *magnetohydrodynamical* ~ магнитогидродинамическая турбулентность; *oceanic* ~ океанская турбулентность; *one-dimensional* ~ *spectrum* одномерный спектр турбулентности; ~ *in stratified media* турбулентность в стратифицированных средах; ~ *spectrum* спектр (m) турбулентности; *two-dimensional* ~ двумерная турбулентность

turbulent, *adj.* турбулентный: ~ *boundary layer* турбулентный пограничный слой; ~ *conductivity* турбулентная теплопроводность; ~ *diffusion* турбулентная диффузия; ~ *energy dissipation* диссипация (f) энергии турбулентности; ~ *energy equation* уравнение (n) энергии турбулентности; ~ *flow* турбулентное течение; ~ *jet* турбулентная струя; ~ *sound generation* генерация (f) звука турбулентностью; ~ *viscosity* турбулентная вязкость; ~ *wake* турбулентный след

Tutte polynomial полином (m) Татта

two-armed bandit двурукий бандит

two-dimensional turbulence двумерная турбулентность

two-person game игра (f) двух лиц

two-sample, *adj.* двухвыборочный: ~ *Student test* двухвыборочный критерий Стьюдента; ~ *test* двухвыборочный критерий; ~ T^2-*statistic* двухвыборочная T^2-статистика; ~ *Wald–Wolfowitz test* двухвыборочный критерий Вальда-

Вольфовица, критерий (m) серий

two-sided, *adj.* двусторонний: ~ *confidence interval* двусторонний доверительный интервал; ~ *hypothesis* двусторонняя гипотеза; ~ *Student test* двусторонний критерий Стьюдента

two-stage sampling двухступенчатый выбор

two-thirds law закон (m) двух третей

two-way model двухфакторная модель

type, *n.* тип (m)

U

ultrametric partition ультраметрическое разбиение

umbral calculus теневое исчисление

unattainable boundary недостижимая граница

unbiased, *adj.* несмещенный: ~ *confidence set* несмещенное доверительное множество; ~ *decision function* несмещенная решающая функция; ~ *estimator* несмещенная оценка; ~ *linear estimator* несмещенная линейная оценка; ~ *measurement* несмещенное измерение; ~ *plan* несмещенный план; ~ *test* несмещенный критерий

unbiasedness, *n.* несмещенность (f)

unbounded, *adj.* неограниченный: ~ *random walk* неограниченное случайное блуждание

uncertainty, *n.* неопределенность (f): ~ *principle* принцип (m) неопределенности; ~ *relation* соотношение (n) неопределенностей

unconditional, *adj.* безусловный: ~ *distribution* безусловное распределение; ~ *probability* безусловная вероятность

undirected graph неориентированный граф

unicyclic graph унициклический граф

uniform, *adj.* равномерный: *asymptotically* ~ *distribution* асимптотически равномерное распределение; ~ *approximation* равномерная аппроксимация; ~ *asymptotic negligibility* равномерная предельная пренебрегаемость; ~ *convergence* равномерная сходимость; ~ *distribution* равномерное распределение; ~ *factorial experiment* равномерный факторный эксперимент; ~ *infinitesimality* равномерная малость; ~ *integrability* равномерная интегрируемость; ~ *metric* равномерная метрика, метрика (f) Колмогорова; ~ *spacing* равномерный спейсинг

uniformly, *adv.* равномерно: ~ *best decision function* равномерно лучшая решающая функция; ~ *consistent estimation* равномерно состоятельное оценивание; ~ *most powerful test* равномерно наиболее мощный критерий; ~ *optimal design* равномерно оптимальный план; ~ *optimal strategy* равномерно оптимальная стратегия

unimodal distribution унимодальное/ одновершинное распределение

unimodality унимодальность (*f*): *multivariate* ~ многомерная унимодальность

union of events объединение (*n*) / сумма (*f*) событий

uniqueness, *n.*   единственность   (*f*): *pathwise* ~ *of a solution* сильная/потраекторная единственность решения; *strong* ~ *of a solution* сильная единственность решения; ~ *theorem* теорема (*f*) единственности; *weak* ~ *of a solution* слабая единственность решения

unit, *n.* единица (*f*): *sample* ~ выборочная единица; ~ *interval number* единичное интервальное число

unitary, *adj.* унитарный: ~ *matrix* унитарная матрица; ~ *operator* унитарный оператор

universal, *adj.* универсальный: ~ *consistency* универсальная состоятельность; ~ *encoding* универсальное кодирование

universally optimal design универсально оптимальный план

upper, *adj.* верхний: ~ *bound* верхняя грань; ~ *boundary functional* верхний граничный функционал; ~ *confidence bound* верхняя доверительная граница; ~ *confidence limit* верхний доверительный предел; ~ *function* верхняя функция; ~ *semicontinuous process* полунепрерывный сверху процесс; ~ *sequence* верхняя последовательность; ~ *value of a game* верхняя цена игры

Urbanik algebra алгебра (*f*) Урбаника

urn model урновая схема (*f*) / модель (*f*)

Ursell function функция (*f*) Урселла

utility, *n.* полезность (*f*): *conditional* ~ условная полезность; *expected* ~ ожидаемая полезность; *mean* ~ средняя полезность; ~ *function* функция (*f*) полезностей

V

valence, *n.* валентность (*f*)

value, *n.* значение (*n*), величина (*f*), цена (*f*) (игры): *critical* ~ критическое значение; *lower* ~ *of a game* нижняя цена игры; *mean* ~ среднее значение, математическое ожидание; *time-average* ~

временное среднее значение; *upper* ~ *of a game* верхняя цена игры; ~ *function* функция (*f*) ценности; ~ *of a game* цена игры; ~ *of a model* цена модели

van Dantzig class класс (*m*) ван Данцига

van der Waerden number число (*n*) ван дер Вардена

van der Waerden test критерий (*m*) ван дер Вардена

van Hove theorem теорема (*f*) ван Хова

variable, *n.* переменная (*f*), переменный: *active* ~ контролируемая/активная переменная; *canonical* ~ каноническая величина; *complex normal* ~ комплексная нормальная случайная величина; *convergence of random* ~s сходимость (*f*) случайных величин; *correlated* ~s коррелированные величины; *discrete random* ~ дискретная случайная величина; *generating function of a random* ~ производящая функция случайной величины; *lagged* ~ запаздывающая переменная; *latent* ~ скрытая (латентная) переменная; *normed random* ~ нормированная случайная величина; *random* ~ случайная величина; *truncated random* ~ усеченная случайная величина; ~ *length code* неравномерный код

variance, *n.* дисперсия (*f*): *analysis of* ~ дисперсионный анализ; *conditional* ~ условная дисперсия; *generalized* ~ обобщенная дисперсия; *residual* ~ остаточная дисперсия; *sample* ~ выборочная дисперсия; ~ *components* компоненты (*pl*) дисперсии; ~ *ratio distribution* распределение (*n*) дисперсионного отношения; ~ *ratio test* критерий (*m*) отношения дисперсий

variate-difference method метод (*m*) переменных разностей

variation, *n.* вариация (*f*): *bounded* ~ ограниченная вариация; *convergence in* ~ сходимость (*f*) по вариации; *finite* ~ конечная вариация; *total* ~ полная вариация; ~ *coefficient* коэффициент (*m*) вариации, среднее относительное отклонение; ~ *of a measure* вариация меры

variational, *adj.* вариационный: ~ *inequality* вариационное неравенство; ~ *principle* вариационный принцип

vector, *n.* вектор (*m*): *Bernoulli* ~ вектор Бернулли, люсиан; *diffusion* ~ вектор диффузии; *dominating* ~ доминирующий вектор; *drift* ~ вектор сноса; *stochastic* ~ *space* стохастическое векторное пространство; ~ *configuration* конфигурация (*f*) векторов; ~ *measure* векторная мера; ~ *of errors* вектор ошибок; ~ *of means* вектор средних;

~ of *ranks* вектор рангов; ~ *parameter* векторный параметр; ~ *test* векторный критерий

Venn diagram диаграмма (*f*) Венна

Vernam cipher шифр (*m*) Вернама

vertex (*pl. vertices*), *n.* вершина (*f*): *end* ~ концевая вершина; ~-*coloring* раскраска вершин; ~ *degree* степень (*f*) вершины; ~-*transitive graph* вершинно-транзитивный граф

visibility graph граф (*m*) видимости

virial expansion вириальное разложение

virtual waiting time виртуальное время ожидания

Vitali–Hahn–Sacs theorem теорема (*f*) Витали–Хана–Сакса

Vitali system система (*f*) Витали

Vitali theorem теорема (*f*) Витали

Vlasov equation уравнение (*f*) Власова

volume, *n.* объем (*m*): *Jordan* ~ жорданов объем

Voronoi tessellation мозаика (*f*) Вороного

vorticity, *n.* голосование (*n*): *potential* ~ потенциальный вихрь

voting, *n.* голосование (*n*): ~ *paradox* парадокс (*m*) голосования

W

waiting time длительность (*f*) / время (*n*) ожидания

Wald's identity тождество (*n*) Вальда

Wald test критерий (*m*) Вальда

walk, *n.* блуждание (*n*): *Bernoulli random* ~ блуждание Бернулли; *Markov random* ~ марковское случайное блуждание; *boundary functional of a random* ~ граничный функционал от случайного блуждания; *boundary problem for a random* ~ граничная задача для случайного блуждания; *branching random* ~ ветвящееся случайное блуждание, ветвящийся процесс с блужданием; *continuous from above/below random* ~ непрерывное сверху/снизу случайное блуждание; *defect of a random* ~ дефект (*m*) / недоскок (*m*) случайного блуждания; *multidimensional random* ~ многомерное случайное блуждание; *random* ~ случайное блуждание; *unbounded random* ~ неограниченное случайное блуждание

Walsh function функция (*f*) Уолша

Wasserstein distance расстояние (*n*) Вассерштейна

wave, *n.* волна (*f*): ~ *equation* волновое уравнение; ~ *mechanics* волновая механика

ника

weak, *adj.* слабый: ~ *admissibility* слабая допустимость; ~ *compact net of measures* слабо компактная сеть мер; ~ *convergence* слабая сходимость, сходимость в основном; ~ *distribution* слабое распределение, цилиндрическая вероятность; ~ *relative compactness* слабая относительная компактность; ~ *solution of a stochastic differential equation* слабое решение стохастического дифференциального уравнения; ~ *topology* слабая топология; ~ *uniqueness of a solution* слабая единственность решения

weakly, *adv.* слабо: ~ *isomorphic dynamical systems* слабо изоморфные динамические системы; ~ *measurable mapping* слабо измеримое отображение

weather forecast прогноз (*m*) погоды

Weierstrass theorem теорема (*f*) Вейерштрасса

weighing/weighting, *n.* взвешивание (*n*): ~ *design/strategy* план (*m*) взвешивания

weight, *n.* вес (*m*): ~ *function* весовая функция; ~ *matrix* весовая матрица

weighted, *adj.* взвешенный: ~ *least squares method* метод взвешенных наименьших квадратов; ~ *mean* взвешенное среднее

welfare, *n.* благосостояние (*n*)

well conditioned matrix хорошо обусловленная матрица

well measurable process вполне измеримый процесс, опциональный процесс

well measurable projection of a process вполне измеримая проекция процесса

wheel, *n.* колесо (*n*)

white noise белый шум: *discrete* ~ дискретный белый шум; *fractional* ~ дробный белый шум; *Gaussian* ~ гауссовский белый шум; ~ *in a finite bandwidth* белый шум в конечной полосе частот

Wick form форма (*f*) Вика

Wick monom моном (*m*) Вика

Wick ordering упорядочение (*n*) Вика

wide-sense Markov process марковский процесс в широком смысле

wide-sense stationary process стационарный в широком смысле процесс

Wiener field винеровское поле

Wiener functional винеровский функционал

Wiener–Hopf equation уравнение (*n*) Винера–Хопфа

Wiener integral винеровский интеграл

Wiener martingale винеровский мартингал (процесс)

Wiener measure винеровская мера

Wiener process винеровский процесс

Wiener sausage винеровская сосиска

Wightman function функция (*f*) Уайтмана

Wigner distribution распределение (*n*) Вигнера

Wigner ensemble ансамбль (*m*) Вигнера

Wigner semicircular law полукруговой закон Вигнера

Wilcoxon test критерий (*m*) Вилкоксона (Уилкоксона)

Wilks distribution распределение (*n*) Уилкса

Wilson action действие (*n*) Вильсона

Wilson–Hilferty transformation преобразование (*n*) Вильсона–Хилферти

window, *n.* окно (*n*): *Bartlett lag* ~ корреляционное окно Бартлетта; *data* ~ окно данных; *lag* ~ корреляционное окно, окно запаздывания; *Parzen lag* ~ корреляционное окно Парзена; *spectral* ~ спектральное окно; *time* ~ временное окно; *Tukey lag* ~ корреляционное окно Тьюки

Winograd method метод (*m*) Винограда

Winsorized mean уинсоризованное среднее

Wishart distribution распределение (*n*) Уишарта

witch of Agnesi локон (*m*) Аньези

Wold decomposition разложение (*n*) Вольда

Wong process процесс (*m*) Уонга

workload, *n.* количество (*n*) работы

Y

Yang–Mills field поле (*n*) Янга–Миллса

Yates correction поправка (*f*) Иейтса